数 字 电 路

（第2版）

主　编　唐　颖
副主编　马　杰　王海云

重庆大学出版社

内 容 简 介

本书为高职高专电子技术专业系列教材之一。全书共分 8 章,即数字逻辑基础、门电路、组合逻辑电路、触发器、时序逻辑电路、脉冲信号的产生与整形、A/D 与 D/A 转换器、半导体存储器及可编程逻辑器件简介。其中第 1 章为数字电路的理论基础,包含数制的转换、补码运算、逻辑代数等。第 3 章、5 章是全书的重点,各章后均配有习题。

本书可作为高等专科学校、高等职业学校信息类、电类专业的技术基础课教材,也可作为从事电子技术的工程人员的参考书。

图书在版编目(CIP)数据

数字电路/唐颖主编. -- 2 版. -- 重庆:重庆大学出版社,2011.4(2023.1 重印)
高职高专电子技术专业系列教材
ISBN 978-7-5624-3085-8

Ⅰ.①数… Ⅱ.①唐… Ⅲ.①数字电路—高等职业教育—教材 Ⅳ.①TN79

中国版本图书馆 CIP 数据核字(2011)第 052103 号

数字电路
(第 2 版)
主 编 唐 颖
副主编 马 杰 王海云
责任编辑:周 立 版式设计:周 立
责任校对:廖应碧 责任印制:张 策
*
重庆大学出版社出版发行
出版人:饶帮华
社址:重庆市沙坪坝区大学城西路 21 号
邮编:401331
电话:(023) 88617190 88617185(中小学)
传真:(023) 88617186 88617166
网址:http://www.cqup.com.cn
邮箱:fxk@cqup.com.cn (营销中心)
全国新华书店经销
POD:重庆俊蒲印务有限公司
*
开本:787mm×1092mm 1/16 印张:13.75 字数:343 千
2015 年 7 月第 2 版 2023 年 1 月第 5 次印刷
印数:10 801—11 300
ISBN 978-7-5624-3085-8 定价:42.00 元

前言

本书是根据教育部高职高专培养应用型、技能型人才的目标及对本课程的基本要求编写的21世纪高职高专电子技术专业系列教材之一。

本课程的主要任务是阐明数字逻辑电路的基本概念、基本原理和基本分析方法。全书共分8章，主要内容包括数字逻辑基础（含数制转换和逻辑代数）、门电路（含TTL、MOS集成逻辑门电路）、组合逻辑电路、触发器、时序逻辑电路、脉冲信号的产生与整形、数/模（D/A）及模/数（A/D）转换、半导体存储器及可编程逻辑器件简介（含RAM、ROM、PAL、GAL等）。

为突出高职高专的人才培养目标和教学特点，本书本着“必须、够用”的原则，从职业岗位对专业知识的需要来确定教材的知识深度及范围，基本概念、基本原理以讲明为度，淡化集成电路内部结构及内部工作原理的论述，主要介绍其外部特性及使用方法。同时注重知识的应用价值在教材中的科学体现。因随着中、大规模集成电路的快速发展和广泛应用，数字电路的设计方法在概念上发生了根本的变化。因此，本书以介绍逻辑分析方法为主，逻辑电路的设计主要考虑中、大规模集成电路的选用和运用。编写时力求简明扼要，通俗易懂，便于自学。各章附有小结和习题，书末附有部分习题答案。

本书第3、6章及附录由唐颖编写；第5章由马杰编写；第7章由王海云编写；第1章由范泽良编写；第2章由朱亚利编写；第4章由廖雄燕编写；第8章由贺天柱编写。唐颖负责全书的统稿。

限于编者水平，疏漏欠妥之处在所难免，敬请读者批评指正。

编　者

2004年1月

目录

第 1 章 数字逻辑基础

本章首先给出数字电路的定义，然后从常用的十进制数开始，分析推导出各种不同数制的表示方法以及各种数制之间的转换方法，进而讨论了几种常用的编码和符号数的补码表示法。在介绍逻辑代数的基本概念、公式和定理的基础上，着重讲解逻辑函数的公式化简法和图形化简法，最后介绍和归纳了逻辑函数的5种常用表示方法及其相互转换。

1.1 数字电路概述

1.1.1 模拟电路与数字电路

电子线路中的信号可分为两类：一类是时间的连续函数，称为模拟信号，例如，模拟声音的音频信号和模拟图像的视频信号、温度、速度、压力、电磁场等物理量转变成的电信号等等。对模拟信号进行发送、传输、接收和处理的电子线路称为模拟电路，如交、直流放大器、滤波器、信号发生器等。另一类是时间和幅度都是离散的信号，称为数字信号，例如，汽车上的速度读数表，工厂产品数量的统计等，都属于数字信号。而对数字信号进行发送、传输、接收和处理的电子线路称为数字电路，这就是本书数字部分将要讨论的内容。

1.1.2 数字电路举例

数字电路大致包括信号的产生、放大、整形、传输、控制、存储、计数和运算等等。图1.1为一个数字频率计的方框图。

它是用来测量周期信号频率的。假定被测信号为正弦波，它的频率为f_x。为了要把被测信号的频率用数字直接显示出来，首先得将被测的模拟信号放大、整形，使被测信号变换成同频率的矩形脉冲信号。既然是测量频率，则还需要有个时间标准，以秒为单位，把1秒内通过的脉冲个数记录下来，就得出了被测信号的频率。这个时间标准由脉冲发生器产生，它是宽度为1秒的矩形脉冲。由秒脉冲来控制门电路，又由门电路来控制电路的开通与关断。这样秒脉冲把门电路打开1秒，在这1秒内，整形后的矩形脉冲通过门电路进入计数器，计数器累计的信号个数就是被测信号在1秒内重复的次数，即信号的频率。最后通过显示器显示出来。

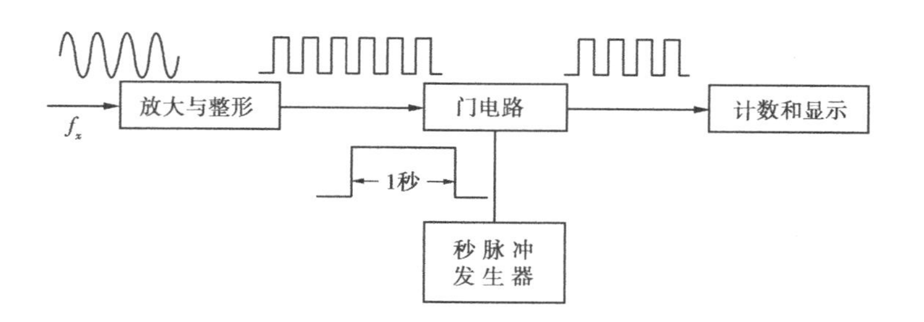

图 1.1　数字频率计方框图

1.1.3　数字电路的特点

数字电路的工作信号是离散变化的数字信号,所以在数字电路中工作的半导体管多数工作在开关状态,即工作在饱和区和截止区,而放大区只是其过渡状态。

在数字电路中,通常将高电位称为高电平,低电位称为低电平。在实际的数字电路中高电平在 3.5 V 左右,低电平在 0.3 V 左右。由于在数字电路中是用二进制来传输和处理信息,因而用 1 和 0 来代表高电平和低电平,这种用 1 表示高电平,0 表示低电平的对应关系称为正逻辑关系。反之,用 0 代表高电平,1 代表低电平的对应关系称为负逻辑关系,本书一般采用正逻辑关系(注意:这里的 1 和 0 只代表状态,不表示数字的大小关系)。

数字电路主要研究的是输出信号的状态(0 或 1)与输入信号的状态之间的关系,因而不能采用模拟电路的分析方法,例如,微变等效电路法等就不适用了。数字电路的主要分析工具是逻辑代数,而数字电路功能的主要表达形式有真值表、逻辑表达式、卡诺图、逻辑电路图以及波形图 5 种形式。

1.2　数制与编码

1.2.1　进位计数制

数字电路中经常遇到计数问题。

按进位的原则进行计数,称为进位计数制。每一种进位计数制都有一组特定的数码,例如十进制有 10 个数码,二进制只有两个数码,而十六进制数却有 16 个数码。每一种进位计数制中允许使用的数码的总数称为基数或底数,对应地,十进制数的基数为 10,二进制的基数为 2,十六进制的基数则为 16。在任何一种进位计数制中,任何一个数都由整数和小数两部分组成,并且具有两种表示方式:位置记数法和多项式表示法。

例如十进制数　100(位置计数法) $=1\times10^2+0\times10^1+0\times10^0$(多项式表示法)

在日常生活中,我们习惯于用十进制来计数,而在数字系统中则多采用二进制计数,有时也采用八进制和十六进制数。

(1)十进制数(Decimal)

所谓十进制就是以 10 为基数的计数体制。它是采用十个不同的数码 0,1,2,3,…,9 以及小数点(.)来表示的数。任何一个数都可以用这十个数码按一定的排列规律来表示,其进位规律为“逢十进一”，即 $9+1=10$，右边的“0”为个位数，左边的“1”为十位数，也就是 $10=1\times10^1+0\times10^0$。这样，每一个数码处在不同的位置时，它代表的数值是不同的。

例如，将十进数 425.713 写成幂的形式为

$$425.713=4\times10^2+2\times10^1+5\times10^0+7\times10^{-1}+1\times10^{-2}+3\times10^{-3}$$

一般来说，任意十进制数可表示为

$$(N)_{10}=\sum_{i=-\infty}^{\infty}K_i\times10^i \tag{1.1}$$

式中，$(N)_{10}$中的下标 10 表示该数为十进制数，以后的数均采用这种表示方式。K_i 为基数“10”的第 i 次幂的系数。

在数字电路中采用十进制计数是不方便的。因为数字电路的基本出发点就是把电路的状态用数码一一对应起来，而十进制有十个数码，就必须在电路中找到十个严格区别的状态与之对应，这样对技术要求很高不说，而且也不经济。这点大家将在以后的学习中逐渐体会到。因而在数字电路中一般不直接采用十进制，而多采用二进制数。

(2) 二进制数(Binary)

和十进制类似，所谓二进制就是以 2 为基数的计数体制。它仅有两个数码 0 和 1，其计数规律为“逢二进一”，即 $1+1=10$(读为“壹零”)，左边的“1”代表 1×2^1，右边的“0”代表 0×2^0。每个数码处于不同的位置时，它代表的数值是不同的，这与十进制相同，只是基数由“10”换为了“2”。

例如，二进制数的 1010.01 可表示为

$$\begin{aligned}(1010.01)_2&=1\times2^3+0\times2^2+1\times2^1+0\times2^0+0\times2^{-1}+1\times2^{-2}\\&=8+0+2+0+0+0.25=(10.25)_{10}\end{aligned}$$

同样地，任意二进制数可表示为

$$(N)_2=\sum_{i=-\infty}^{\infty}K_i\times2^i \tag{1.2}$$

式中，$(N)_2$中的下标 2 表示该数为二进制数，K_i为基数“2”的第 i 次幂的系数。这样，就可以用该公式将任何二进制数转换成十进制数。

在数字电路中，与十进制相比，二进制具有一定的优点：

1) 用二进制设计的数字电路简单可靠，所用的元件少。

二进制只有两个数码 0 和 1，因此它的每一个位数都可以用任何具有两个不同稳定状态的元件来表示，而这类元件是非常普通的。例如，二极管的导通与断开，三极管的饱和与截止，开关的闭合与断开等。我们只需规定其中一种状态为 1，则另一种状态就可以用 0 来表示。由于只有两种状态，数码的传输与存储都非常简单。

2) 二进制的基本运算非常简单，这一点大家将在随后的学习中体会到。

二进制数最大的缺点是表述一个数时位数太多，书写和记忆都不方便。十进制数虽然可以表示二进制数，但十进制数与二进制数之间的转换却较为复杂，一般不被人们所采用，因而在数字电路中引进了十六进制数和八进制数来表示二进制数。

(3) 十六进制(Hexadecimal)和八进制(Octal)

同十进制数和二进制数一样，十六进制数就是以 16 为基数的计数体制。它有 16 个不同

的数码:0,1,2,3,…,9,A(与十进制的10相对应),B(11),C(12),D(13),E(14),F(15),其进位规律为“逢十六进一”,即 $F+1=10$,左边的“1”表示 1×16^1,右边的“0”表示 0×16^0。

例如,将十六进制数15E转换成十进制数为

$$(15E)_{16}=1\times16^2+5\times16^1+14\times16^0=(350)_{10}$$

任意十六进制数可用公式表示为

$$(N)_{16}=\sum_{i=-\infty}^{\infty}K_i\times16^i \tag{1.3}$$

同理,八进制就是以8为基数的计数体制;它有8个数码:0,1,2,3,4,5,6,7,进位规律为“逢八进一”,即 $7+1=10$,左边的“1”表示 1×8^1,右边的“0”表示 0×8^0。

例如,将八进制数624转换为十进制为

$$(624)_8=6\times8^2+2\times8^1+4\times8^0=(404)_{10}$$

用公式可将八进制数表示为

$$(N)_8=\sum_{i=-\infty}^{\infty}K_i\times8^i \tag{1.4}$$

十进制、二进制、八进制、十六进制之间的关系如表1.1所示。

表1.1 几种进制之间的关系对照表

十进制	二进制	八进制	十六进制
0	0000	0	0
1	0001	1	1
2	0010	2	2
3	0011	3	3
4	0100	4	4
5	0101	5	5
6	0110	6	6
7	0111	7	7
8	1000	10	8
9	1001	11	9
10	1010	12	*A*
11	1011	13	*B*
12	1100	14	*C*
13	1101	15	*D*
14	1110	16	*E*
15	1111	17	*F*

1.2.2 数制之间的相互转换

既然同一个数可以用上述的几种数制来表示,那么这几种数制之间就必然有一定的转换关系,下面将介绍这几种数制之间的转换方法。

(1)二进制与十进制之间的转换

1)二进制数转换成十进制数:只要将二进制数按式(1.2)展开,然后将各项数值按十进制数相加便可以得到等值的十进制数。

例1.1 $(10110.11)_2=1\times2^4+0\times2^3+1\times2^2+1\times2^1+0\times2^0+1\times2^{-1}+1\times2^{-2}$

$$=16+0+4+2+0+0.5+0.25$$
$$=(22.75)_{10}$$

2)十进制数转换成二进制数

①整数部分的转换——除2取余法。若将二进制整数$(M)_2=b_n\times2^n+b_{n-1}\times2^{n-1}+\cdots+b_1\times2^1+b_0\times2^0$,转换成十进制数$(N)_{10}$,则可以写成$(N)_{10}=(M)_2$,即

$$\begin{aligned}(N)_{10}&=b_n\times2^n+b_{n-1}\times2^{n-1}+\cdots+b_1\times2^1+b_0\times2^0\\&=2\times(b_n\times2^{n-1}+b_{n-1}\times2^{n-2}+\cdots+b_1\times2^0)+b_0\\&=2Q+b_0\end{aligned}$$

若将等式两端同时除以2,则商为$Q=b_n\times2^{n-1}+b_{n-1}\times2^{n-2}+\cdots+b_1\times2^0$,余数为$b_0$。如果再将$Q$除以2,其余数为$b_1$,依此类推,将十进制数的整数每除以一次2就可以根据余数得到一位二进制数。因此,只要连续除以2直到商为0,就可由所得的余数按$b_nb_{n-1}\cdots b_1b_0$的顺序组合成对应的二进制数。

例1.2　将$(42)_{10}$转换成二进制数:

	商	余数	位置
2 | 42	……… 21	……… 0	……… b_0
2 | 21	……… 10	……… 1	……… b_1
2 | 10	……… 5	……… 0	……… b_2
2 | 5	……… 2	……… 1	……… b_3
2 | 2	……… 1	……… 0	……… b_4
2 | 1	……… 0	……… 1	……… b_5

所以
$$(42)_{10}=(b_5b_4b_3b_2b_1b_0)_2=(101010)_2$$

②小数部分的转换——乘2取整法。若将二进制数的小数$(M)_2=b_{-1}\times2^{-1}+b_{-2}\times2^{-2}+\cdots+b_{-n}\times2^{-n}$转换成十进制的小数$(N)_{10}$,则可以写成

$$(N)_{10}=b_{-1}\times2^{-1}+b_{-2}\times2^{-2}+\cdots+b_{-n}\times2^{-n}$$

将等式两边同时乘以2可得

$$2(N)_{10}=b_{-1}+2(b_{-2}\times2^{-1}+b_{-3}\times2^{-2}+\cdots+b_{-n}\times2^{-(n-1)})$$

则可以得到整数b_{-1}。用同样的方法,先去掉十进制数上次乘以2后的整数部分,用剩下的小数部分再乘一次2,就又可以根据整数得到一位二进制数,依此连续乘以2,直到满足误差要求进行"四舍五入"为止,然后按照$b_{-1}b_{-2}\cdots b_{-n}$的顺序排列后在高位添上0和小数点(.)就完成了十进制小数向二进制小数的转换。

例1.3　可按如下步骤将$(0.73)_{10}$转换成误差ε不大于2^{-6}的二进制数:

	小数	整数	位置
$0.73\times2=1.46$	…… 0.46	…… 1	…… b_{-1}
$0.46\times2=0.92$	…… 0.92	…… 0	…… b_{-2}
$0.92\times2=1.84$	…… 0.84	…… 1	…… b_{-3}
$0.84\times2=1.68$	…… 0.68	…… 1	…… b_{-4}
$0.68\times2=1.36$	…… 0.36	…… 1	…… b_{-5}

最后的小数为0.36小于0.5，根据“四舍五入”的原则，b_{-6}应该为0，所以，$(0.73)_{10}=(0.10111)_2$，其误差ε小于2^{-6}。

综上可知，如果要将既有小数又有整数的十进制数转换成二进制数，则只需将小数与整数分别转换成二进制后，再求和即可。

例1.4 将$(10.25)_{10}$转换成二进制数：

解： 因 $(10.25)_{10}=(10)_{10}+(0.25)_{10}$

又因 $(10)_{10}=(1010)_2$，$(0.25)_{10}=(0.01)_2$

故 $(10.25)_{10}=(1010)_2+(0.01)_2=(1010.01)_2$

同理，十进制转换成八进制、十六进制时，整数部分分别采用除8取余与除16取余法，小数部分则分别采用乘8取整与乘16取整法。

(2)二进制与八进制、十六进制之间的转换

1)二进制与八进制之间的转换

八进制数的基数恰好是$8=2^3$，所以三位二进制数恰好对应一位八进制数，它们之间的转换很方便。

二进制转换成八进制：①对于二进制的整数部分，由低位向高位，每三位为一组，若高位不足三位，则在高位添“0”补足三位，这样每三位二进制就对应一位八进制。②对于二进制小数部分，则由高位向低位，每三位为一组，低位不足三位，在低位添“0”补足三位，这样每三位二进制就对应一位八进制。

例1.5 求$(10010101.1011)_2$等值的八进制数：

二进制 $\underline{010}\ \underline{010}\ \underline{101}.\ \underline{101}\ \underline{100}$

八进制 2 2 5 . 5 4

所以 $(10010101.1011)_2=(225.54)_8$

八进制转换成二进制：每一位八进制对应三位二进制，将转换后的二进制数去掉整数部分高位的“0”和小数部分低位的“0”就是最终结果。

例1.6 求$(326.74)_8$等值的二进制数。

八进制 3 2 6 . 7 4

二进制 011 010 110 . 111 100

去掉整数部分高位的“0”和小数部分低位的“0”后得11010110.1111

即 $(326.74)_8=(11010110.1111)_2$

2)二进制与十六进制之间的转换

同理，十六进制数的基数恰好是$16=2^4$，所以四位二进制数恰好对应一位十六进制数，它们之间的转换规则同二进制与八进制之间的转换类似。只需在转换中将三位二进制为一组换成四位二进制为一组即可。

例1.7 将$(11110010001.11011)_2$转换成等值的十六进制。

二 进 制 $\underline{0111}\ \underline{1001}\ \underline{0001}.\ \underline{1101}\ \underline{1000}$

十六进制 7 9 1 . D 8

所以 $(11110010001.11011)_2=(791.D8)_{16}$

例1.8 将$(A2.D6)_{16}$转换成等值的二进制数。

十六进制　A　2　.　D　6

二 进 制 1010 0010 . 1101 0110

即　$(A2.D6)_{16} = (10100010.1101011)_2$

另外，十进制数转换成八进制和十六进制数，可以先将其转换成二进制数，然后由二进制转换成八进制或十六进制数。

例 1.9　将$(60.75)_{10}$转换成二进制、八进制和十六进制数。

解： 1)转换成二进制

$$(60.75)_{10} = (60)_{10} + (0.75)_{10} = (111100)_2 + (0.11)_2 = (111100.11)_2$$

2)转换成八进制

二进制：$\underline{111}\ \underline{100}.\underline{110}$

八进制：7　4 .　6

3)转换成十六进制

二 进 制：$\underline{0011}\ \underline{1100}.\underline{1100}$

十六进制：3　C . C

所以　$(60.75)_{10} = (111100.11)_2 = (74.6)_8 = (3C.C)_{16}$

1.2.3　编　码

在数字系统中，任何数据和信息都是用若干位“0”和“1”组成的二进制来表示的，n 位二进制可以构成 2^n 种不同的组合，代表 2^n 种不同的数据或信息。编码就是用若干位二进制的码元按一定的规律排列起来表示给定信息或数据的过程。若需要编码的信息有 N 项，则与所需二进制的位数 n 之间的关系如下：

$$2^n \geqslant N$$

下面就介绍一下几种常见的编码。

(1)二-十进制编码(BCD 码)

在这种编码中，用四位二进制 $b_3b_2b_1b_0$ 来表示十进制中的 0 ~ 9 共十个数码($2^4 \geqslant 10$)。由于四位二进制有 16 种不同的组合，而只需其中 10 种组合来表示十进制的十个码元，余下 6 种组合不用。由 16 种组合中选 10 种组合有

$$C_{16}^{10} = \frac{16!}{(16-10)!} \approx 2.9 \times 10^{10}$$

种编码方案，但并不是所有的方案都有实用价值。在此，仅介绍几种人们常用的 BCD 码的编码方式。

1)8421 BCD 码

8421 BCD 码是最基本、最常用的 BCD 码，它和自然的二进制码相似，各位的权值(二进制数码每位的值称为权或位权)分别为 8，4，2，1，故称为有权码；和自然二进制码不同的是，它只选了四位二进制码中的前十组代码，即用 0000 ~ 1001 来分别表示它所对应的十进制数的十个码元 0，1，2 ~ 9；余下 1010 ~ 1111 六种组合不用。8421 BCD 码的编码方式是惟一的。

2)5421 BCD 码、2421BCD 码和余 3 码

5421BCD 码和 2421BCD 码也是有权码，各位的权值分别为 5、4、2、1 和 2、4、2、1。在 5421 BCD 码中，有一些数字，如 5，既可以用 0101(即 $0 \times 5 + 1 \times 4 + 0 \times 2 + 1 \times 1 = 5$)表示，也可以用

1000(即 $1\times5+0\times4+0\times2+0\times1=5$)表示;同样 2421 BCD 码中也有这样的数字;这说明这两种编码的编码方式不是惟一的。在表 1.2 中只列出了其中的一种方案。

余 3 码是由 8421 BCD 码的每组数码分别加 0011(即十进制的 3)得到的,是一种无权码,它的编码方式是惟一的。

例 1.10 用 8421 BCD 码和余 3 码来表示十进制数 $(572.38)_{10}$

解: 1)转换成 8421 BCD 码:一位十进制用四位二进制来表示,故

十进制: 5 7 2 . 3 8

8421 BCD 码:0101 0111 0010.0011 1000

即 $$(572.38)_{10}=(0101\ 0111\ 0010.0011\ 1000)_{8421\ BCD}$$

2)转换成余 3 码:将 8421 BCD 码以小数点为分界线,按四位二进制为一组分组,然后将每一组加 3(即二进制的 0011)即可。

8421 BCD 码:0101 0111 0010.0011 1000

每组加 3: 0011 0011 0011.0011 0011

余 3 码: 1000 1010 0101.0110 1011

所以 $$(572.38)_{10}=(0101\ 0111\ 0010.0011\ 1000)_{8421\ BCD}$$
$$=(1000\ 1010\ 0101.0110\ 1011)_{余3}$$

例 1.11 将二进制数 $(1001\ 0111)_2$ 用 8421 BCD 码表示。

表 1.2 几种常见的码

$b_3b_2b_1b_0$ $2^3 2^2 2^1 2^0$	对应的十进制数				
	十进制数	二-十进制数			
		8421 码	2421 码	5421 码	余 3 码
0000	0	0	0	0	×
0001	1	1	1	1	×
0010	2	2	2	2	×
0011	3	3	3	3	0
0100	4	4	4	4	1
0101	5	5	×	×	2
0110	6	6	×	×	3
0111	7	7	×	×	4
1000	8	8	×	5	5
1001	9	9	×	6	6
1010	10	×	×	7	7
1011	11	×	5	8	8
1100	12	×	6	9	9
1101	13	×	7	×	×
1110	14	×	8	×	×
1111	15	×	9	×	×

注:式中的×表示该种二进制组合不用或不会出现。

解: 1)由于 8421 BCD 是用来表示十进制的,因而先得将二进制转换成十进制

$$(1001\ 0111)_2=(151)_{10}$$

2）将对应的十进制转换成8421BCD码

十进制：　　　1　5　1

8421 BCD码：0001 0101 0001

即　　$(1001\ 0111)_2 = (1\ 0101\ 0001)_{8421\ BCD}$

同样地，如果用BCD码来表示八进制或十六进制数，也得先将其转换成十进制，再将十进制用BCD码来表示。

（2）可靠性编码

由于任何代码在传输的过程中都可能会发生错误，为了减少这种错误，因此人们又引进了可靠性编码。下面就将介绍一种常用的可靠性编码——格雷码（Gray）。

格雷码也叫做循环码，其最基本的特征是任何相邻的两组代码中，仅有一位数码不同，因而又叫单位间距码。格雷码常用于模拟量的转换中，当模拟量发生微小变化时，格雷码只改变一位，这就比其他码需要改变两位或多位的情况要可靠，减少了出错的概率。格雷码的编码方式也有多种，典型的编码方式如表1.3所示。

表1.3　格雷码

$b_3\ b_2\ b_1\ b_0$	$g_3\ g_2\ g_1\ g_0$
0 0 0 0	0 0 0 0
0 0 0 1	0 0 0 1
0 0 1 0	0 0 1 1
0 0 1 1	0 0 1 0
0 1 0 0	0 1 1 0
0 1 0 1	0 1 1 1
0 1 1 0	0 1 0 1
0 1 1 1	0 1 0 0
1 0 0 0	1 1 0 0
1 0 0 1	1 1 0 1
1 0 1 0	1 1 1 1
1 0 1 1	1 1 1 0
1 1 0 0	1 0 1 0
1 1 0 1	1 0 1 1
1 1 1 0	1 0 0 1
1 1 1 1	1 0 0 0

1.2.4　数字电路中符号数的表示

在数字系统中，数是用二进制表示的，数的符号也是用二进制数表示的。把一个数连同其符号在机器中的表示加以数值化，这样的数称为机器数。机器数可以用不同的码制来表示，常用的有原码、反码、补码等等。由于在数字系统中大多采用补码表示，故而在此只介绍补码表示法。

（1）数的补码表示

1）正数的补码表示法：一般用二进制数的最高有效位为“0”来表示符号为正，二进制数的其他位则用来表示数的绝对值，即“符号位＋数的绝对值”。若机器字长为8位（也就是说在机器中采用8位二进制来表示一个符号数），则b_7表示数的符号，$b_6b_5b_4b_3b_2b_1b_0$这7位二进制表示符号数的绝对值。

例 1.12 设机器字长为 8，用补码表示符号数 +63。

解： 因机器字长为 8，故用 8 位二进制 $b_7b_6b_5b_4b_3b_2b_1b_0$ 来表示补码。又因符号为正，故而：$b_7=0$。

再用 $b_6b_5b_4b_3b_2b_1b_0$ 来表示绝对值：

$$(63)_{10} = (011\ 1111)_2$$

所以

$$[+63]_{补} = 0011\ 1111$$

又如，$[+1]_{补}=0000\ 0001$，$[+0]_{补}=0000\ 0000$。

2）负数的补码表示法：设有一负数为 X，则 X 的补码用 $2^n-|X|$ 来表示，其中 n 为机器的字长，$|X|$ 是 X 的绝对值。例如，当 $n=8$ 时，$[-63]_{补}=2^8-|-63|=256-63=1100\ 0001$，$[-1]_{补}=2^8-1=255=1111\ 1111$，可见最高有效位为“1”表示该数为负数，应该注意的是，$[-0]_{补}=2^8-0=1\ 0000\ 0000$，有 9 位二进制，超过了机器字长，这种情况称为溢出，故应将溢出部分去掉，得 $[-0]_{补}=0000\ 0000$。所以符号只对“0”这个数没有影响，均表示为0000 0000。对于 1000 0000 这个数，在补码中被定义成 −128。因此，8 位字长的补码能表示数的范围是 −128 ~ +127（$-2^7 \sim 2^7-1$）。同理，16 位字长的补码能表示数的范围是 $-2^{15} \sim 2^{15}-1$，其他可以依此类推。

用上述办法求负数的补码较为麻烦，这里有一种简单的方法：先写出与该数对应的正数的补码，然后按位求反（即 0 变 1，1 变 0），最后在末位加 1 就可以得到该负数的补码了。

例 1.13 若字长 $n=16$ 位，求 $N=-31$ 的补码。

+31 可表示为	0000	0000	0001	1111
按位求反后为	1111	1111	1110	0000
末位加 1 后为	1111	1111	1110	0001
用十六进制表示为	F	F	E	1

即 $[-31]_{补}=(\mathrm{FFE1})_{16}$

例 1.14 若字长 $n=8$ 位，求 $N=-63$ 的补码。

+63 可表示为	0011	1111
按位求反后为	1100	0000
末位加 1 后为	1100	0001
用十六进制表示为	C	1

即 $[-63]_{补}=(\mathrm{C1})_{16}$

由上面的例子可以知道，用补码表示数时还需注意符号的扩展问题。所谓符号的扩展是指一个数从位数较少扩展到位数较多（例如从 8 位扩展到 16 位、32 位或 16 位扩展到 32 位等）。对于用补码表示的数，正数符号扩展则在高位补“0”，负数则在高位补“1”，直到满足所需的位数为止。例如，将例 1.2.13 的字长由 8 位改为 16 位，由于是负数，则需在高位补“1”，故结果为 $(1111\ 1111\ 1100\ 0001)_2=(\mathrm{FFC1})_{16}$。由于补码能表示的数的范围受机器字长的限制，故一般不能用位数较少的补码来替换位数较多的补码。

（2）补码的加法和减法

补码的加法规则是：$[X+Y]_{补}=[X]_{补}+[Y]_{补}$

补码的减法规则是：$[X-Y]_{补}=[X]_{补}+[-Y]_{补}$

对于这两个规则下面将举例说明，从这些例子中大家将会认识到，由于使用补码来表示数,使得运算十分方便,它不必判断数的符号,只要符号位能参加运算就能得到正确的结果。

设字长为 8 位,用下面例子说明补码的加法运算。

例 1.15　十进制　　　　补码

十进制	补码
25	0001 1001
+30	+0001 1110
55	0011 0111

例 1.16

十进制	补码
32	0010 0000
+(-25)	+1110 0111
7	10 000 0111

由于字长是 8,只能取 8 位二进制,故所得的结果中最高位的“1”必须去掉才是最终结果 $(0000\ 0111)_2$。

例 1.17

十进制	补码
25	0001 1001
+(-32)	+1110 0000
-7	1111 1001

例 1.18

十进制	补码
-32	1110 0000
+(-25)	+1110 0111
-57	1 1100 0111

去掉溢出部分后,结果为 $(1100\ 0111)_2$。

例 1.19

十进制		十进制	补码
32		32	0010 0000
-(-25)	→	+25	+0001 1001
57		57	0011 1001

可见 $[X-(-Y)]_{补}=[X]_{补}+[Y]_{补}=[X+Y]_{补}$,这和代数运算相似。

1.3　逻辑代数基础

逻辑代数是 19 世纪中叶英国数学家乔治·布尔(George·Boole)创立的一门研究客观事物逻辑关系的代数,故逻辑代数又称为布尔代数。随着数字技术的发展,逻辑代数已成为研究数字逻辑电路必不可少的数学工具。

1.3.1 逻辑变量与逻辑函数

逻辑是指事物因果之间所遵循的规律,逻辑电路是电路的输入量与输出量之间具有因果关系的电路。逻辑代数是研究逻辑电路的数学工具,它为分析和设计逻辑电路提供了理论基础。

在逻辑代数中的变量称为逻辑变量,一般用大写的英文字母 A、B、C、…来表示。逻辑变量只有两种取值:真和假(或对与错、开与关、导通与截止等),常用0和1来表示。这里0和1不表示数量的大小,只代表两种对立的状态。

逻辑函数与普通代数中的函数相似,是随自变量的变化而变化的因变量。因此,如果用自变量和因变量来分别表示一事件发生的条件和结果,那么,该事件的因果关系就可以用逻辑函数来描述。

数字电路是一种开关电路,开关的状态有两种:"开通"和"断开",与电子器件的"导通"和"截止"相对应。数字电路的输入、输出量,一般用高、低电平来表示。高、低电平也可以用二元常量"1"和"0"来表示。就其整体而言,数字电路的输出量与输入量之间的关系是一种因果关系,它可以用逻辑函数来描述,因而数字电路又称为逻辑电路。对于任何一个逻辑电路,若输入逻辑变量 A、B、C、…的取值确定,则其输出逻辑变量 F 的值已就被确定下来,那么就称 F 是 A、B、C…的逻辑函数,并记为

$$F=f(A、B、C、\cdots)$$

1.3.2 逻辑代数的基本运算

逻辑代数的基本逻辑运算有与、或、非3种。

(1)与运算(逻辑乘)

通过图1.2的开关电路来对与逻辑进行说明。电源 E 只有当开关 A 和 B 同时闭合时才会为电灯 L 提供电流,电灯 L 亮。当开关 A 或 B 有一个断开,甚至 A 和 B 都断开时,电灯 L 都不亮。其真值表(描述逻辑关系的表格)如表1.4所示。因此,由该电路可以得出这样的逻辑关系:"只有当一件事的所有条件(开关 A、B 的闭合)都同时具备时,结果(电灯 L 亮)才能发生",这种关系被称为与逻辑。如果用二元常量来表示条件与结果,例如:用0代表开关断开,用1来表示开关闭合;用0代表电灯 L 不亮,用1来表示电灯 L 亮,则可将表1.4转换成表1.5这种形式。

与逻辑的逻辑表达式为:

$$L = A \cdot B \tag{1.5}$$

式中的小圆点"·"表示 A、B 的与运算,也表示逻辑乘。在不引起混淆的情况下,通常将小圆点省略掉,与运算的逻辑符号如图1.3所示。

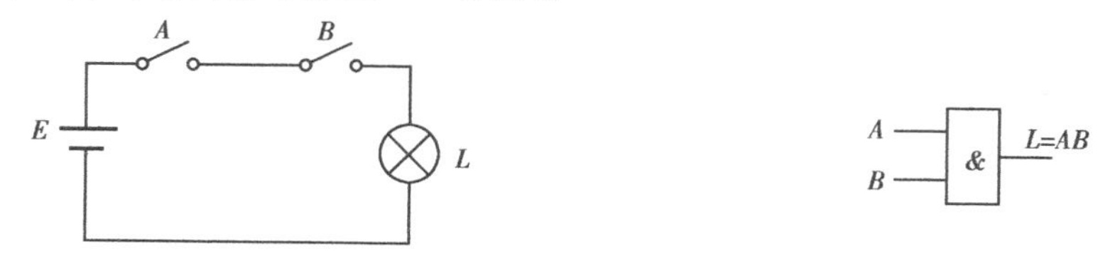

图1.2 与逻辑示意图

图1.3 与运算逻辑符号

实现“与”运算功能的电路称为“与”门。

表1.4

A	B	L
断开	断开	不亮
断开	闭合	不亮
闭合	断开	不亮
闭合	闭合	亮

表1.5

A	B	L
0	0	0
0	1	0
1	0	0
1	1	1

(2)或运算(逻辑加)

同样通过如图1.4所示的一开关电路来说明或逻辑。电源 E 只要开关 A 和 B 中有一个闭合，或者同时闭合时，都会为电灯 L 提供电流，电灯 L 亮。而当开关 A 和 B 同时断开时，电灯 L 不亮，其真值表如表1.6所示。因此，由该电路可以得出这样的逻辑关系：“只要当一件事的所有条件(开关 A、B 的闭合)中，有一个条件得到满足时，结果(电灯 L 亮)就能发生”，这种关系被称为或逻辑。同上，如果用二元常量来表示条件与结果，例如：用0代表开关断开，用1来表示开关闭合；用0代表电灯 L 不亮，用1来表示电灯 L 亮，则可将表1.6转换成表1.7这种形式。

或逻辑的逻辑表达式为：

$$L = A + B \tag{1.6}$$

式中的符号“+”表示 A、B 的或运算，也表示逻辑加，或运算的逻辑符号如图1.5所示。

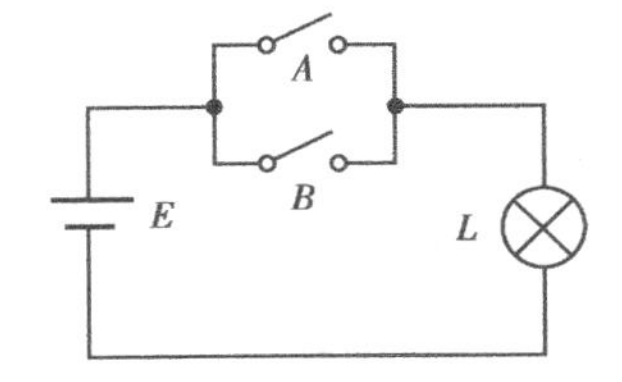

图1.4　或逻辑示意图

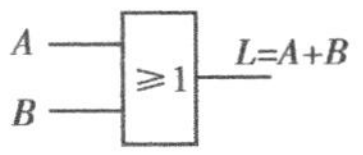

图1.5　或运算逻辑符号

表1.6

A	B	L
断开	断开	不亮
断开	闭合	亮
闭合	断开	亮
闭合	闭合	亮

表1.7

A	B	L
0	0	0
0	1	1
1	0	1
1	1	1

上述的与、或逻辑运算可以推广到多变量的情况：

$$L = A \cdot B \cdot C \cdot \cdots \tag{1.7}$$

$$L = A + B + C + \cdots \tag{1.8}$$

实现“或”运算功能的电路称为“或”门。

(3)非运算(逻辑反)

非运算(逻辑反)是逻辑的否定：当条件具备时，结果不会发生；而条件不具备时，结果一定会发生。图1.6的电路可说明非逻辑关系的概念。当开关 A 断开时，电灯 L 才会亮；当开关

A 闭合时电灯 L 反而熄灭，即电灯 L 的状态总是与开关 A 的状态相反。这种结果总是与条件相反的逻辑关系就称为非逻辑，其真值表如表 1.8 所示。同样，若用 0 代表开关 A 的断开和电灯 L 的熄灭，1 代表开关 A 的闭合和电灯 L 亮，可得到表 1.9。

若用逻辑表达式来描述，则可写成

$$L = \overline{A} \tag{1.9}$$

式中，字母 A 上方的短线“ - ”表示非运算，其逻辑符号如图 1.3.6。

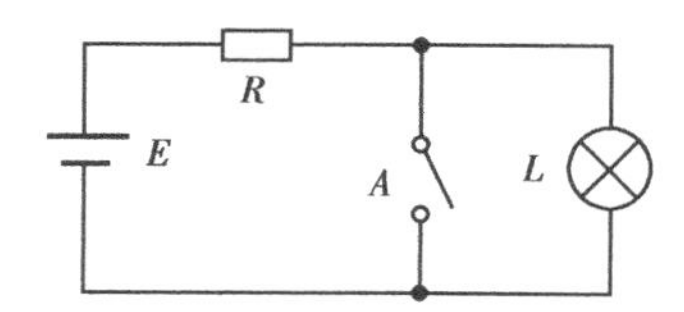

图 1.6　非逻辑示意图

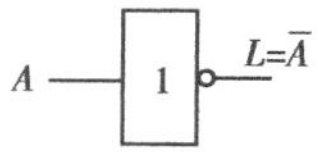

图 1.7　非运算逻辑符号

表 1.8

A	L
断开	亮
闭合	不亮

表 1.9

A	L
0	1
1	0

至此，我们讨论了与、或、非 3 种基本逻辑运算，在数字电路中，所有逻辑函数的运算均由上述 3 种基本逻辑运算组合而成。

表 1.10 列出了其他几种常用的复合逻辑运算，以便于大家比较和运用。从表 1.9 中可以看出，这几种运算也是由与、或、非 3 种逻辑运算构成的。

表 1.10　**几种常用的逻辑运算**

逻辑运算	与非	或非	异或	同或
逻辑符号	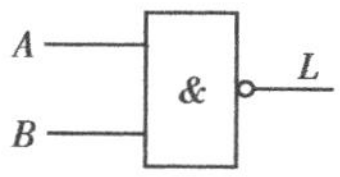 A, B, &, L	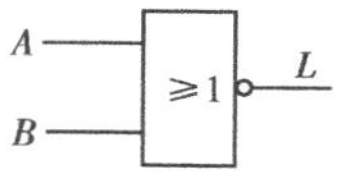 A, B, ≥1, L	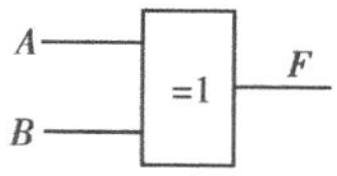 A, B, =1, F	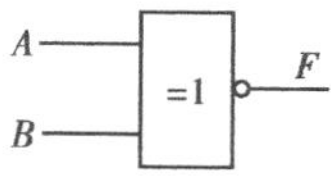 A, B, =1, F
逻辑函数	$L=\overline{A \cdot B}$	$L=\overline{A+B}$	$L=\overline{A}B+A\overline{B}$	$L=\overline{A}\,\overline{B}+AB$

1.3.3　逻辑代数的公式和运算规则

(1) 基本定律和公式

根据逻辑加、乘、非 3 个基本运算法则，可以推导出逻辑运算的一些基本定律，如表 1.11 所示，表中所列的定律，可以用公式来证明。

例 1.20　用公式证明分配律 $A+BC=(A+B)(A+C)$

证：

$$\begin{aligned}(A+B)(A+C) &= AA+AB+AC+BC \\ &= A+AB+AC+BC \\ &= A(1+B+C)+BC \\ &= A+BC\end{aligned}$$

因而　　$A+BC=(A+B)(A+C)$

例 1.21　用公式证明吸收律 $A+\overline{A}B=A+B$

证： $A+B=(A\overline{B}+AB)+(\overline{A}B+AB)=A\overline{B}+AB+\overline{A}B$

$$=A(B+\overline{B})+\overline{A}B=A+\overline{A}B$$

即　　$A+\overline{A}B=A+B$

然而最有效的证明方法是检验等式两边的函数的真值表是否吻合，例如摩根定律（反演律）$\overline{A\cdot B}=\overline{A}+\overline{B}$和$\overline{A+B}=\overline{A}\,\overline{B}$的证明如表 1.12 所示。

表 1.11　逻辑代数定律

	加	乘	非
基本定律	$A+0=A$ $A+1=1$ $A+A=A$ $A+\overline{A}=1$	$A\cdot 0=0$ $A\cdot 1=A$ $A\cdot A=A$ $A\cdot\overline{A}=0$	$A+\overline{A}=1$ $A\cdot\overline{A}=0$ $\overline{\overline{A}}=A$
结合律	$(A+B)+C=A+(B+C)$	$(AB)C=A(BC)$	
交换律	$A+B=B+A$	$AB=BA$	
分配律	$A(B+C)=AB+AC$	$A+BC=(A+B)(A+C)$	
摩根定律	$\overline{A\cdot B\cdot C\cdots}=\overline{A}+\overline{B}+\overline{C}+\cdots$	$\overline{A+B+C+\cdots}=\overline{A}\,\overline{B}\,\overline{C}\cdots$	
吸收律	$A+AB=A$ $A+\overline{A}B=A+B$	$A(A+B)=A$	
常用等式	$AB+\overline{A}C+BC=AB+\overline{A}C$	$AB+\overline{A}C+BCD=AB+\overline{A}C$	

表 1.12　反演律的证明

A	B	$\overline{A\cdot B}$	$\overline{A}+\overline{B}$	$\overline{A+B}$	$\overline{A}\cdot\overline{B}$
0	0	1	1	1	1
0	1	1	1	0	0
1	0	1	1	0	0
1	1	0	0	0	0

本节所列出的基本公式反映的是逻辑关系，而不是数量之间的关系，在运算中不能简单地套用初等代数中的运算规则。如初等代数中的移项规则就不能用，这是因为逻辑代数中没有减法和除法的缘故，这一点必须注意。

（2）逻辑代数运算的基本规则

为配合表 1.11 中公式的使用，特引入以下 3 条基本规则。

1）代入规则

任何一个逻辑等式，如果将等式两边所出现的某一变量都代之以同一逻辑函数，则等式仍旧成立，这就是代入规则。运用代入规则可以扩大基本定律的使用范围。

例 1.22　试由$\overline{AB}=\overline{A}+\overline{B}$推出$\overline{ABC\cdots}=\overline{A}+\overline{B}+\overline{C}+\cdots$（摩根定律）。

解：用 F 代替式中的 B,则有$\overline{AF}=\overline{A}+\overline{F}$,

设 $F=BC$ 则推出$\overline{ABC}=\overline{A}+\overline{BC}$,而$\overline{BC}=\overline{B}+\overline{C}$

故$\overline{ABC}=\overline{A}+\overline{B}+\overline{C}$,依此类推,可得$\overline{ABC\cdots}=\overline{A}+\overline{B}+\overline{C}+\cdots$

2)反演规则

根据摩根定律$\overline{ABC\cdots}=\overline{A}+\overline{B}+\overline{C}+\cdots$可以推得

$$\overline{\overline{ABC\cdots}}=\overline{\overline{A}+\overline{B}+\overline{C}+\cdots},即\ ABC\cdots=\overline{\overline{A}+\overline{B}+\overline{C}}+\cdots$$

由此可以得出这样一个结论:求一个逻辑函数($\overline{ABC\cdots}$)的反函数(ABC)时,可以将逻辑函数($\overline{ABC\cdots}$)中的与(·)换成或(+)(即$\overline{A+B+C\cdots}$),或(+)换成与(·);再将原变量换成非变量($\overline{A}+\overline{B}+\overline{C}+\cdots$),非变量换成原变量;最后将 1 换成 0,0 换成 1 即可,这就是反演规则。利用反演规则可以比较容易地求出一个函数的非函数。

运用反演规则时应该注意两点:①变换时要保持原式的运算顺序——先算括号里的,然后按"先与后或"的顺序进行运算,②不是单个变量上的非号应保留不变。

例 1.23 若 $F=\overline{AB+C}\cdot D+AC$

则其反函数为$\overline{F}=[\overline{(\overline{A}+\overline{B})\cdot\overline{C}}+\overline{D}](\overline{A}+\overline{C})$

而不能写成$\overline{F}=[\overline{\overline{A}+\overline{B}\cdot\overline{C}}+\overline{D}](\overline{A}+\overline{C})$(运算顺序不对)

例 1.24 若 $F=A+\overline{B}+\overline{C+\overline{\overline{D}+E}}$

则其反函数为$\overline{F}=\overline{A}\cdot B\cdot\overline{\overline{C}\,\overline{D\,\overline{E}}}$

而不能写成$\overline{F}=\overline{A}\cdot B\cdot(\overline{C}\cdot D\cdot\overline{E})$(不是单个变量上的非号应保留)

3)对偶规则

F 是一个逻辑表达式,如果把 F 中的与(·)换成或(+),或(+)换成与(·),把 0 换成 1,1 换成 0,那么就得到一个新的逻辑表达式,这就是 F 的对偶式,记着 F'。如,逻辑函数 $F=(A+\overline{B})(A+C)$,则其对偶式为

$$F'=(A\cdot\overline{B})+(A\cdot C)=A\overline{B}+AC$$

变换时仍须保持原式的运算顺序。

所谓对偶规则是指,若一个等式成立,则等式两端各自对偶后,其对偶式也相等。即,若 $F=G$,则 $F'=G'$。

例 1.25 试证明等式 $A+\overline{A}B=A+B$ 成立。

证: 因为 $AB=A\overline{A}+AB=A(\overline{A}+B)$

将等式 $AB=A(\overline{A}+B)$运用对偶规则后,

有 $A+B=A+\overline{A}B$

故而,等式成立。

1.4 逻辑函数的代数化简法

根据逻辑表达式,可以得出相应的逻辑电路图。但是直接根据某种逻辑要求而归纳出的逻辑表达式,及根据该表达式得出的逻辑电路往往不是最简形式,这就需要对逻辑表达式进行化简。

一般来说，一个逻辑函数可以用 5 种形式的表达式来表示，即与-或表达式、或-与表达式、与非-与非表达式、或非-或非表达式、与-或-非表达式。例如：

$$F = AC + \overline{C}D \qquad \text{与-或表达式}$$

$$= (A + \overline{C})(C + D) \qquad \text{或-与表达式}$$

$$= \overline{\overline{AC} \cdot \overline{\overline{C}D}} \qquad \text{与非-与非表达式}$$

$$= \overline{\overline{(A + \overline{C})} + \overline{(C + D)}} \qquad \text{或非-或非表达式}$$

$$= \overline{\overline{A}C + \overline{C}\,\overline{D}} \qquad \text{与-或-非表达式}$$

其中最基本的是与-或表达式，只要有了与-或表达式，就可以通过逻辑转换得到其他形式的表达式。故而，本节主要介绍如何利用逻辑代数的基本定律和规则来将逻辑函数化简成最简与-或表达式。

代数化简的常用方法有以下几种：

1）并项法

利用公式 $A + \overline{A} = 1$，将两项合并成一项，并消去互补因子，如：

$$F = AB + A\overline{B} = A(B + \overline{B}) = A$$

$$F = A\overline{B}\,\overline{C} + AB\overline{C} + ABC + A\overline{B}C$$

$$= A(\overline{B} + B)\overline{C} + A(\overline{B} + B)C$$

$$= A\overline{C} + AC = A$$

2）吸收法

利用吸收律 $A + AB = A$、$A + \overline{A}B = A + B$ 和 $AB + \overline{A}C + BC = AB + \overline{A}C$ 吸收（消去）多余的乘积项或多余的因子。如：

$$F = \overline{B} + A\overline{B}D = \overline{B}(1 + AD) = \overline{B}$$

$$F = \overline{A} + AB\overline{C}D + C = \overline{A} + [C + (ABD)\overline{C}]$$

$$= \overline{A} + C + ABD = C + [\overline{A} + A(BD)]$$

$$= C + \overline{A} + BD = \overline{A} + C + BD$$

3）配项法

利用公式 $A + A = A$、$A + \overline{A} = 1$ 先配项或添加多余项，然后再逐渐化简。如：

$$F = AB + \overline{A}\,\overline{C} + B\overline{C} = AB + \overline{A}\,\overline{C} + (A + \overline{A})B\overline{C}$$

$$= AB + \overline{A}\,\overline{C} + AB\overline{C} + \overline{A}B\overline{C} = (AB + AB\overline{C}) + (\overline{A}\,\overline{C} + \overline{A}B\overline{C})$$

$$= AB + \overline{A}\,\overline{C}$$

例 1.26　化简函数 $F = AD + A\overline{D} + AB + \overline{A}C + A\overline{B}EF + \overline{B}EF$

解：　1）利用公式 $A + \overline{A} = 1$，有 $AD + A\overline{D} = A(D + \overline{D}) = A$

则
$$F = A + AB + \overline{A}C + A\overline{B}EF + \overline{B}EF$$

2）利用公式 $A + AB = A$

则
$$F = A + \overline{A}C + A\overline{B}EF + \overline{B}EF$$

3）利用公式 $A + \overline{A}B = A + B$，有 $A + \overline{A}C = A + C$

则
$$F = A + C + A\overline{B}EF + \overline{B}EF$$

4）利用公式 $A + 1 = 1$，有 $A\overline{B}EF + \overline{B}EF = (A + 1)\overline{B}EF = \overline{B}EF$

则
$$F = A + C + \overline{B}EF$$

例 1.27　化简函数 $F=(\overline{B}+D)(\overline{B}+D+A+G)(C+E)(\overline{C}+G)(A+E+G)$

解:1)利用对偶规则,先求出 F 的对偶函数 F',

$$
\begin{aligned}
F' &= \overline{B}D + \overline{B}D\,AG + CE + \overline{C}G + AEG \\
&= \overline{B}D(1 + AG) + CE + \overline{C}G + AEG \\
&= \overline{B}D + CE + \overline{C}G + AEG
\end{aligned}
$$

2)然后利用公式 $AB+\overline{A}C+BCD=AB+\overline{A}C$ 对 $CE+\overline{C}G+AEG$ 进行化简

得
$$CE+\overline{C}G+AEG=CE+\overline{C}G$$

则
$$F'=\overline{B}D+CE+\overline{C}G$$

3)再对 F' 求对偶函数得

$$F = (\overline{B}+D)(C+E)(\overline{C}+G)$$

例 1.28　化简函数 $F=AB+A\,\overline{C}+\overline{B}C+B\,\overline{C}+\overline{B}D+B\,\overline{D}+ADEF$

解:　1)根据摩根定律,$AB+A\,\overline{C}=A(B+\overline{C})=A\,\overline{\overline{B}C}$

则
$$F=A\,\overline{\overline{B}C}+\overline{B}C+B\,\overline{C}+\overline{B}D+B\,\overline{D}+ADEF$$

2)根据公式 $A+\overline{A}B=A+B$,有 $\overline{B}C+A\,\overline{\overline{B}C}=\overline{B}C+A$

则
$$F=\overline{B}C+A+B\,\overline{C}+\overline{B}D+B\,\overline{D}+ADEF$$

3)根据公式 $A+AB=A$,有 $A+ADEF=A$

则
$$F=A+\overline{B}C+B\,\overline{C}+\overline{B}D+B\,\overline{D}$$

4)利用配项法再进行化简得

$$
\begin{aligned}
F &= A + \overline{B}C + B\,\overline{C} + \overline{B}D + B\,\overline{D} = A + \overline{B}C(D+\overline{D}) + B\,\overline{C} + \overline{B}D + B(C+\overline{C})\,\overline{D} \\
&= A + \overline{B}CD + \overline{B}C\,\overline{D} + B\,\overline{C} + \overline{B}D + BC\,\overline{D} + B\,\overline{C}\,\overline{D} \\
&= A + (\overline{B}CD + \overline{B}D) + (B\,\overline{C} + B\,\overline{C}\,\overline{D}) + (\overline{B}C\,\overline{D} + BC\,\overline{D}) \\
&= A + \overline{B}D + B\,\overline{C} + C\,\overline{D}
\end{aligned}
$$

从以上例子可知,利用代数化简法可以将逻辑函数变成较为简单的形式,但是代数化简法对变量的数目无限制,需要熟悉逻辑代数的公式和规则,并且要有一定的技巧。特别是化简后的结果是否是最简表达式难以确定,而且,同一个逻辑函数可能有多个表达式,有时,就必须去确定它们是否表达了同一个函数。因此,在变量不多的情况下,通常采用另一种方法——卡诺图化简法。

1.5　逻辑函数的卡诺图化简法

卡诺图(Karnaugh Map)是由美国工程师卡诺(Karnaugh)首先提出的,是一种按相邻原则排列而成的最小方格图,它利用相邻项不断合并的原则来使逻辑函数得到化简。由于卡诺图化简法简单而且直观、可靠,因而得到广泛的应用。

1.5.1　逻辑函数的最小项及其性质

在介绍卡诺图之前,先说明一下最小项的概念。

n 个变量的最小项是 n 个变量的“与项”,每个“与项”都必须包含函数的全部变量,其中每个变量都以原变量或反变量的形式出现，且仅出现一次。例如，设 A、B、C 是三个逻辑变量，则由这三个变量构成的最小项有：$\overline{A}\,\overline{B}\,\overline{C}$、$\overline{A}\,\overline{B}C$、$\overline{A}B\overline{C}$、$\overline{A}BC$、$A\overline{B}\,\overline{C}$、$A\overline{B}C$、$AB\overline{C}$、$ABC$ 共 8 项，等于 2^3，也就是说，n 个变量的最小项有 2^n 个。

为了分析最小项的性质，列出了三个变量的所有最小项的真值表，如表 1.13 所示。

表 1.13　三个变量最小项的真值表

A	B	C	$\overline{A}\,\overline{B}\,\overline{C}$	$\overline{A}\,\overline{B}C$	$\overline{A}B\overline{C}$	$\overline{A}BC$	$A\overline{B}\,\overline{C}$	$A\overline{B}C$	$AB\overline{C}$	ABC
0	0	0	1	0	0	0	0	0	0	0
0	0	1	0	1	0	0	0	0	0	0
0	1	0	0	0	1	0	0	0	0	0
0	1	1	0	0	0	1	0	0	0	0
1	0	0	0	0	0	0	1	0	0	0
1	0	1	0	0	0	0	0	1	0	0
1	1	0	0	0	0	0	0	0	1	0
1	1	1	0	0	0	0	0	0	0	1

从表 1.13 可以看出，最小项具有下面 3 个主要性质：

1）任意一个最小项，只有一组变量取值使得它的值为 1，而变量取其他组合值时，这个最小项的值都是 0。例如，$A\overline{B}\,\overline{C}$只有在 100 这个组合中为 1。由于 100 对应于十进制的 4，为了便于表示，我们把最小项 $A\overline{B}\,\overline{C}$记作 m_4。用同样的方法，可将三变量的最小项分别记为：$\overline{A}\,\overline{B}\,\overline{C}=m_0$、$\overline{A}\,\overline{B}C=m_1$、$\overline{A}B\overline{C}=m_2$、$\overline{A}BC=m_3$、$A\overline{B}\,\overline{C}=m_4$、$A\overline{B}C=m_5$、$AB\overline{C}=m_6$、$ABC=m_7$。

2）任意两个不同的最小项的乘积为 0。由于最小项都包含了函数的全部变量，故而任意两个不同的最小项则必定有一个以上的变量相异（即一个为原变量，另一个为反变量），由公式 $A\cdot\overline{A}=0$ 可知它们的乘积必定为 0。

3）全部最小项的和必为 1。即

$$\overline{A}\,\overline{B}\,\overline{C}+\overline{A}\,\overline{B}C+\overline{A}B\overline{C}+\overline{A}BC+A\overline{B}\,\overline{C}+A\overline{B}C+AB\overline{C}+ABC=1$$

对于这一点，大家可用公式 $A+\overline{A}=1$ 得出。

1.5.2　逻辑函数的最小项表达式

在一个与或式中，所有与项均为最小项，则称这种表达式为最小项表达式（也称为标准与或式）。下面就举例说明把逻辑表达式展为最小项表达式的方法。

例 1.29　将 $F(A,B,C)=AB+A\overline{C}$化成最小项表达式。

注：$F(A,B,C)$ 中的 A、B、C 表示该表达式只有 3 个变量，分别为 A、B、C。

解：　由于最小项包含全部变量，故只需让表达式的每一个与项都包含 A、B、C 三个变量（或反变量）即可。在此利用公式 $A+\overline{A}=1$ 进行配项。

$$F=AB(C+\overline{C})+A(B+\overline{B})\overline{C}=ABC+AB\overline{C}+AB\overline{C}+A\overline{B}\,\overline{C}=ABC+AB\overline{C}+A\overline{B}\,\overline{C}$$

$$=m_7+m_6+m_4=\sum m(4,6,7)$$

式中，“$\sum$”表示或运算，括号中的数字表示最小项的下标。

例 1.30　将 $F(A,B,C)=\overline{AB+\overline{A}\cdot\overline{B}+\overline{C}}$化成最小项表达式。

解：　首先利用摩根定律将“非”号转换到单个变量上，再进行化简

$$F=\overline{AB+\overline{A}\cdot\overline{B}+\overline{C}}=\overline{AB}\cdot\overline{\overline{A}\cdot\overline{B}}\cdot C=(\overline{A}+\overline{B})(A+B)C$$

$$=(A\overline{A}+A\overline{B}+\overline{A}B+B\overline{B})C=A\overline{B}C+\overline{A}BC$$

$$=m_5+m_3=\sum m(3,5)$$

例 1.31 求例 1.5.2 中 F 的反函数$\overline{F}$的最小项表达式。

解： 因为 $F+\overline{F}=1=\sum m(0,1,2,3,4,5,6,7)$

又由例 1.5.2 可知 $F=\sum m(3,5)$

故而 $\overline{F}=\sum m(0,1,2,4,6,7)$

1.5.3 用卡诺图表示逻辑函数

(1)卡诺图的构成

在逻辑函数的真值表中，输入变量的每一种组合都和一个最小项相对应，这种真值表也称为最小项真值表。而将逻辑函数真值表中的最小项排列成矩阵，且矩阵的横向和纵向的逻辑变量的取值按照格雷码的顺序排列（即相邻只有一个码元不同），这样构成的图形称为卡诺图。图 1.8 所示分别为 2 变量、3 变量、4 变量和 5 变量的卡诺图。

如果一个逻辑函数的某两个最小项只有一个变量不同，其余变量均相同，则称这两个最小项为相邻最小项，如 ABC 和 $A\overline{B}C$，$ABC\overline{D}$和 $AB\overline{C}\overline{D}$。相邻最小项可以利用公式 $A+\overline{A}=1$ 来消去一个变量，如 $ABC+A\overline{B}C=AC$，$ABC\overline{D}+AB\overline{C}\overline{D}=AB\overline{D}$。逻辑函数化简的实质就是相邻最小项的合并。卡诺图的特点是两个相邻最小项在图中也是相邻的。需要注意的是：卡诺图中最左列和最右列对应的最小项是相邻的，最上一行和最下一行对应的最小项也是相邻的。因此，2 变量的最小项有两个最小项与之相邻；3 变量的最小项有 3 个最小项与之相邻；4 变量的最小项有 4 个最小项与之相邻；5 变量的最小项有 5 个最小项与之相邻；依此类推。

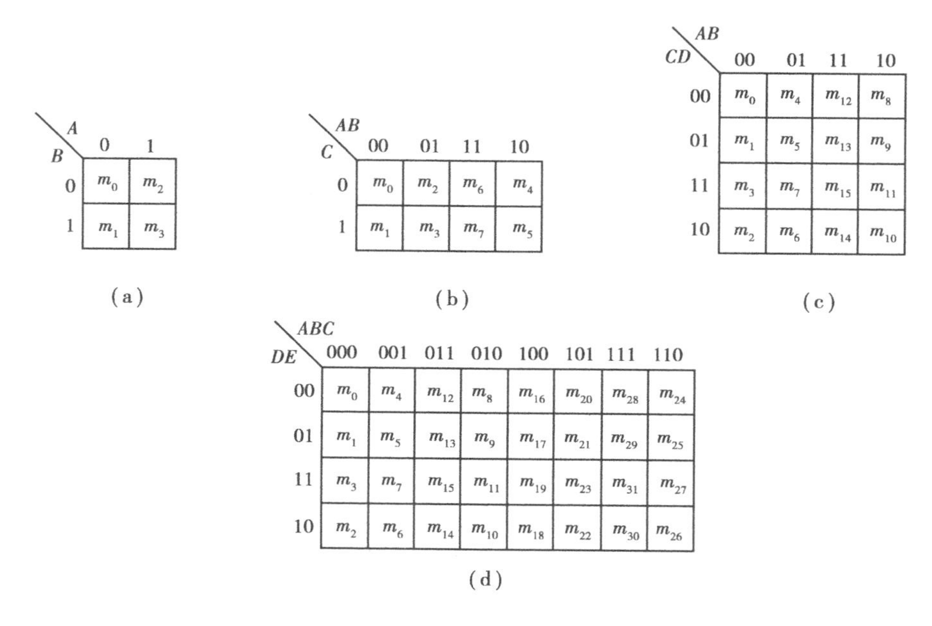

图 1.8 卡诺图的构成

(a)2 变量 (b)3 变量 (c)4 变量 (d)5 变量

由图1.8可以看出,随着逻辑函数变量的逐渐增多,对应的卡诺图的复杂程度也成倍地增加,因此,卡诺图一般只用于变量较少的情况。

(2)逻辑函数在卡诺图上的表示

上面已经得出了各种变量卡诺图的一般形式,再根据逻辑函数的最小项表达式,就可以将逻辑函数在卡诺图上表示出来。方法是:先求出逻辑函数的最小项表达式;然后在卡诺图上将那些与给定逻辑函数的最小项相对应的方格内填入1,其余的方格填入0,就可以得到该逻辑函数的卡诺图。

例1.32　画出 $F(A,B,C,D)=(\overline{A}\,\overline{B}+\overline{C}\,\overline{D})(\overline{A}\,\overline{B}+C\overline{D})$ 的卡诺图。

解:　1)将函数化简成最小项表达式

$$F=\overline{A}\,\overline{B}\,\overline{C}\,\overline{D}+\overline{A}\,\overline{B}\,\overline{C}D+\overline{A}\,\overline{B}C\overline{D}+\overline{A}\,\overline{B}CD$$

$$=m_0+m_1+m_2+m_3=\sum m(0,1,2,3)$$

2)在卡诺图中将 m_0、m_1、m_2 和 m_3 这4项填1,其余填0,就得出逻辑函数的卡诺图。如图1.9所示。

例1.33　画出逻辑函数的卡诺图。

$$F(A,B,C,D)=(\overline{A}+\overline{B}+\overline{C}+\overline{D})(\overline{A}+\overline{B}+C+\overline{D})(\overline{A}+B+\overline{C}+D)(A+\overline{B}+\overline{C}+D)(A+B+C+D)$$

解:　1)利用反演规则求出 F 的反函数 $\overline{F}$

$$\overline{F}=ABCD+AB\overline{C}D+A\overline{B}C\overline{D}+\overline{A}BC\overline{D}+\overline{A}\,\overline{B}\,\overline{C}\,\overline{D}$$

$$=\sum m(0,6,10,13,15)$$

2)根据等式 $F+\overline{F}=1$ 可以得出

$$F=\sum m(1,2,3,4,5,7,8,9,11,12,14)$$

3)在图中将与函数最小项对应的格子填入1,其余的格子填入0,结果如图1.10所示。

CD \ AB	00	01	11	10
00	1	0	0	0
01	1	0	0	0
11	1	0	0	0
10	1	0	0	0

图1.9　例1.32的卡诺图

CD \ AB	00	01	11	10
00	0	1	1	1
01	1	1	0	1
11	1	1	0	1
10	1	0	1	0

图1.10　例1.33的卡诺图

1.5.4　用卡诺图化简逻辑函数

我们知道,卡诺图具有循环邻接的特性,若图中两个相邻的格子均为1,则可以消去一个变量;若图中有4个相邻的格子均为1,则可以消去两个变量;这样反复使用公式 $A+\overline{A}=1$ 就可以将逻辑函数化简。

根据上述原理,可以得出卡诺图化简逻辑函数的一般步骤:

第一,将逻辑表达式转换成最小项表达式。

第二,将最小项表达式在卡诺图上表示出来,在最小项所对应的方格内填入1,其余方格填0。

第三，圈选相邻的最小项，圈选相邻项时必须注意以下几点：

①“相邻”的含意包括了最上一行与最下一行相邻，最左一列与最右一列相邻；

②所圈最小项的个数必须是2^i($i \geqslant 0$的整数)；

③所圈最小项的个数要尽可能地多，即能够圈4项则不能圈两项，能圈8项则不能圈4项；

④根据公式$A+A=A$可知，每一个最小项可以被重复地圈选多次，但每一个圈中必须有一个以上的最小项没有被其他包围圈所包含，否则该包围圈就是多余的。

⑤每一个最小项都必须圈选到。对于没有相邻最小项的最小项，则自己单独组成一个圈。

第四，合并最小项。把归并在同一个圈中的相邻最小项合并成一个表达式，也就是利用公式$A+\overline{A}=1$把同一个圈中既有原变量又有反变量的变量去掉。

第五，把每一个包围圈合并后的逻辑表达式进行逻辑加，就可以得到简化后的逻辑表达式。

例1.34 用卡诺图求下面逻辑函数的最简表达式。

$$F(A,B,C,D) = \sum m(3,5,7,8,11,12,13,15)$$

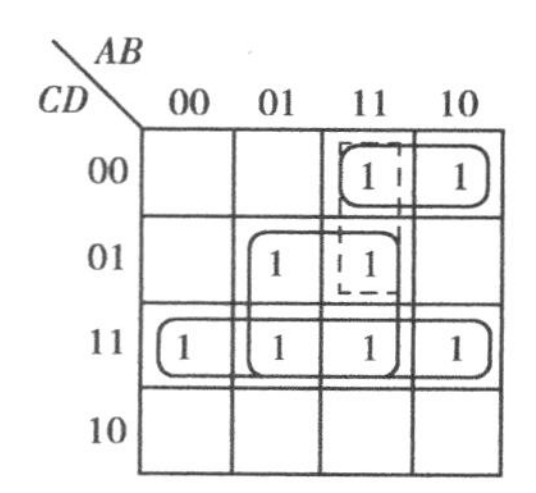

图1.11 例1.34的卡诺图

解： ①由于本题直接给出了最小项表达式，故而直接填写卡诺图，图中，填0的地方被省略，以下均采用这种方法。

②圈选相邻项，如图1.11所示。

③合并相邻项。注意：图中的虚线框所包围的最小项都已被其他包围圈包含，所以是多余的。图中有3个有效圈，分别化简为BD、CD和$A\overline{C}\,\overline{D}$。

④写出最简表达式。$F=BD+CD+A\overline{C}\,\overline{D}$

例1.35 用卡诺图求下面逻辑函数的最简表达式。

$$F(A,B,C,D) = \overline{B}CD + \overline{A}B\,\overline{D} + \overline{B}C\,\overline{D} + AB\,\overline{C} + ABCD$$

解： ①将逻辑表达式转换成最小项表达式

$$F = \sum m(2,3,4,6,10,11,12,13,15)$$

②根据最小项表达式画卡诺图。

③圈选相邻项，本题有多种圈法，下面给出了其中两种，如图1.12所示。

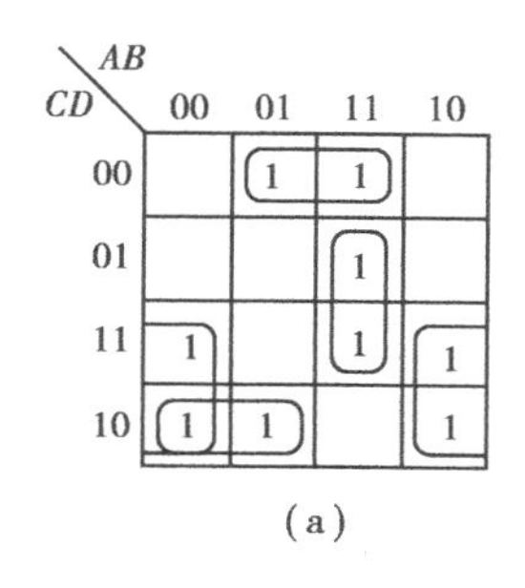

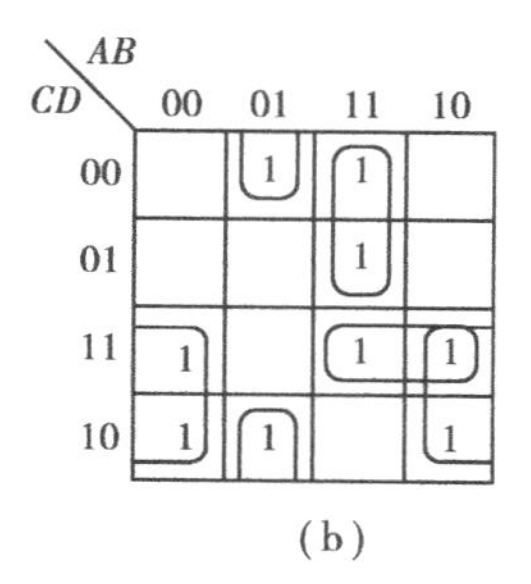

图1.12 例1.35的卡诺图

④写出最简表达式，两种圈法则有两个最简表达式。

按图1.12(a)的圈法:

$$F = \overline{B}C + \overline{A}C\overline{D} + B\overline{C}\overline{D} + ABD$$

按图1.12(b)的圈法:

$$F = \overline{B}C + \overline{A}B\overline{D} + AB\overline{C} + ACD$$

该例说明,逻辑函数的最简表达式不是惟一的。

例1.36 用卡诺图求 $F(A,B,C,D) = \sum m(1,2,4,9,10,11,13,15)$ 的最简表达式。

解: ①填写卡诺图并圈出相邻项,需要注意的是,图中有一个孤立项,没有其他最小项与之相邻,故而单独构成一个圈,如图1.13所示。

②合并相邻项并写出表达式,得

$$F = AD + \overline{B}\,\overline{C}D + \overline{B}C\overline{D} + \overline{A}B\overline{C}\,\overline{D}$$

例1.37 用卡诺图求 $F(A,B,C,D) = \sum m(0,2,8,10,14,15)$ 的最简表达式。

解: ①根据最小项表达式画卡诺图。

②圈出相邻项。由于卡诺图的最上一行与最下一行相邻,最左一列与最右一列相邻,故图中四个角是相邻,归为一个圈中。如图1.14所示,虚线圈没有包含新的最小项,所以是多余的圈。

③合并相邻项并写出表达式,得

$$F = \overline{B}\,\overline{D} + ABC$$

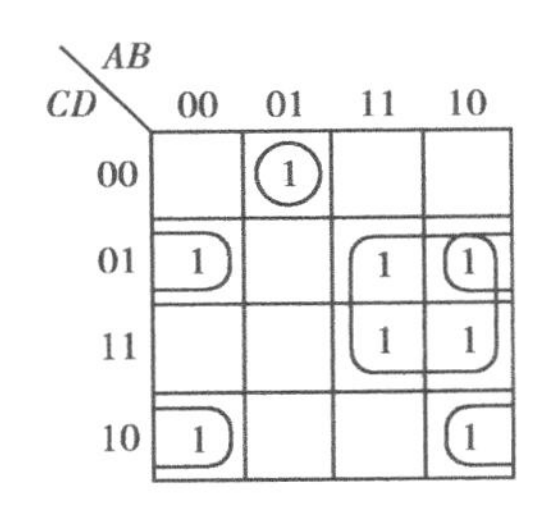

图1.13 例1.36的卡诺图

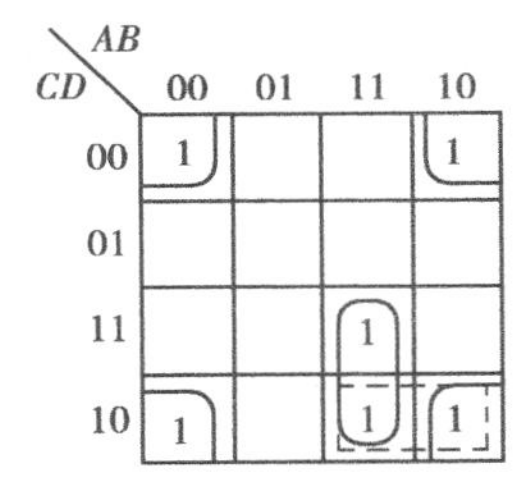

图1.14 例1.37的卡诺图

1.5.5 含随意项的逻辑函数的化简

前面所讨论的逻辑函数,对应于每一组变量的取值,在真值表中都能够得到确定的值(0或1)。但在实际中却经常遇到这样的问题,在真值表内对应于变量的某些取值下,函数的值可以是任意的,或者这些变量的取值根本就不会出现。例如:在8421 BCD码的编码方式中,只取了四位二进制的前十种组合(0000~1001),而后六种组合(1010~1111)是不使用的。这些变量取值所对应的最小项称为随意项或无关项。随意项在真值表和卡诺图中,用×来表示,在最小项表达式中则用 $\sum d(\cdots)$ 来代表。

随意项的意义在于;它的值可以取0,也可以取1。具体取什么值,可以根据使函数尽量化简而定,一般的做法是在圈选相邻项时,若将随意项×圈进去后,圈内包含的最小项更多,则必须将随意项圈进去,在合并时,圈内的随意项取值为1,其他随意项取值为0。下面举例说明。

例1.38 用卡诺图求化简

$$F(A,B,C,D) = \sum m(1,2,5,6,9) + \sum d(10,13,14,15)$$

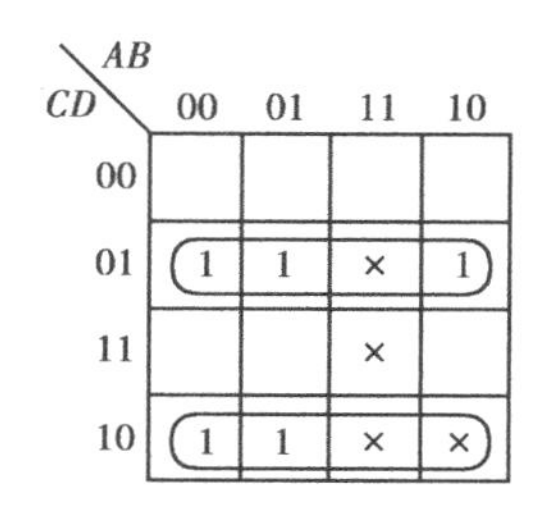

图 1.15　例 1.38 的卡诺图

解： ①由题意画出卡诺图。

②圈选相邻项，如图 1.15 所示。

③合并相邻项。卡诺图中圈内的随意项×被当作 1，两个包围圈则有两项表达式，分别合并为$\overline{C}D$和 $C\overline{D}$。

④写出表达式：$F=\overline{C}D+C\overline{D}$

例 1.39　用卡诺图求化简

$$F(A,B,C,D)=\sum m(1,3,7,11,15)+\sum d(0,2,5)$$

解： ①由题意画出卡诺图。

②圈选相邻项，该题的圈选方法有两种，如图 1.16 所示。

③写出表达式，卡诺图中圈内的随意项×被当作 1。

按图 1.16(a)的圈法：$F=\overline{A}\,\overline{B}+CD$

按图 1.16(b)的圈法：$F=\overline{A}D+CD$

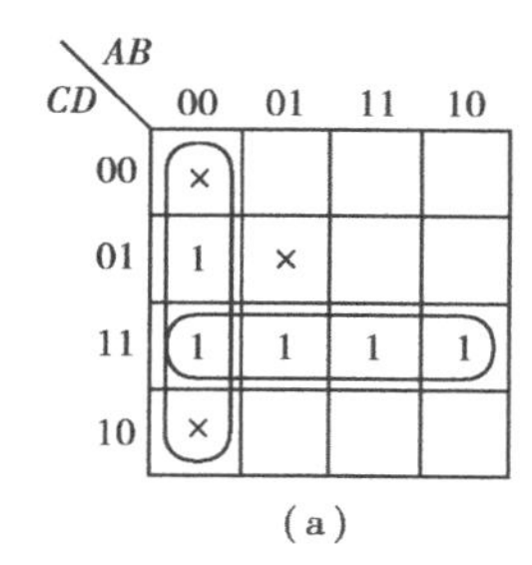

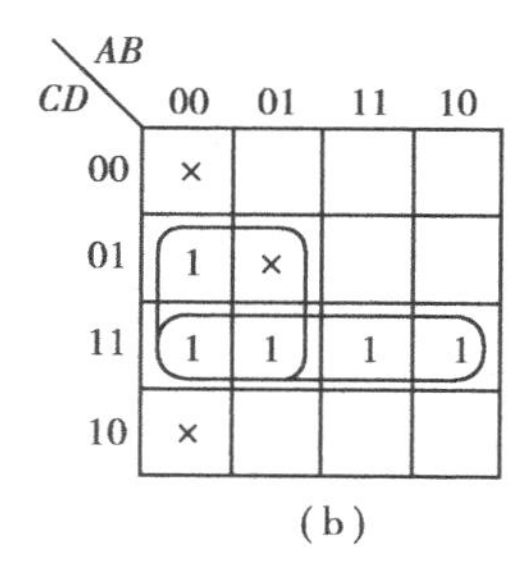

图 1.16　例 1.39 的卡诺图

1.6　逻辑函数的表示方法及相互转换

在研究和处理逻辑问题时，根据逻辑函数的不同特点，可以采用多种方法来表示逻辑函数。经常使用的表示方法有逻辑表达式、真值表、卡诺图、逻辑图和波形图等 5 种。它们都有其各自的特点，而且可以相互转换。

1.6.1　逻辑函数的表示方法

(1)逻辑表达式

用与、或、非 3 种逻辑运算来表示逻辑变量之间关系的代数式，叫做逻辑表达式或函数表达式。这是一种用公式表示逻辑函数的方法。

例如 $F(A,B)=\overline{A}B+A\overline{B}$

逻辑表达式是我们最先接触的逻辑函数的表示方法，这种表示方法的优点是：

①简洁、方便。用基本逻辑运算符号高度抽象而概括地表示各个变量之间的逻辑关系，书写简洁、方便。

②便于运用逻辑代数的公式、定理进行运算和变换。

③便于用逻辑图实现函数。只要用相应的门电路的逻辑符号代替表达式中的有关运算，

即可得到逻辑图，这一点稍后介绍。

逻辑表达式的主要缺点是同一个逻辑函数有不同的表达式，不易判断各表达式彼此是否相等；而且在逻辑函数比较复杂时，难以直接从变量取值看出逻辑函数的值，没有真值表直观。

(2) 真值表

描述逻辑函数各个变量取值组合与函数值对应关系的表格就叫做真值表，这是一种用表格表示逻辑函数的方法。

真值表的列写方法是：每一个输入变量有 0、1 两个取值，n 个输入变量，2^n 个不同的取值组合；如果将输入变量的全部取值组合按一定的顺序(一般采用二进制递增的方式)排列起来，然后将函数对应的输出值一一列举出来，即可得到真值表。

表 1.14　真值表

A	B	F
0	0	0
0	1	1
1	0	1
1	1	0

例如，$F(A,B)=\overline{A}B+A\overline{B}$的真值表如表 1.14 所示。

真值表的优点是：

①直观明了。输入变量的取值一旦确定以后，就可以在真值表中查出逻辑函数对应的输出值。在数字集成电路手册中，一般都以真值表的形式给出器件的逻辑功能。

②在把一个实际逻辑为题抽象成数学问题时，使用真值表最方便。这是设计电路的第一步，根据实际问题得出真值表。

真值表的主要缺点是，无法运用逻辑代数的公式、定理进行运算，当变量比较多时，显得过于烦琐。

(3) 卡诺图

卡诺图是用图示的方式，将各种输入变量的所有可能的取值组合所对应的输出变量一一列举出来，是一种图形化的真值表。

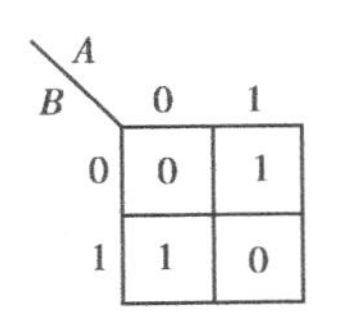

图 1.17　卡诺图

利用卡诺图表示逻辑函数的方法是：在那些使函数输出值为 1 的变量取值组合所对应的方格内填入 1，其余的方格填入 0，便可以得到该函数的卡诺图。

例如，$F(A,B)=\overline{A}B+A\overline{B}$的卡诺图如图 1.17 所示。

卡诺图最大的优点是：形象地表达了变量各个最小项之间在逻辑上的相邻性。图中任何几何位置相邻的最小项，在逻辑上都是相邻的。卡诺图的主要缺点是：随着变量的增加，图形迅速复杂化。

(4) 逻辑图

在数字电路中，用逻辑符号表示基本单元电路以及由这些基本单元组成的图形就叫做逻辑图，由于逻辑图中的逻辑符号通常都表示了具体的电路器件，所以逻辑图又称为逻辑电路图。

例如，$F(A,B)=\overline{A}B+A\overline{B}$的逻辑电路图如图 1.18 所示。

逻辑电路图中的逻辑符号，与实际使用的电路器件有着明显的对应关系，所以它比较接近于工程实际；但是，对于稍复杂一点的逻辑图，我们很难直接看出其功能，而且逻辑图不易书写(绘制)和记忆。

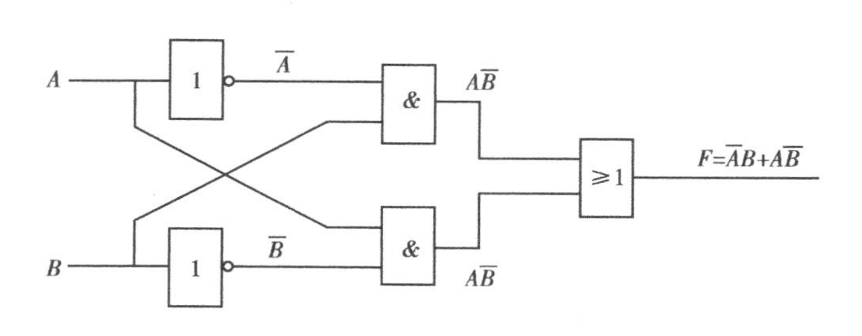

图 1.18　逻辑电路图

(5) 波形图

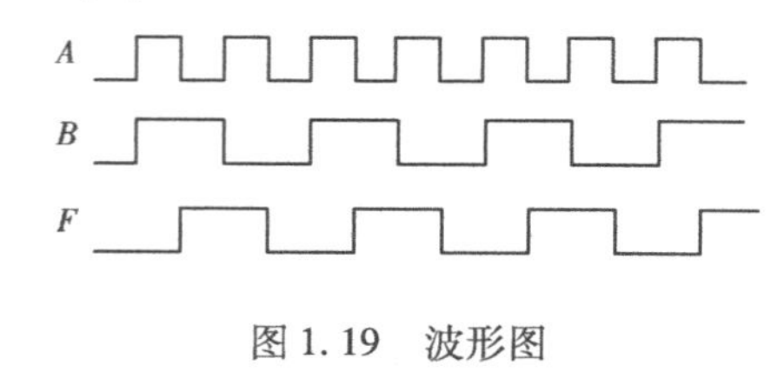

图 1.19　波形图

波形图就是由输入变量的所有可能取值组合的高、低电平与对应的逻辑函数输出值的高、低电平所构成的图形。波形图可以将输出函数的变化与输入变量之间的关系在时间上直观地表现出来,因此波形图又被称为时序图或时间图。

例如,$F(A,B)=\overline{A}B+A\overline{B}$的波形图如图 1.19 所示。

1.6.2　逻辑函数几种表示方法之间的转换

即然同一个逻辑函数有各种不同的表示方法,那么这些表示方法就必然能够相互转换。其中最为重要的是真值表与逻辑图之间的相互转换,它们之间的转换一般要通过卡诺图和逻辑表达式。

(1) 由逻辑图到真值表之间的转换

从逻辑图到真值表的转换过程实际上是在分析一个逻辑电路图,其转换的步骤如下:

1) 根据逻辑电路图,写出逻辑表达式。

2) 将得到的逻辑表达式进行变换或化简,得到与-或表达式。

3) 将所得的与-或表达式转换成最小项表达式后填写真值表。

例 1.40　逻辑电路图如图 1.20 所示,列出输出信号 F 的真值表。

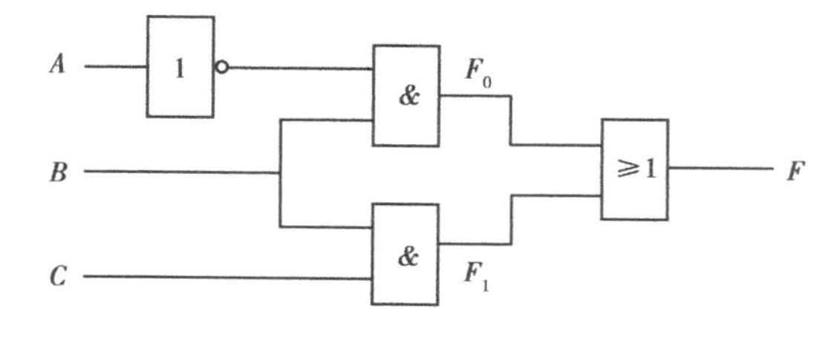

图 1.20　例 1.40 的逻辑图

解:　1) 写出逻辑表达式:

因　　$F=F_0+F_1$　　而 $F_0=\overline{A}B$、$F_1=BC$

故　　$F=\overline{A}B+BC$

2) 由于 $F=\overline{A}B+BC$ 已经是与-或表达式,故而省去第二步。

3) 而 $F=\overline{A}B+BC=(\overline{A}BC+\overline{A}B\overline{C})+(\overline{A}BC+ABC)$

$=m_2+m_3+m_7$

将对应的最小项在真值表内填入 1，结果如表 1.15 所示。

表 1.15　例 1.40 的真值表

A	B	C	F
0	0	0	0
0	0	1	0
0	1	0	1
0	1	1	1
1	0	0	0
1	0	1	0
1	1	0	0
1	1	1	1

表 1.16　例 1.41 的真值表

A	B	C	F
0	0	0	0
0	0	1	0
0	1	0	0
0	1	1	1
1	0	0	1
1	0	1	1
1	1	0	0
1	1	1	1

(2) 由真值表到逻辑图之间的转换

由真值表到逻辑图之间的转换步骤如下：

1) 根据真值表填写卡诺图或逻辑表达式。

2) 由卡诺图化简法或者公式化简法得出最简表达式。

3) 根据最简表达式画逻辑图。有时，为了画图方便，还需要对表达式进行适当的化简。

例 1.41　真值表如表 1.16 所示，画出逻辑图。

解： 1) 由表 1.16 可得

$$F=\sum m(3,4,5,7)$$
$$=\overline{A}BC+A\overline{B}\,\overline{C}+A\overline{B}C+ABC$$

2) 用公式化简得 $F=BC+A\overline{B}$

3) 根据表达式画出逻辑图，如图 1.21 所示：

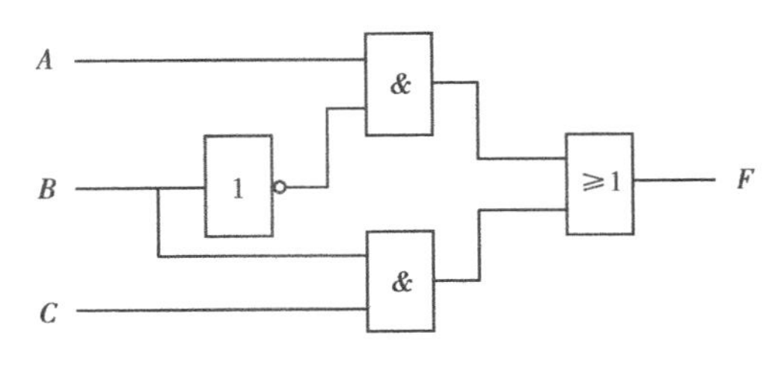

图 1.21　例 1.41 的逻辑图

本章小结

本章主要介绍了进位计数制间的相互转换和逻辑代数两部分内容。

1) 计数制之间的相互转换

①二进制、八进制、十六进制转换成十进制的方法：采用按位展开法。

②十进制转换成二进制、八进制、十六进制的方法：整数部分采用除基(2 或 8 或 16)取余

法,小数部分采用乘基取整法。

③二进制转换成八进制:采用三位二进制对应一位八进制,不足位数则分别在整数的高位和小数的低位添0补足。同理,二进制转换成十六进制:采用四位二进制对应一位十六进制,不足位数也分别在整数的高位和小数的低位添0补足。

另外,十进制转换成八进制和十六进制时,可以先将十进制转换成二进制,然后由二进制转换成八进制和十六进制。

2)对于逻辑代数部分必须记住常用的公式和定律,这是采用公式化简法化简逻辑函数的前提条件。

公式化简法就是利用逻辑代数的公式和定律,经过运算,对函数的逻辑表达式进行化简,以求得最简表达式。它的优点是没有任何局限性,但要求大家必须熟练地运用公式和定律,而且要有一定的运算技巧,不易被初学者掌握,故又引进了卡诺图化简法。

3)卡诺图化简法就是利用函数的卡诺图进行化简,原理是相邻最小项的合并。这个方法简单直观,在化简中技巧要求相对低一些,不易出错,初学者容易掌握。但在逻辑变量多于5个以后,逻辑函数的卡诺图过于复杂,失去了简单、直观的优点,因而已就失去了实用的价值,人们一般不再采用。

4)在本章的最后,归纳总结了逻辑函数的几种表示方法,介绍了它们之间的相互转换,其中比较重要的是真值表到逻辑图之间的转换,它是分析、设计电路的主要过程。

习 题 1

1.1 完成下面数制的转换:

1)将下列各数转换成十进制数:

①$(1011.11)_2$、$(11011011.01)_2$、$(11101.101)_2$、$(101010.011)_2$;

②$(1101.1)_8$、$(74.25)_8$、$(53.4)_8$、$(17.2)_8$;

③$(101.1)_{16}$、$(C3.8)_{16}$、$(62.B)_{16}$、$(9E)_{16}$;

2)将十进制数分别转换成二进制(误差 $\varepsilon \leqslant 2^{-5}$)、八进制和十六进制数:

① $(63)_{10}$ ②$(79.25)_{10}$ ③$(572.381)_{10}$ ④$(925.17)_{10}$

3)将二进制数分别转换成十进制、八进制和十六进制数:

①$(11101.1101)_2$ ②$(10100.001)_2$ ③$(1110.101)_2$ ④$(10110111.01)_2$

4)求出下列各式的值:

①$(475.23)_8=(\qquad)_2=(\qquad)_{16}=(\qquad)_{10}$

②$(7B5.1)_{16}=(\qquad)_2=(\qquad)_8=(\qquad)_{10}$

③$(835.9)_{10}=(\qquad)_2=(\qquad)_8=(\qquad)_{16}$

1.2 将62个或120个信息编码,各需要多少位二进制码?

1.3 分别用8421 BCD码和余3码表示下列各数:

①$(24.5)_{10}$ ②$(73.2)_{10}$ ③$(10110.11)_2$

④$(46.7)_8$ ⑤$(4F.4)_{16}$

1.4 设机器字长为16,用补码表示下列符号数:

①$(+132)_{10}$　②$(+84)_{10}$　③$(-54)_{10}$

④$(-501)_{10}$　⑤$(-245)_{10}$　⑥$(-356)_{10}$

1.5　用二进制补码运算求:

①$(+52)_{10}+(+34)_{10}$　②$(+41)_{10}+(-23)_{10}$

③$(+28)_{10}+(-12)_{10}$　④$(+34)_{10}-(+16)_{10}$

⑤$(+56)_{10}-(-40)_{10}$

1.6　用公式证明下列等式:

①$A\overline{B}+B\overline{C}+C\overline{A}=\overline{A}B+\overline{B}C+\overline{C}A$

②$ABC+A\overline{B}C+AB\overline{C}=AB+AC$

③$A+A\overline{B}\cdot\overline{C}+\overline{A}CD+(\overline{C}+\overline{D})E=A+CD+E$

④$\overline{A+B+C}=\overline{A}\cdot\overline{B}\cdot\overline{C}$

⑤$A\overline{B}+\overline{A}B=(\overline{A}+\overline{B})\cdot(A+B)$

⑥$AB+BCD+\overline{A}C+\overline{B}C=AB+C$

⑦$A\overline{B}+\overline{A}B+BC=A\overline{B}+\overline{A}B+AC$

⑧$A\oplus B\oplus C=ABC+(A+B+C)\overline{AB+BC+AC}$

⑨$ABC+A\overline{B}\cdot\overline{C}+\overline{A}B\overline{C}+\overline{A}\cdot\overline{B}C=A\oplus B\oplus C$

⑩$ABCD+\overline{A}\cdot\overline{B}\cdot\overline{C}\cdot\overline{D}=\overline{A\overline{B}+B\overline{C}+C\overline{D}+D\overline{A}}$

1.7　用公式化简法将下列逻辑函数化简成最简与-或式:

①$(A+B)(A+\overline{B})$

②$ABC+\overline{A}B+AB\overline{C}$

③$\overline{A+B}\cdot\overline{\overline{A}+\overline{B}}$

④$ABC+\overline{A}\cdot\overline{B}C+\overline{A}BC+AB\overline{C}+\overline{A}\cdot\overline{B}\cdot\overline{C}$

⑤$(A+B)C+A\overline{C}+AB+ABC+\overline{B}C$

⑥$\overline{AC+\overline{A}BC+\overline{B}C}+AB\overline{C}$

⑦$(A+B+\overline{C})(A+B+C)$

⑧$ABC\overline{D}+ABD+BC\overline{D}+ABCD+B\overline{C}$

⑨$\overline{AB+\overline{A}\cdot\overline{B}+\overline{A}B+A\overline{B}}$

⑩$\overline{A}\cdot\overline{B}+AC+BC+\overline{B}\cdot\overline{C}\cdot\overline{D}+B\overline{C}E+\overline{B}CF$

1.8　写出下列函数的反函数:

①$F=\overline{A+B+\overline{C}+\overline{D+E}}$

②$F=B[(C\overline{D}+A)+\overline{E}]$

③$F=A\overline{B}+\overline{C}\,\overline{D}$

1.9　写出下列函数的对偶式:

①$F=(A+\overline{B})(\overline{A}+B)(B+C)(\overline{A}+C)$

②$F=\overline{A+\overline{B+\overline{C}}}$

③$F=\overline{\overline{A}\cdot\overline{B\overline{C}}}$

1.10　写出下列函数的最小项表达式:

①$F(A,B,C)=\overline{A}\cdot\overline{B+\overline{C}}$

②$F(A,B,C,D)=\overline{\bar{A}\cdot\bar{B}+ABD}\cdot(B+\bar{C}D)$

1.11　用卡诺图化简下列逻辑函数,并写出最简与-或式:

①$B+\bar{A}B+A\bar{B}+AC$

②$A\bar{B}C+\bar{A}C+AB+\bar{B}\cdot\bar{C}$

③$A\bar{B}\cdot\bar{C}+ABC+ACD+C\bar{D}$

④$A+(\overline{B+\bar{C}})(A+\bar{B}+C)(A+B+C)$

⑤$A\bar{B}CD+AB\bar{C}D+A\bar{B}+A\bar{D}+A\bar{B}C$

⑥$F(A,B,C)=\sum m(0,1,2,7)$

⑦$F(A,B,C,D)=\sum m(3,4,5,6,9,10,12,13,14,15)$

⑧$F(A,B,C,D)=\sum m(0,1,2,5,6,7,8,9,13,14)$

⑨$F(A,B,C,D)=\sum m(0,1,4,6,9,13)+\sum d(3,5,7,11,15)$

⑩$F(A,B,C,D)=\sum m(0,13,14,15)+\sum d(1,2,3,9,10,11)$

1.12　试用与非门画出下列逻辑函数的逻辑电路图:

①$F=AB+AC$

②$F=\overline{D(A+C)}$

③$F=\overline{(A+B)(C+D)}$

1.13　已知一逻辑函数 $F=A\bar{B}+B\bar{C}+C\bar{A}$,试用真值表、卡诺图、逻辑电路图和波形图表示。

第2章 门电路

在工程中每一个逻辑符号都对应着一种电路,并通过集成工艺做成一种集成器件,称为集成逻辑门电路,简称门电路。它具有体积小、成本低、抗干扰能力强、使用灵活方便等特点,是构成各种复杂逻辑控制及数字运算电路的基本单元。本章以典型的 TTL 与非门、CMOS 基本门电路为例,分析其电路结构、工作原理后,着重介绍它们的外部特性及特点,并从输入特性、输出特性、电压传输特性、速度、功耗、抗干扰能力、带负载能力等多方面对电路进行比较,以便为实际使用这些器件打下必要的基础。熟练掌握门电路的基本原理及使用方法是本章学习的主要内容。

2.1 半导体器件的开关特性

2.1.1 半导体二极管的开关特性

一个理想开关,应该具有以下特征:闭合情况下,$R=0$;断开情况下,$R=\infty$;其状态转换应该在瞬间完成。由于半导体二极管(就是一个 *PN* 结)具有单向导电性,即外加正向电压时导通,外加反向电压时截止,所以在数字电路中它可作为一个受外加电压极性控制的开关来使用。

(1)稳态开关特性

图 2.1 给出了二极管的伏安特性曲线,下面结合图 2.2 所示电路,我们来讨论二极管的稳态开关特性。

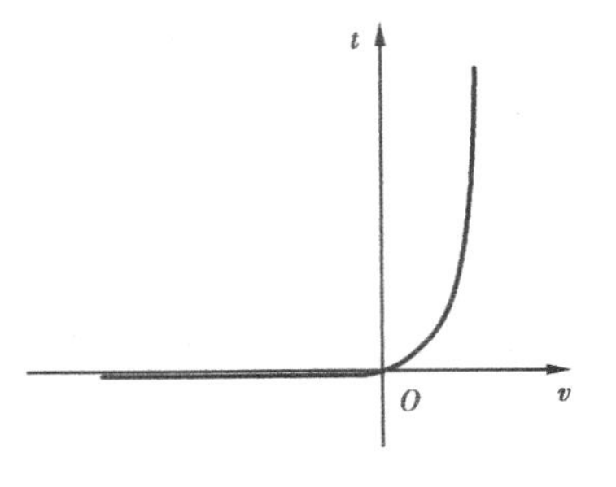

图 2.1 二极管的伏安特性

当 $v_I=V_{IH}$ 时,相当于二极管加正向电压,二极管导通,导通电压为 V_{on}(对 Si 管,V_{on} 约为 0.7 V),相当于有一定压降的闭合了的开关($R\neq0$)。

当 $v_I=V_{IL}$ 且小于 0 V 时,相当于二极管加反向电压,二极管截止,相当于有微小反向电流的断开了的开关($R\neq\infty$)。

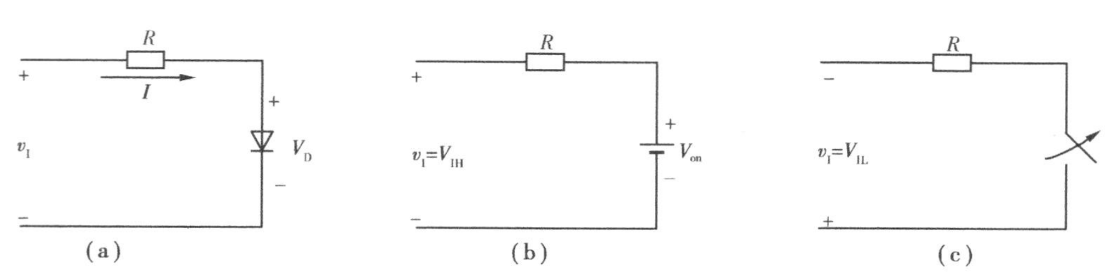

图 2.2　二极管静态开关电路及其等效电路

(a)电路图　(b)输入高电平时的等效电路　(c)输入低电平时的等效电路

(2)瞬态开关特性

如图 2.3 所示，二极管两端加反向电压时，二极管截止，电路中电流约为零。当输入电压由反向变为正向时，存在一个空间电荷区变窄，P 区和 N 区的多子迅速向对方扩散，并建立相应的电荷梯度的过程。完成此过程所需的时间称为开通时间 t_{on}。由于 t_{on} 的存在，正向电流 I_F 的产生与建立起稳定值稍后于偏置电压的变化。

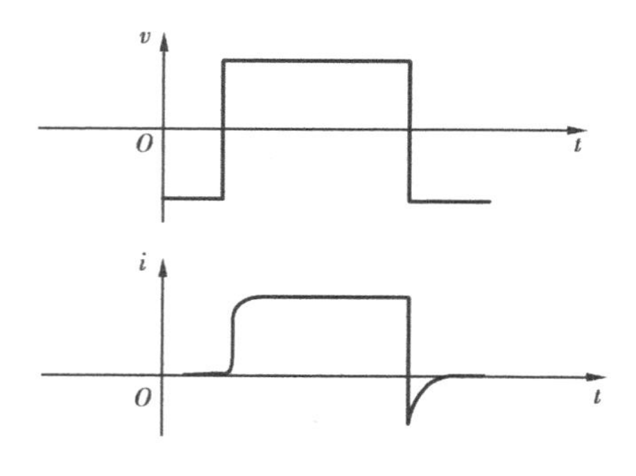

图 2.3　半导体三极管的开关特性

二极管导通以后，电路中电流记为 I_F，而当电压再次由正向变为反向时，由于正偏时存储电荷的消散与空间电荷区变宽也需要时间，即反向恢复时间 t_{re}，也可称作关闭时间 t_{off}，约几个纳秒(ns)，且 $t_{off} > t_{on}$(一般可忽略)。

综上所述：二极管导通时，相当于有一定压降的闭合开关($R \neq 0$)；二极管截止时，相当于断开的开关(但有小的反向饱和电流，即 $R \neq \infty$)；而且开关状态的转换需要一定的时间。

2.1.2　半导体三极管的开关特性

在各种电子线路中，晶体三极管得到广泛应用。在一般模拟电子线路中，晶体三极管常常当做线性放大元件或非线性元件来使用；而在脉冲与数字电路中，晶体三极管常常当做开关元件来使用，下面讨论晶体三极管作为开关使用时的稳态开关特性和瞬态开关特性。

(1)稳态开关特性

在开关电路中广泛应用共发射极组态电路，如图 2.5 所示，即为一个典型的共发射极晶体三极管开关电路。其中 R_b 为外接基极电阻，通过它来控制基极电流 i_b 的大小；电阻 R_c 为外接集电极电阻，通过它来限制集电极电流 i_c 的大小；晶体三极管 T 的基极 b 起控制电极的作用，通过它来控制开关的开闭动作；集电极 c 及发射极 e 形成开关的两个端点，由 b 极来控制其开闭，c、e 两端的电压即为开关电路的输出电压 v_O。

图 2.4 给出了三极管的稳态输出特性曲线。由图可知，晶体三极管输出特性的三个区，即截止区、饱和区和放大区，对应于这三个工作区，晶体三极管有三种工作状态，即截止状态、饱和状态和放大状态。当电路的工作条件变化时，晶体三极管的工作状态可以由一个工作区转移到另一个工作区。这就是说，工作条件变化时，晶体管的工作状态也要发生相应的变化。

1)截止条件

当输入 $v_O = V_{IL}$ 时，基射间的电压 v_{be} 小于其门限电压 V_{TH}(对 Si 管，V_{TH} 约为 0.5 V)，即 v_{be}

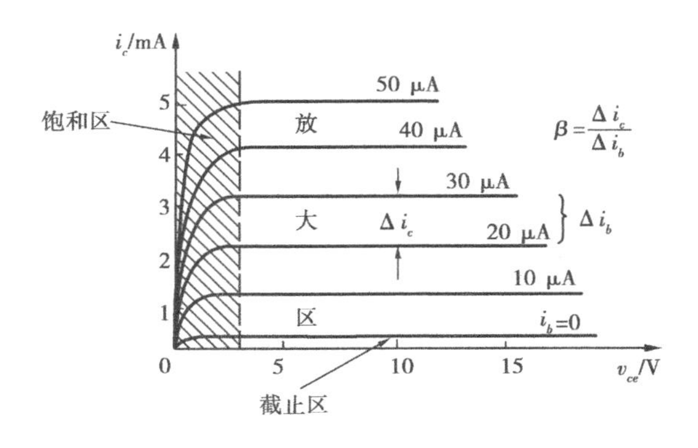

图 2.4 双极型三极管的输出特性曲线

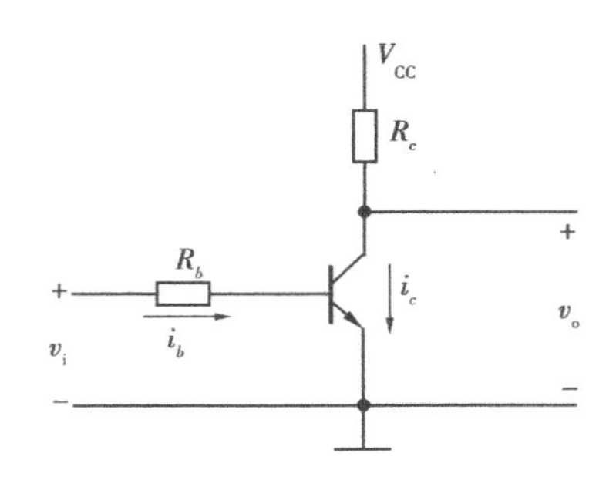

图 2.5 双极型三极管基本开关电路

<0.5 V,三极管截止,基极电流 $i_b \approx 0$,集电极电流 $i_c \approx 0$,输出 $v_O = v_{ce} \approx V_{CC}$,这时,三极管工作在截止区。为了使三极管能可靠截止,应使发射结处于反偏,因此,三极管的可靠截止条件为

$$v_{be} \leqslant 0$$

三极管截止时,e、b、c 三个极互为开路,如图 2.6(a)所示。

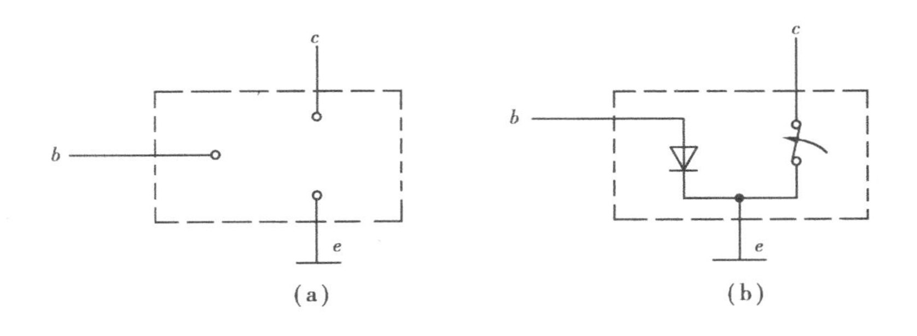

图 2.6 晶体三极管的开关等效电路

(a)截止状态 (b)饱和导通状态

2)饱和条件

当输入 $v_I = V_{IH}$,且使三极管工作在临界饱和状态时,这时三极管的 i_b 称做临界饱和基极电流 I_{bs};对应的 i_c 称为临界饱和集电极电流 I_{cs};集射间的电压称为临界饱和集电极电压 V_{CES},其值约 0.1 ~0.3 V。此时,其放大特性仍适用。

$$I_{bs} = \frac{I_{cs}}{\beta}$$

$$I_{cs} = \frac{V_{CC} - V_{CES}}{R_c} \approx \frac{V_{CC}}{R_c}$$

所以

$$I_{bs} \approx \frac{V_{CC}}{\beta \cdot R_c}$$

由上式可知,只要实际注入基极的电流大于临界饱和基极电流时,则三极管便工作在饱和状态。因此,三极管的饱和条件为

$$i_b > I_{bs} \approx \frac{V_{CC}}{\beta \cdot R_c}$$

三极管工作在饱和状态时，$i_c = I_{cs}$最大，这时，i_b再增大，i_c基本不变，i_b比 i_{bs}大得越多，饱和越深。三极管饱和时的等效电路如图 2.6(b)所示。

(2)瞬态开关特性

如图 2.7 所示。当晶体三极管发生由截止到饱和，或由饱和到截止的状态翻转时，其工作特性称为瞬态特性。

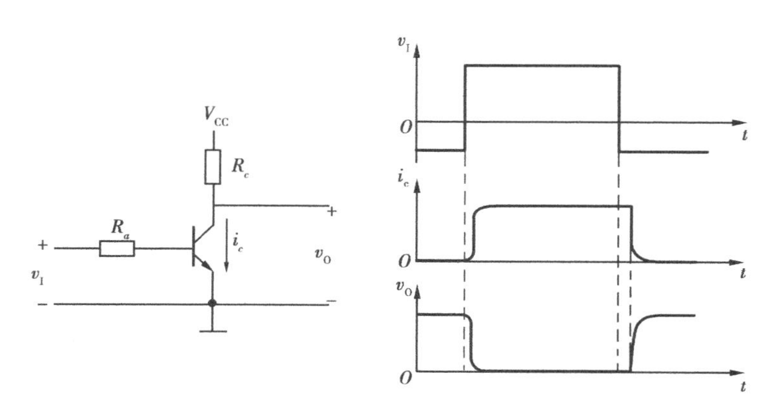

图 2.7　晶体三极管的动态开关特性

当 $v_I = -V$ 时，发射结反向偏置，这时 $i_b = 0, i_c = 0, v_O = V_{CC}$。由于这时发射极反向偏置，在空间电荷区存储了较多的离子电荷。当 v_I由 $-V$ 跳变为 $+V$，随着发射区的电子进入空间电荷区，使位垒变窄，然后越过位垒注入到基区，三极管开始导通。然后随着发射区向基区注入电子，基区电子浓度逐渐增大，集电极电流 i_c也不断增加。

从加入 $+v_I$起到 i_c上升到 $0.9I_{cm}$的时间，被称做开启时间 t_{on}。

当 $v_I = +V$ 时，三极管稳定于饱和状态，这时 $i_b \geq I_{bs}, i_c \approx I_{cm} = V_{CC}/R_c, v_O \approx 0$，在基区存储了大量的多余电子。

当 v_I由 $+V$ 跳变到 $-V$ 时，由于发射结外加反向电压，阻止了发射区向基区注入电子，而同时，在发射结外加反向电压作用下，形成了由发射极流向基极的电流(即电子由基区流向发射区)，它与基极的正向电流方向相反，称为基极反向电流，使基区的电子逐渐消失。于是：三极管首先从深度饱和过渡到临界饱和(消失超量存储——多余电子)，然后在外加反向电压作用下，反向基流继续使基区存储电荷逐渐消失，集电极电流逐步减少，三极管由临界饱和状态经放大状态进入截止状态。

一般规定，从 v_I负向跳变开始到 i_c下降到 $0.9I_{cm}$所需的时间称为关断时间 t_{off}。

2.2　分立元件门电路

2.2.1　二极管与门电路和或门电路

(1)与门电路

$v_A = v_B = 0$ V。此时二极管 D_1 和 D_2 都导通，由于二极管正向导通时的钳位作用，

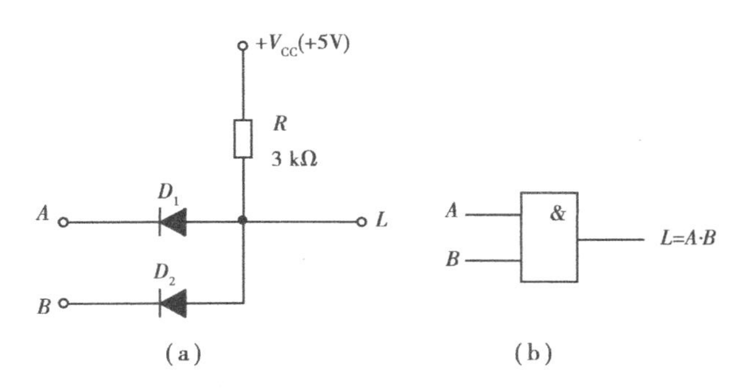

(a) (b)

图2.8 二极管与门
(a)电路 (b)逻辑符号

$v_L=0.7$ V;

$v_A=0$ V,$v_B=3$ V。此时二极管D_1导通,由于钳位作用,$v_L=0.7$ V,D_2受反向电压而截止;

$v_A=3$ V,$v_B=0$ V。此时D_2导通,$v_L=0.7$ V,D_1受反向电压而截止;

$v_A=v_B=3$ V。此时二极管D_1和D_2都导通,$v_L=V_{CC}=3.7$ V。

把上述分析结果归纳起来列入表2.1中,如果采用正逻辑体制,很容易看出它实现逻辑运算:

$$L=A\cdot B$$

表2.1 与门输入输出电压的关系

输入		输出
v_A/V	v_B/V	v_L/V
0	0	0.7
0	3	0.7
3	0	0.7
3	3	3.7

表2.2 与逻辑真值表

输入		输出
A	B	L
0	0	0
0	1	0
1	0	0
1	1	1

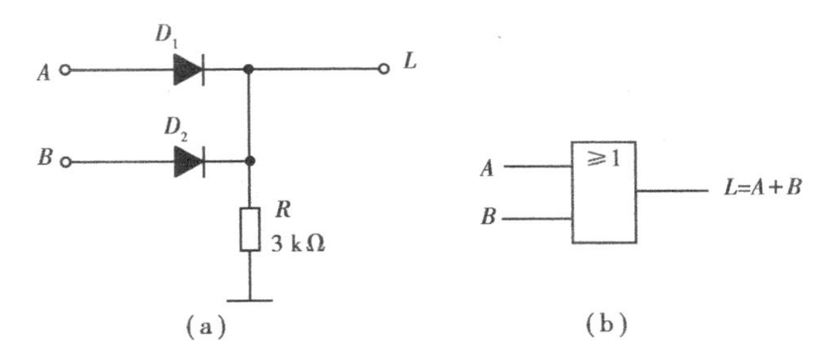

(a) (b)

图2.9 二极管或门电路
(a)电路 (b)逻辑符号

(2)或门电路

表 2.3 与门输入输出电压的关系

输入		输出
v_A/V	v_B/V	v_L/V
0	0	0
0	3	2.3
3	0	2.3
3	3	2.3

表 2.4 或逻辑真值

输入		输出
A	B	L
0	0	0
0	1	1
1	0	1
1	1	1

可见,它实现逻辑运算:

$$L=A+B$$

2.2.2 三极管非门电路

图2.10(a)是由三极管组成的非门电路,又称反相器。三极管的开关特性已在前面作过详细讨论,这里重点分析它的逻辑关系。仍设输入信号为+3 V或0 V。此电路只有以下两种工作情况:

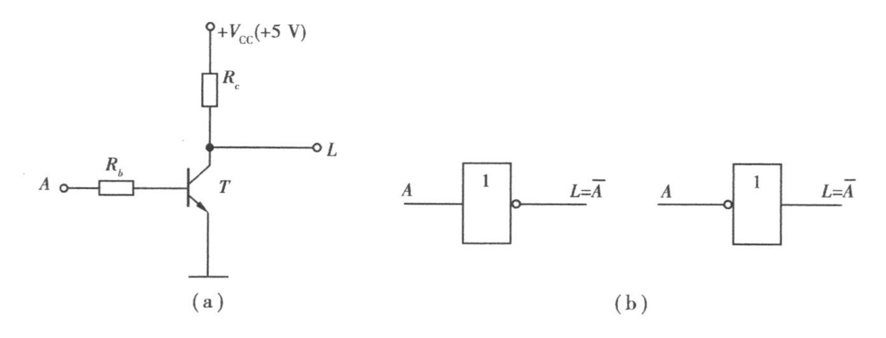

图2.10 三极管非门电路

(a)电路 (b)逻辑符号

v_A=0 V时,加在三极管发射结的电压小于开启电压,满足截止条件,所以三极管截止,$v_L=V_{CC}=5$ V。

v_A=3 V时,加在三极管发射结的电压大于开启电压,发射结正偏,三极管导通,只要合理选择电路参数,使其满足饱和条件$i_b>I_{bs}$,则管子工作于饱和状态,有$v_L=V_{CES}\approx 0.3$ V。

把上述分析结果列入表2.5中,此电路不管采用正逻辑体制还是负逻辑体制,都满足非运算的逻辑关系。

表 2.5 非门输入输出电压的关系

输入 v_a/V	输出 v_L/V
0	5
3	0

表 2.6 非逻辑真值表

输入 A	输出 L
0	1
1	0

2.3 TTL 集成门电路

TTL 集成门电路由于输入端和输出端均为三极管结构，所以称作三极管-三极管逻辑电路（Transistor-Transistor Logic），简称 TTL 电路。其生产工艺成熟、产品参数稳定、工作可靠、开关速度高。问世几十年来，经过电路结构的不断改进和集成工艺的逐步完善，至今仍广泛应用，几乎占据着数字集成电路领域的半壁江山。

2.3.1 TTL 与非门的基本结构及工作原理

(1) TTL 与非门的基本结构

图 2.11 所示为 74 系列 TTL 与非门的典型电路。它主要由 3 部分组成：T_1 和 R_{b1} 组成的输入级，T_2、R_{c2} 和 R_{e2} 组成的中间倒相级，T_3、T_4、D 和 R_{c4} 组成的输出级。

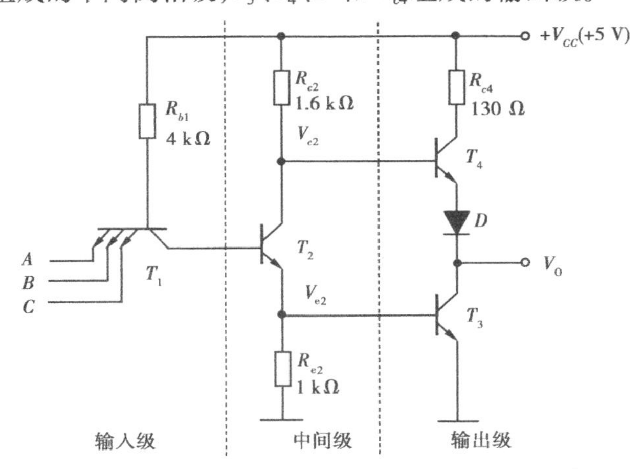

图 2.11 TTL 与非门电路

T_1 为多发射极三极管，结构如图 2.12 所示。其三个发射级可等效为与集电结背靠背的三个 PN 结，用以实现与功能。

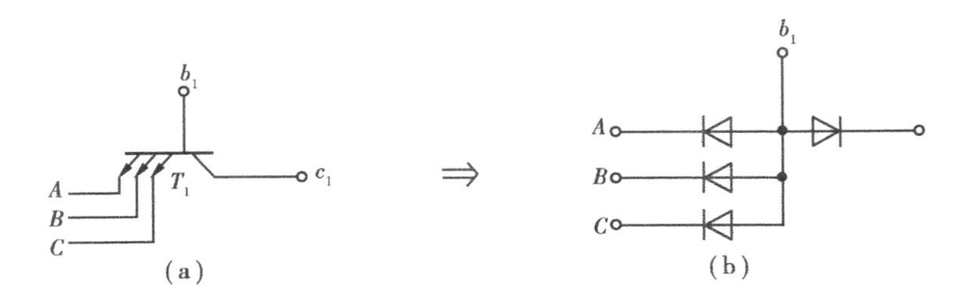

图 2.12 多发射级三极管及其等效形式

(a) 多发射级三极管 (b) 等效形式

(2) TTL 与非门的工作原理

因为该电路的输出高低电平分别为 3.6 V 和 0.2 V，所以在下面的分析中假设输入高低电平也分别为 3.6 V 和 0.2 V。

1)输入全为高电平3.6 V时,T_1 管的基极电位升高,使 T_2 及 T_3 管导通,这时 T_1 管的基极电压被钳位在 $v_{b1}=0.7\times3=2.1$ V。此时的 T_1 是处于倒置(反向)运用状态(把实际的集电极用做发射极,而实际的发射极用做集电极),其电流放大系数 $\beta_{反}$ 很小($\beta_{反}<0.01$),因此 $i_{b2}=i_{c1}=(1+\beta_{反})i_{b1}\approx i_{b1}$,由于 i_{b1} 较大足以使 T_2 管饱和,且 T_2 管发射极向 T_3 管提供基流,使 T_3 也饱和,由于 T_3 饱和导通,输出电压为:$v_O=V_{CES3}\approx0.2$ V,这时 $v_{e2}=v_{b3}=0.7$ V,而 $v_{CE2}=0.2$ V,故有 $v_{c2}=v_{e2}+V_{CES2}=0.9$ V。0.9 V的电压作用于 T_4 的基极,使 T_4 和二极管 D 都截止。

可见实现了与非门的逻辑功能之一:**输入全为高电平时,输出为低电平。**

2)输入低电平0.2 V时,对应的发射结导通,T_1 的基极电位被钳位到 $v_{b1}=0.2+0.7=0.9$ V。该电压不足以使 T_1 管集电结、T_2 及 T_3 管导通,所以 T_2 及 T_3 管截止。由于 T_2 截止,流过 R_{c2} 的电流仅为 T_4 的基极电流,这个电流较小,在 R_{c2} 上产生的压降也较小,可以忽略,所以 $v_{b4}\approx V_{CC}=5$ V,使 T_4 和 D 导通,则有:

$$v_O\approx V_{CC}-V_{be4}-V_D=5-0.7-0.7=3.6\text{ V}$$

可见实现了与非门的逻辑功能的另一方面:**输入有低电平时,输出为高电平。**

综合上述两种情况,该电路满足与非的逻辑功能,是一个与非门。

2.3.2 TTL与非门的主要特性和参数

(1)电压传输特性

电压传输特性是指输出电压跟随输入电压变化的关系曲线,它可以用图2.13所示曲线表示。由图可见,曲线大致可以分为四段:

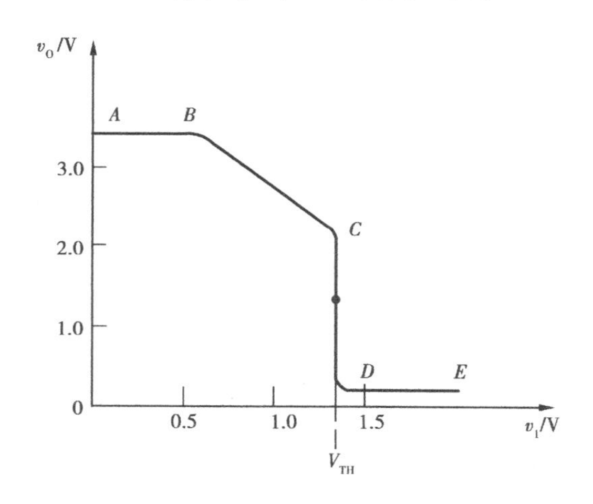

图2.13 TTL与非门的电压传输特性

AB 段(截止区)。输入电压 $v_I\leqslant0.6$ V时,T_1 工作在深度饱和状态,$V_{CES1}<0.1$ V,$v_{b2}<0.7$ V,故 T_2、T_3 截止,T_4、D 导通,$v_O\approx3.6$ V为高电平。与非门处于截止状态,所以把 *AB* 段称截止区。

BC 段(线性区)。输入电压 $0.6\text{ V}<v_I<1.3$ V时,$0.7\text{ V}\leqslant v_{b2}<1.4$ V,T_2 开始导通,T_3 仍未导通,T_4 处于射极输出状态。随 v_I 的增加,v_{b2} 增加,v_{c2} 下降,并通过 T_4、D 使 v_O 也下降。因为 v_O 基本上随 v_I 的增加而线性减小,故把 *BC* 段称线性区。

CD 段(过渡区)。输入电压 $1.3\text{ V}<v_I<1.4$ V时,T_3 开始导通,并随 v_I 的增加趋于饱和,使输出 v_O 为低电平,所以把 *CD* 段称转折区或过渡区。

DE 段(饱和区)。当 $v_I\geqslant1.4$ V时,T_2、T_3 饱和,T_4、D 截止,输出为低电平,与非门处于饱和状态,所以把 *DE* 段称饱和区。从TTL与非门的电压传输特性曲线上,我们可以定义几个重要的电路指标。

①输出高电平 V_{OH}——电压传输特性曲线截止区的输出电压为 V_{OH},其理论值为3.6 V,产品规定输出高电压的最小值 $V_{OH(min)}=2.4$ V,即大于2.4 V的输出电压就可称为输出高电平 V_{OH}。

②输出低电平 V_{OL}——电压传输特性曲线饱和区的输出电压为 V_{OL}，其理论值为0.2 V，产品规定输出低电压的最大值 $V_{OL(max)}=0.4$ V，即小于0.4 V的输出电压就可称为输出低电平 V_{OL}。

由上述规定可以看出，TTL门电路的输出高低电平都不是一个值，而是一个范围。

③关门电平 V_{off}——是指输出电压下降到 $V_{OH(min)}$ 时对应的输入电压。显然只要 $v_I < V_{off}$，v_O 就是高电压，所以 V_{off} 就是输入低电压的最大值，在产品手册中常称为输入低电平，用 $V_{IL(max)}$ 表示。从电压传输特性曲线上看 $V_{IL(max)}(V_{off})\approx1.3$ V，产品规定 $V_{IL(max)}=0.8$ V。

④开门电平 V_{on}——是指输出电压下降到 $V_{OL(max)}$ 时对应的输入电压。显然只要 $v_I > V_{on}$，v_O 就是低电压，所以 V_{on} 就是输入高电压的最小值，在产品手册中常称为输入高电平，用 $V_{IH(min)}$ 表示。从电压传输特性曲线上看 $V_{IH(min)}(V_{on})$ 略大于1.3 V，产品规定 $V_{IH(min)}=2$ V。

⑤阈值电压 V_{TH}——电压传输特性曲线转折区中点所对应的输入电压为 V_{TH}。V_{TH} 是一个很重要的参数，在近似分析和估算时，常把它作为决定与非门工作状态的关键值，即 $v_I < V_{TH}$，与非门开门，输出低电平；$v_I > V_{TH}$，与非门关门，输出高电平。V_{TH} 又常被形象化地称为门槛电压。V_{TH} 的值为1.3~1.4 V。

⑥输入端噪声容限

在实际应用中，由于外界干扰、电源波动等原因，可能使输入电平 v_I 偏离规定值。为了保证电路可靠工作，应对干扰的幅度有一定限制，称为噪声容限。它是用来说明门电路抗干扰能力的参数。

在图2.15中若前一个门 G_1 输出为低电平，则后一个门 G_2 输入也为低电平。如果由于某种干扰，使 G_2 的输入低电平高于了输出低电平的最大值 $V_{OL(max)}$，从电压传输特性曲线上看，只要这个值不大于 V_{off}，G_2 的输出电压仍大于 $V_{OH(min)}$，即逻辑关系仍是正确的。因此在输入低电平时，把关门电压 V_{off} 与 $V_{OL(max)}$ 之差称为低电平噪声容限，用 V_{NL} 来表示，即低电平噪声容限 $V_{NL}=V_{off}-V_{OL(max)}=0.8\text{ V}-0.4\text{ V}=0.4\text{ V}$。

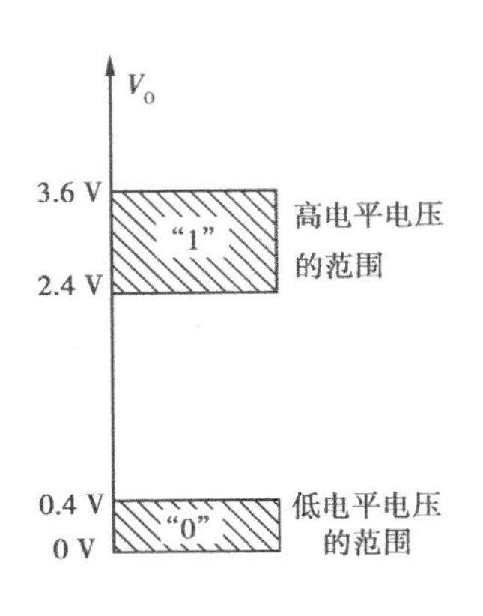

图2.14 输出高低电平的电压范围

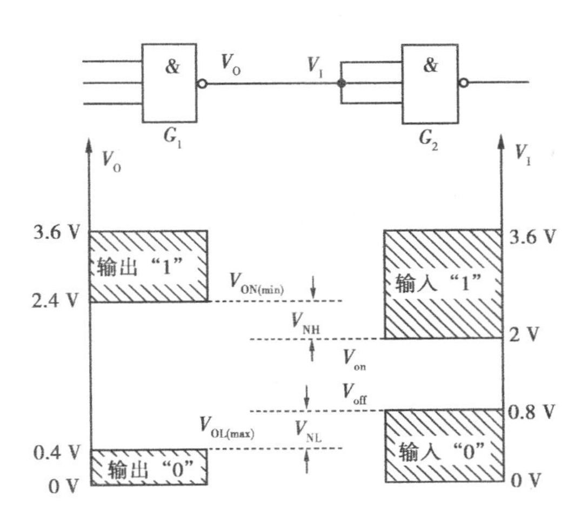

图2.15 噪声容限图解

若前一个门 G_1 输出为高电平，则后一个门 G_2 输入也为高电平。如果由于某种干扰，使 G_2 的输入低电平低于了输出高电平的最小值 $V_{OH(min)}$，从电压传输特性曲线上看，只要这个值不

小于 V_{on}，G_2 的输出电压仍小于 $V_{OL(max)}$，逻辑关系仍是正确的。因此在输入高电平时，把 $V_{OH(min)}$ 与开门电压 V_{on} 与之差称为高电平噪声容限，用 V_{NH} 来表示，即高电平噪声容限 $V_{NH}=V_{OH(min)}-V_{on}=2.4\text{ V}-2.0\text{ V}=0.4\text{ V}$。

噪声容限表示门电路的抗干扰能力。显然，噪声容限越大，电路的抗干扰能力越强。通过这一段的讨论，也可看出二值数字逻辑中的"0"和"1"都是允许有一定的容差的，这也是数字电路的一个突出的特点。

(2)输入负载特性

在与非门输入端接入电阻 R_I 时，所接电阻两端的电压将随阻值的不同而改变，两者的关系称为输入端负载特性。如图 2.16 所示，当 R_I 较小时，v_I 随 R_I 增加而升高，此时 T_3 截止，忽略 T_2 基极电流的影响，可近似认为当 R_I 很小时 v_I 很小，相当于输入低电平，输出高电平。

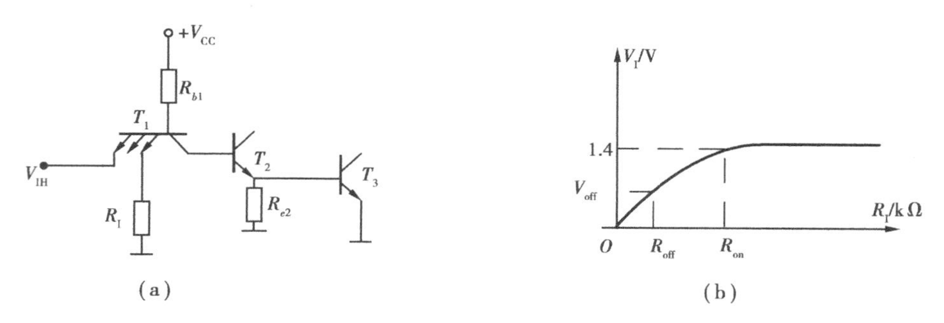

图 2.16　TTL 与非门输入端负载特性

(a)等效电路　(b)特性曲线

$$v_I=\frac{V_{CC}-V_{be1}}{R_1+R_I}R_I$$

为了保持电路稳定地输出高电平，必须使 $v_I\leqslant V_{off}$，若 $V_{off}=0.8\text{ V}$，$R_1=4\text{ k}\Omega$，可求得 $R_I\leqslant 0.69\text{ k}\Omega$，这个电阻值称为关门电阻 R_{off}。可见，要使与非门稳定地工作在截止状态，必须选取 $R_I<R_{off}$。

当 R_I 较大时，v_I 进一步增加，但它不能一直随 R_I 增加而升高。因为当 $v_I=1.4\text{ V}$ 时，$v_{b1}=2.1\text{ V}$，此时 T_3 已经导通，由于受 T_1 集电结和 T_2、T_3 发射结的钳位作用，v_{b1} 将保持在 2.1 V，致使 v_I 也不能超过 1.4 V。

为了保证与非门稳定地输出低电平，应该有 $v_I\geqslant V_{on}$。此时求得的输入电阻称为开门电阻，用 R_{on} 表示。对于典型 TTL 与非门，$R_{on}=2\text{ k}\Omega$，即 $R_I\geqslant R_{on}$ 时才能保证与非门可靠导通。

(3)输出负载特性

在数字系统中，门电路的输出端一般都要与其他门电路的输入端相连，称为带负载。一个门电路最多允许带几个同类的负载门，就是这一部分要讨论的问题。

1)输入低电平电流 I_{IL} 与输入高电平电流 I_{IH}

这是两个与带负载能力有关的电路参数。

①低电平输入电流 I_{IL} 是指当门电路的输入端接低电平时，从门电路输入端流出的电流。可以算出 $I_{IL}=\dfrac{V_{CC}-v_{b1}}{R_{b1}}=\dfrac{5-0.9}{4}\approx 1(\text{mA})$，产品规定 $I_{IL}<1.6\text{ mA}$。

②高电平输入电流 I_{IH} 是指把与非门的一个输入端接高电平(其他输入端悬空，相当于高

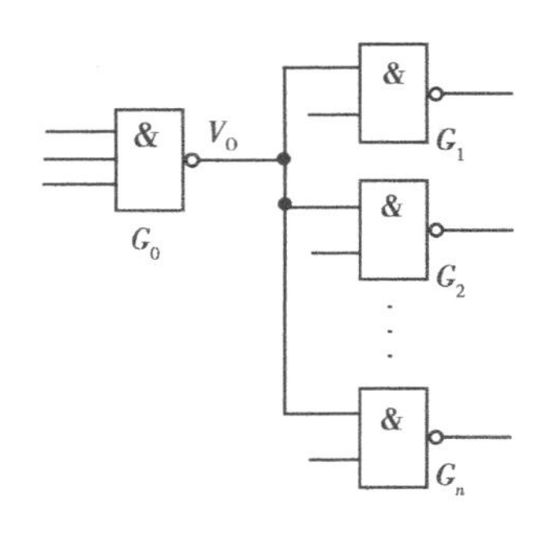

图 2.17 门电路带负载的情况

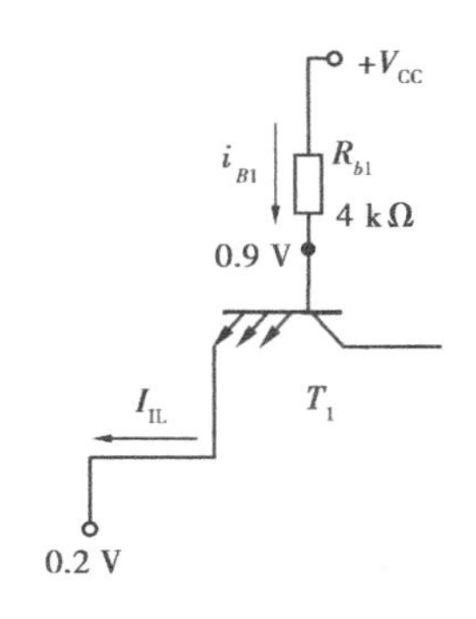

图 2.18 低电平输入电流 I_{IL}

电平)时，流入该输入端的电流，也叫输入漏电流。因为此时 T_1 管处于倒置状态，故 I_{IH}数值很小，一般为几十微安，产品规定 $I_{IH}<40\ \mu A$。

2)带负载能力

①灌电流负载。

如图 2.19 所示，与非门处于开态时，输出低电平，此时 T_3 饱和，输出电流 I_{OL}从负载门的输入端流进 T_3，形成灌电流；当灌电流增加时，T_3饱和程度减轻，因而 V_{OL}随 i_L 增加略有增加，T_3输出电阻约 10～20 Ω。若灌电流很大，使 T_3脱离饱和进入放大状态，V_{OL}将很快增加，这是不允许的。通常为了保证 $V_{OL}\leqslant 0.4$ V，应使 $I_{OL}\leqslant 16$ mA。

由此可得出，输出低电平时所能驱动同类门的个数为：

$$N_{OL}=\frac{I_{OL}}{I_{IL}}$$

N_{OL}称为**输出低电平时的扇出系数**。

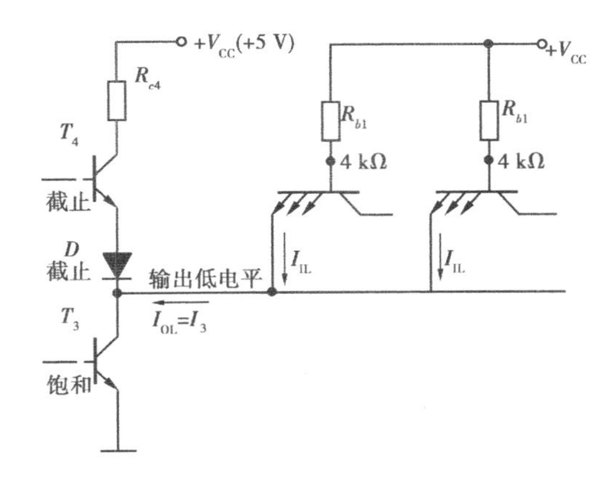

图 2.19 带灌电流负载图

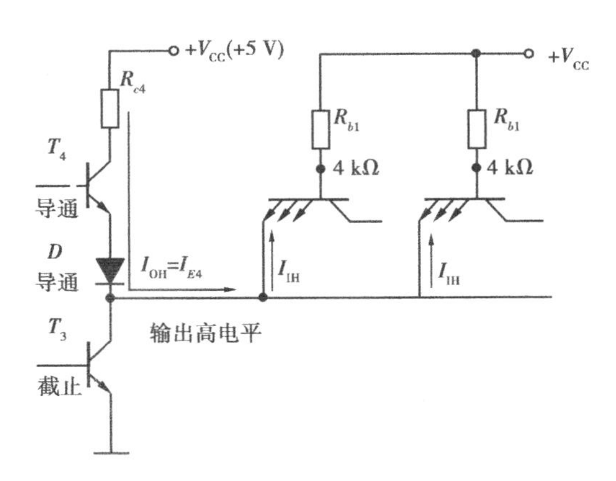

图 2.20 带拉电流负载

②拉电流负载。当驱动门输出高电平时，驱动门的 T_4、D 导通，T_3截止。这时有电流从驱动门的 T_4、D 拉出而流至负载门的输入端，形成拉电流。由于拉电流是驱动门 T_4的发射极电流 i_{E4}，同时又是负载门的高电平输入电流 I_{IH}，如图 2.20 所示，所以负载门的个数增加，拉电流增大，即驱动门的 T_4管发射极电流 i_{E4}增加，R_{C4}上的压降增加。当 i_{E4}增加到一定的数值时，T_4

进入饱和，输出高电平降低。前面提到过输出高电平不得低于 $V_{OH(min)}=2.4\ V$。因此，把输出高电平时允许拉出输出端的电流定义为**高电平输出电流** I_{OH}，这也是门电路的一个参数，产品规定 $I_{OH}\leqslant 0.4\ mA$。由此可得出，输出高电平时所能驱动同类门的个数为：

$$N_{OH}=\frac{I_{OH}}{I_{IH}}$$

N_{OH}称为**输出高电平时的扇出系数**。

一般 $N_{OL}\neq N_{OH}$，常取两者中的较小值作为门电路的扇出系数，用 N_O表示。

(4) 传输延迟时间 t_{pd}

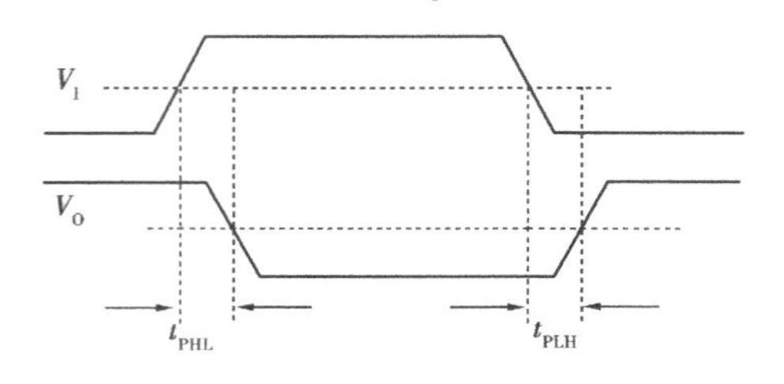

图 2.21　TTL 与非门的传输时间

平均延迟时间是衡量门电路速度的重要指标：

$$t_{pd}=\frac{t_{PLH}+t_{PHL}}{2}$$

它表示输出信号滞后于输入信号的时间。通常将输出电压由高电平跳变为低电平的传输延迟时间称为导通延迟时间 t_{PHL}，将输出电压由低电平跳变为高电平的传输延迟时间称为截止延迟时间 t_{PLH}。t_{PHL}和 t_{PLH}是以输入、输出波形对应边上等于最大幅度 50% 的两点时间间隔来确定的，如图 2.21 所示。t_{pd}为 t_{PLH}和 t_{PHL}的平均值：一般 TTL 与非门传输延迟时间 t_{pd}的值为几纳秒 ~ 十几个纳秒。

2.4　TTL 门电路的其他类型

(1) 非门

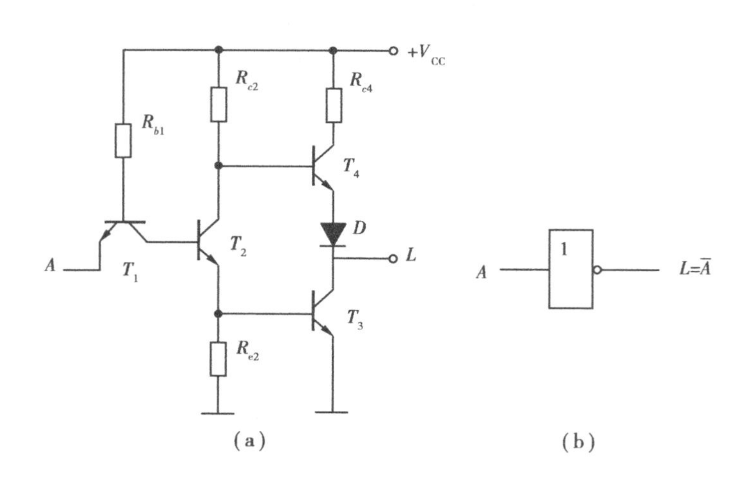

图 2.22　TTL 非门电路

(a) 电路　　(b) 符号

(2)或非门

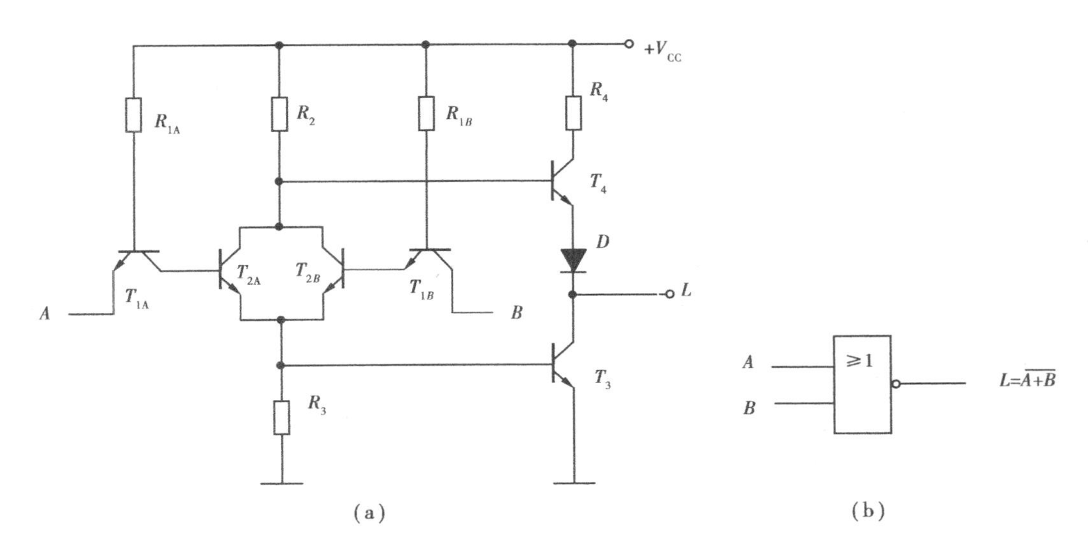

图 2.23 TTL 或非门电路
(a)电路 (b)符号

(3)与或非门

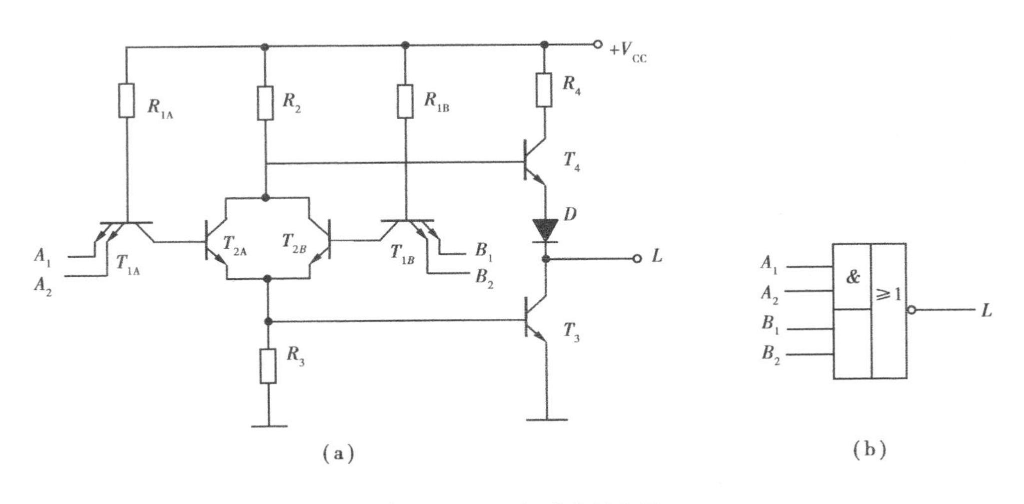

图 2.24 TTL 与或非门电路
(a)电路 (b)符号

(4)集电极开路门

在实际使用中,有时需要将几个逻辑门的输出端相连,这种输出直接相连,实现输出与功能的方式称为线与。但是普通 TTL 与非门的输出端是不允许直接相连的,因为一般的 TTL 门电路,不论输出高电平,还是输出低电平,其输出电阻都很低,只有几欧姆至几十欧姆。如图 2.25 所示,当一个门的输出为高电平(G_1),另一个门的输出为低电平(G_2)时,它们中的导通管就会在 $+V_{CC}$和地之间形成一个低阻串联通路。因此产生的大电流会导致门电路因功耗过大而损坏。即使门电路不被损坏,也不能输出正确的逻辑电平,从而造成逻辑混乱。所以普通

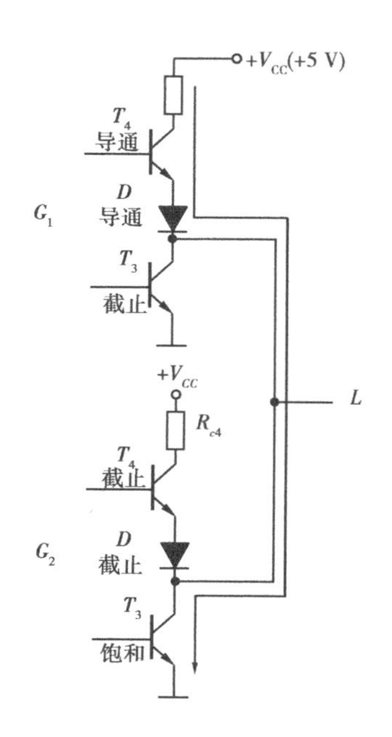

图 2.25　普通的 TTL 门电路输出并联使用

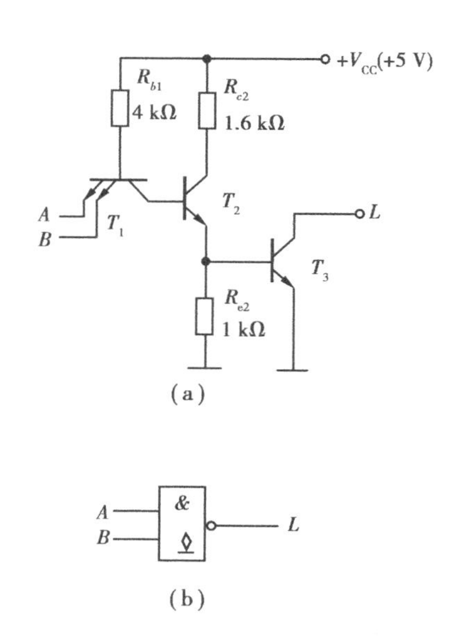

图 2.26　OC 门
(a)结构　　(b)符号

的 TTL 门电路是不能进行线与的。

为了既满足门电路输出并联的要求,又不破坏输出端的逻辑状态和不损坏门电路,人们设计出集电极开路的 TTL 门电路,简称 OC 门(Open Collector)。电路如图 2.26(a)所示,其逻辑符号如图 2.26(b)所示。OC 门是用外接电阻 R_p 来代替 T_4、D 组成的有源负载,它在工作时需外接负载电阻 R_p 和电源。只要 R_p 选择恰当,既能保证输出的高、低电平符合要求,又能使输出三极管的负载电流不致过大。OC 门主要有以下几方面的应用:

①实现线与

2 个 OC 门实现线与时的电路如图 2.27 所示。此时的逻辑关系为:$L=L_1\cdot L_2=\overline{AB}\cdot\overline{CD}=\overline{AB+CD}$,即在输出线上实现了与运算,通过逻辑变换可转换为与或非运算。

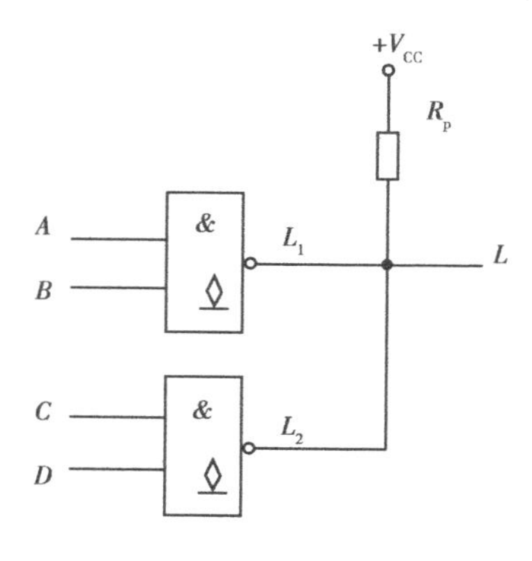

图 2.27　实现线与

外接上拉电阻 R_p 的选取应保证输出高电平时,不低于输出高电平的最小值 $V_{OH(min)}$;输出低电平时,不高于输出低电平的最大值 $V_{OL(max)}$。假定有 n 个 OC 门的输出端并联,后面接 m 个普通的 TTL 与非门作为负载,如图 2.28 所示,则 R_P的选择按以下两种情况考虑:

当所有 OC 门都为截止状态时,输出电压 v_O 为高电平,为保证输出的高电平不低于规定值,R_L 不能太大。根据图 2.28(a)所示的情况,R_L 的最大值为

$$R_{P(max)}=\frac{V_{CC}-V_{OH(min)}}{nI_{OH}+m'I_{IH}}$$

式中,n 为 OC 门并联的个数,m'为并联负载门的个数,$V_{OH(min)}$是 OC 门输出高电平的下限值,I_{OH}为 OC 门输出

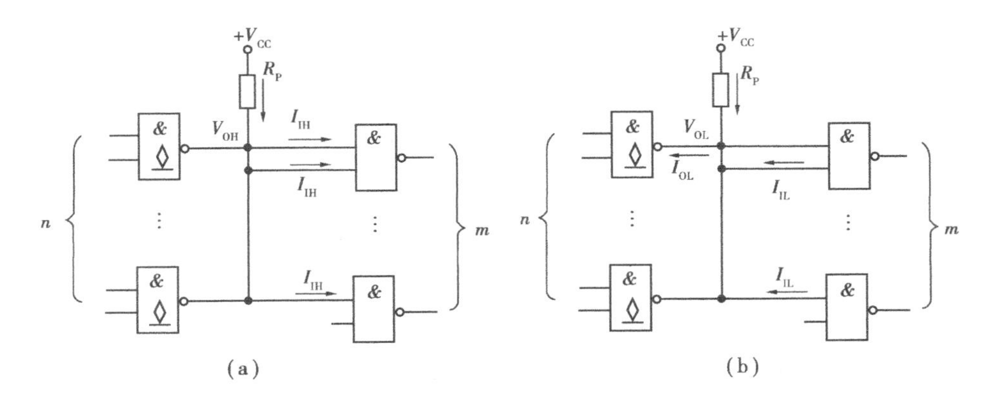

图2.28 外接上拉电阻R_P的选择

管截止时的漏电流,I_{IH}为负载门输入端为高电平时的输入漏电流。当OC门中至少有一个导通时,输出v_O应为低电平。我们考虑最坏情况,即只有一个OC门导通,如图2.28(b)所示。这时R_P不能太小,如果R_P太小,则灌入导通的那个OC门的负载电流超过$I_{OL(max)}$,就会使OC门的T_3管脱离饱和,导致输出低电平上升。因此当R_P为最小值时要保证输出电压为$V_{ol(max)}$,可得:

$$R_{P(min)}=\frac{V_{CC}-V_{OL(max)}}{I_{OL(max)}-m\cdot I_{IL}}$$

式中,$V_{OL(max)}$是OC门输出低电平的上限值,$I_{OL(max)}$是OC门输出低电平时的灌电流能力,I_{IL}是负载门的输入低电平电流,m是并联负载门的个数。

综合以上两种情况,R_P可由下式确定。一般,R_P应选1 kΩ左右的电阻。

$$R_{P(min)}<R_P<R_{P(max)}$$

②实现电平转换。

在数字系统的接口部分(与外部设备相联接的地方)需要有电平转换的时候,常用OC门来完成。如图2.29把上拉电阻接到10 V电源上,这样在OC门输入普通的TTL电平,而输出高电平就可以变为10 V。

③用做驱动器。

可用它来驱动发光二极管、指示灯、继电器和脉冲变压器等。图2.30是用来驱动发光二极管的电路。

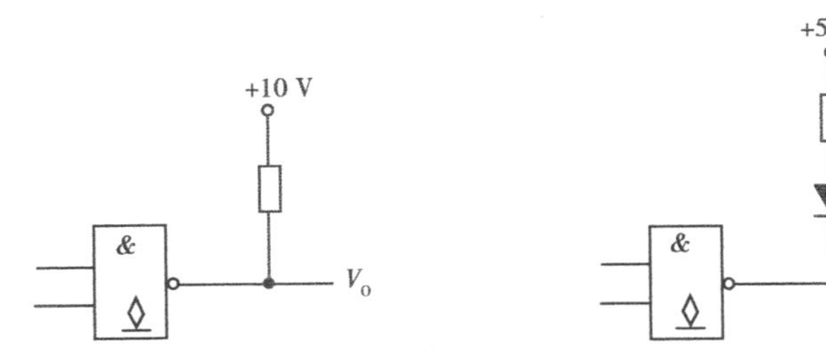

图2.29 实现电平转换 图2.30 驱动发光二极管

(5)三态输出门

①三态输出门的结构及工作原理。

三态输出门的典型电路结构如图2.31所示。

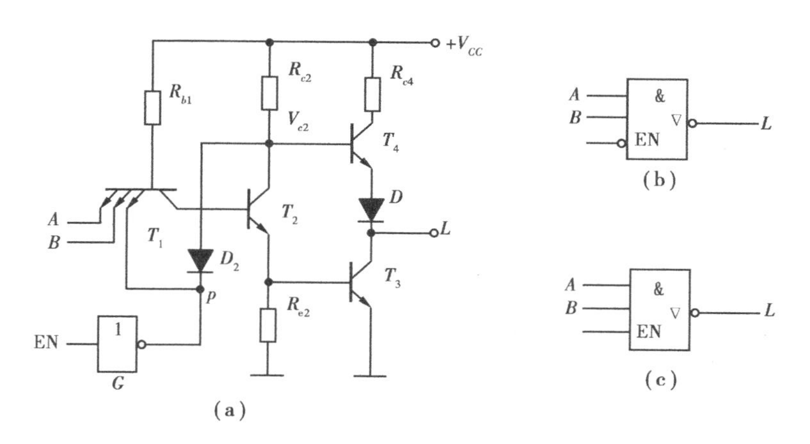

图2.31 三态输出门

(a)电路图 (b)EN=0有效的逻辑符号 (c)EN=1有效的逻辑符号

当EN=0时,反相器G输出$P=1$,D_1截止,与P端相连的T_1的发射结也截止。三态门相当于一个正常的二输入端与非门,输出$L=\overline{AB}$,称为正常工作状态。

当EN=1时,反相器G输出$P=0$,即$v_P=0.2$ V,这一方面使D_1导通,$v_{C2}=0.9$ V,T_4、D截止;另一方面使$v_{B1}=0.9$ V,T_2、T_3也截止。这时从输出端L看进去,对地和对电源都相当于开路,呈现高阻。所以称这种状态为高阻态,或禁止态。

这种EN=0时为正常工作状态的三态门称为低电平有效的三态门,逻辑符号如图2.31(b)。如果将图2.31(a)中的非门G去掉,则使能端EN=1时为正常工作状态,EN=0时为高阻状态,这种三态门称为高电平有效的三态门,逻辑符号如图2.31(c)。

②三态门的应用

三态门在计算机总线结构中有着广泛的应用。图2.32(a)所示为三态门组成的单向总线,可实现信号的分时传送。

图2.32(b)所示为三态门组成的双向总线。当EN为高电平时,G_1正常工作,G_2为高阻态,输入数据D_1经G_1反相后送到总线上;当EN为低电平时,G_2正常工作,G_1为高阻态,总线上的数据D_0经G_2反相后输出$\overline{D_0}$,这样就实现了信号的分时双向传送。

(6)TTL集成逻辑门电路系列简介

74系列。又称标准TTL系列,属中速TTL器件,其平均传输延迟时间约为10 ns,平均功耗约为10 mW/每门。

74L系列。为低功耗TTL系列,又称LTTL系列。用增加电阻阻值的方法将电路的平均功耗降低为1 mW/每门,但平均传输延迟时间较长,约为33 ns。

74H系列。为高速TTL系列,又称HTTL系列。与74标准系列相比,电路结构上主要做了两点改进:一是输出级采用了达林顿结构;二是大幅度地降低了电路中的电阻的阻值,从而提高了工作速度和负载能力,但电路的平均功耗增加了。该系列的平均传输延迟时间为6 ns,平均功耗约为22 mW/每门。

74S系列。为肖特基TTL系列,又称STTL系列。图2.33为74S00与非门的电路,与74系列与非门相比较,为了进一步提高速度主要做了以下三点改进:

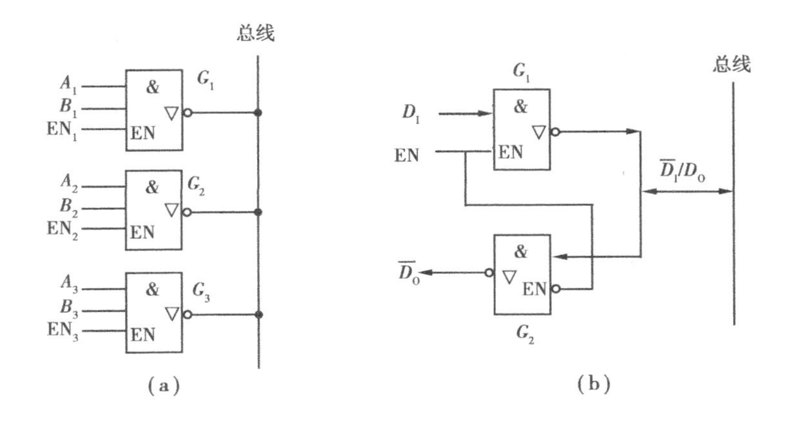

图2.32　三态门组成的总线
(a)单向总线　　(b)双向总线

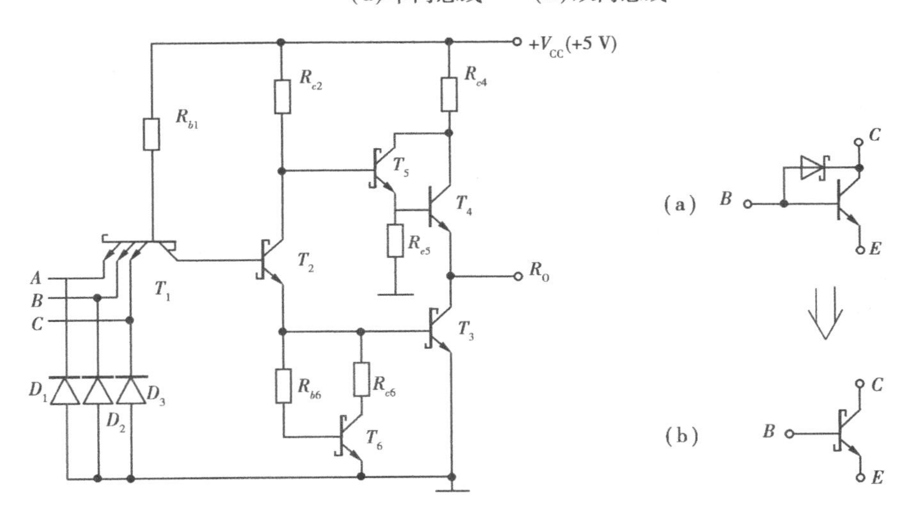

图2.33　74S00与非门的电路

图2.34　抗饱和三极管
(a)电路结构　　(b)符号

①输出级采用了达林顿结构，T_4、T_5组成复合管电路，降低了输出高电平时的输出电阻，有利于提高速度，也提高了负载能力。

②采用了抗饱和三极管。

③用T_6、R_{b6}、R_{c6}组成的“有源泄放电路”代替了原来的R_{e2}。

另外输入端的三个二极管D_1、D_2、D_3用于抑制输入端出现的负向干扰，起保护作用。由于采取了上述措施，74S系列的延迟时间缩短为3 ns，但电路的平均功耗较大，约为19 mW。

74LS系列。为低功耗肖特基系列，又称LSTTL系列。电路中采用了抗饱和三极管和专门的肖特基二极管来提高工作速度，同时通过加大电路中电阻的阻值来降低电路的功耗，从而使电路既具有较高的工作速度，又有较低的平均功耗。其平均传输延迟时间为9 ns，平均功耗约为2 mW/每门。

74AS系列。为先进肖特基系列，又称ASTTL系列，它是74S系列的后继产品，是在74S的基础上大大降低了电路中的电阻阻值，从而提高了工作速度。其平均传输延迟时间为1.5

ns,但平均功耗较大,约为 20 mW/每门。

74ALS 系列。为先进低功耗肖特基系列,又称 ALSTTL 系列,是 74LS 系列的后继产品。是在 74LS 的基础上通过增大电路中的电阻阻值、改进生产工艺和缩小内部器件的尺寸等措施,降低了电路的平均功耗、提高了工作速度。其平均传输延迟时间约为 4 ns,平均功耗约为 1 mW/每门。

性能比较理想的门电路应该工作速度快、功耗小。然而从上面的分析中可以发现,缩短传输延迟时间和降低功耗对电路提出来的要求往往是互相矛盾的。因此,只有用传输延迟时间和功耗的乘积(Delay-Power Product,简称延迟-功耗积,或 dp 积)才能全面评价门电路性能的优劣。延迟功耗积越小,电路的综合性能越好。

2.5 MOS 门电路

CMOS 逻辑门电路是互补金属-氧化物-半导体场效应管门电路的简称。它是由增强型 PMOS 管和增强型 NMOS 组成的互补对称管 MOS 门电路。和 TTL 数字集成电路相比,CMOS 电路的突出优点是静态功耗低、抗干扰能力强,因此,它在中、大规模集成电路中有着广泛的应用。

2.5.1 CMOS 反相器

(1)MOS 管的符号

CMOS 反相器由增强型 PMOS 管和增强型 NMOS 管组成,这两种 MOS 管的图形符号如图 2.35 所示,其中 G 为栅级,D 为漏级,S 为源级,B 为衬底。NMOS 管的开启电压用 $V_{GS(th)N}$表示,为正值;PMOS 管的开启电压用 $V_{GS(th)P}$表示,为负值。

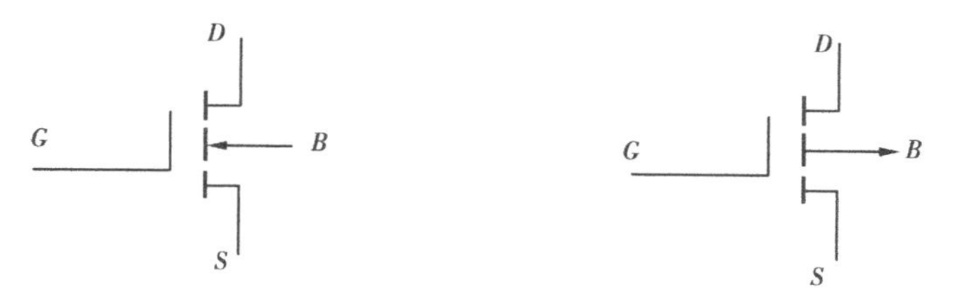

图 2.35 增强型 MOS 管的符号

(a)NMOS 管 (b)PMOS 管

(2)CMOS 反相器

CMOS 反相器的基本电路如图 2.36 所示。T_N为驱动管,T_P为负载管,两管栅级连在一起做输入端,漏级连在一起做输出端。要求电源 V_{DD}大于两管开启电压绝对值之和,即 $V_{DD} > (V_{TN} + |V_{TP}|)$,且 $V_{TN} = |V_{TP}|$。

当输入为低电平,即 $v_I = 0$ V 时,T_N截止,T_P导通,T_N的截止电阻约为 500 MΩ,T_P的导通电阻约为 750 Ω,所以输出 $v_O \approx V_{DD}$,即 v_O为高电平。

当输入为高电平,即 $v_I = V_{DD}$时,T_N导通,T_P截止,T_N的导通电阻约为 750 Ω,T_P的截止电阻约为 500 MΩ,所以输出 $v_O \approx 0$ V,即 v_O为低电平。所以该电路实现了非逻辑。

通过以上分析可以看出,在 CMOS 非门电路中,无论电路处于何种状态,T_N、T_P 中总有一个截止,流过 T_P 和 T_N 的静态电流很小,所以它的静态功耗极低,有微功耗电路之称。这是 CMOS 电路共有的优点。

由于 CMOS 反相器中的 T_N 和 T_P 两管的特性对称相同,因此,其阈值电压(或称门槛电压) $V_{TH}=V_{DD}/2$。所以,CMOS 反相器具有很高的噪声容限,约为 $V_{DD}/2$。

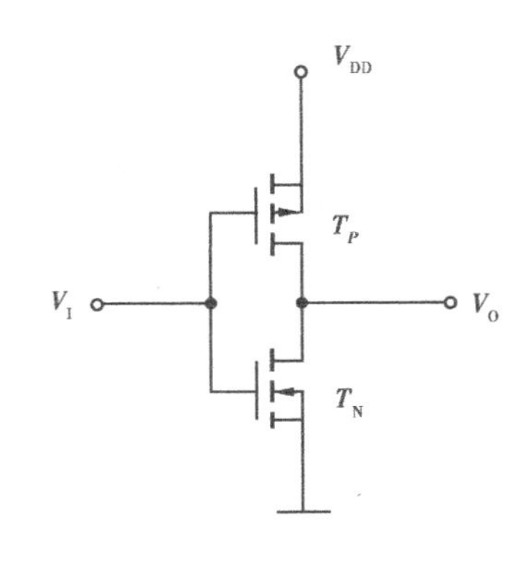

图 2.36　CMOS 反相器

2.5.2　其他的 CMOS 门电路

(1) CMOS 与非门和或非门电路

①与非门,如图 2.37。

②或非门,如图 2.38。

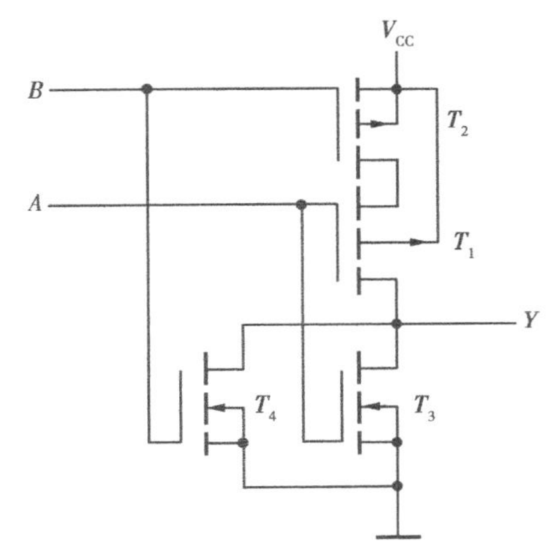

图 2.37　CMOS 或非门电路

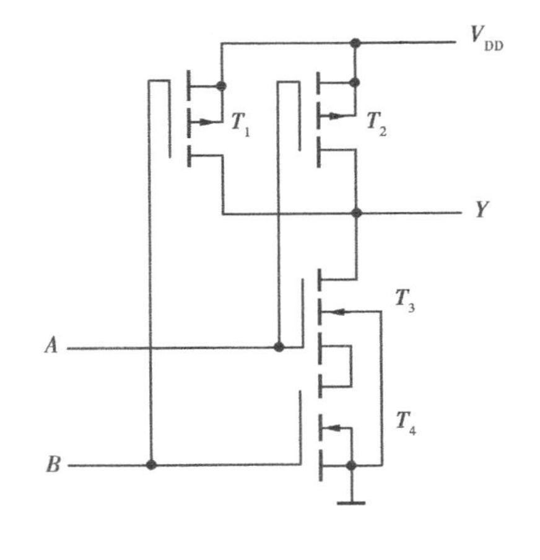

图 2.38　CMOS 与非门电路

③带缓冲级的门电路。

图 2.37 和图 2.38 所示的 CMOS 与非门和或非门电路的输入端数目都可以增加。但是当输入端数目增加时,对于与非门电路来说,串联的 NMOS 管数目要增加,并联的 PMOS 管数目也要增加,这样会引起输出低电平变高;对于或非门电路来说,并联的 NMOS 管数目要增加,串联的 PMOS 管数目也要增加,这样会引起输出高电平变低。为了稳定输出高低电平,在目前生产的 CMOS 门电路中,在输入输出端分别加了反相器作缓冲级,图 2.39 所示为带缓冲级的二输入端与非门电路。经过逻辑变换,有 $Y=\overline{\overline{\overline{A}+\overline{B}}}=\overline{A\cdot B}$。

(2) CMOS 三态输出门电路

其工作原理如下:

当 $\overline{EN}=0$ 时,T_1' 和 T_2' 同时导通,T_1 和 T_2 组成的非门正常工作,输出 $Y=\overline{A}$。

当 $\overline{EN}=1$ 时,T_1' 和 T_2' 同时截止,输出 Y 对地和对电源都相当于开路,为高阻状态。

所以,这是一个低电平有效的三态门,逻辑符号如图 2.40(b) 所示。

(3) CMOS 传输门

传输门的电路和符号如图 2.41 所示,它由一个 NMOS 管 T_1 和一个 PMOS 管 T_2 组成。其

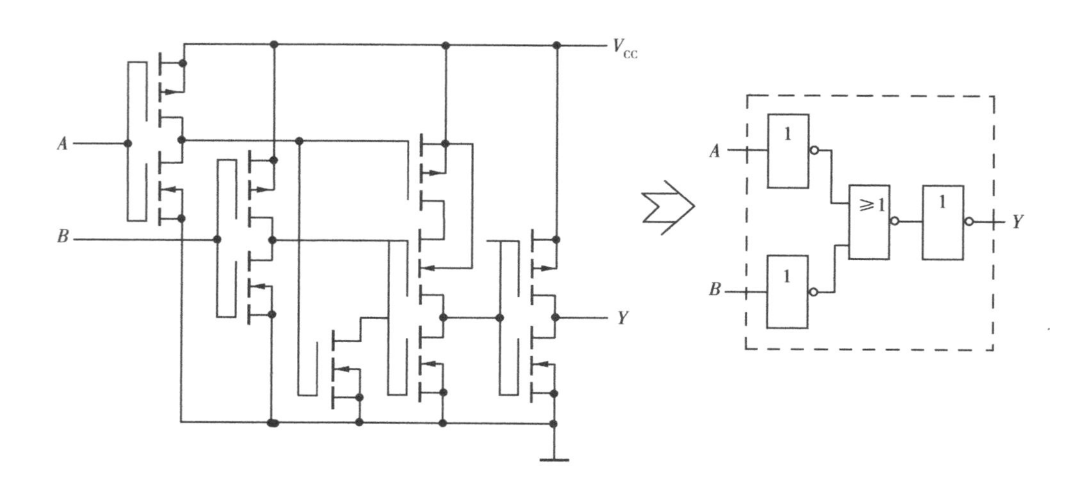

图 2.39 带缓冲级的二输入端与非门电路

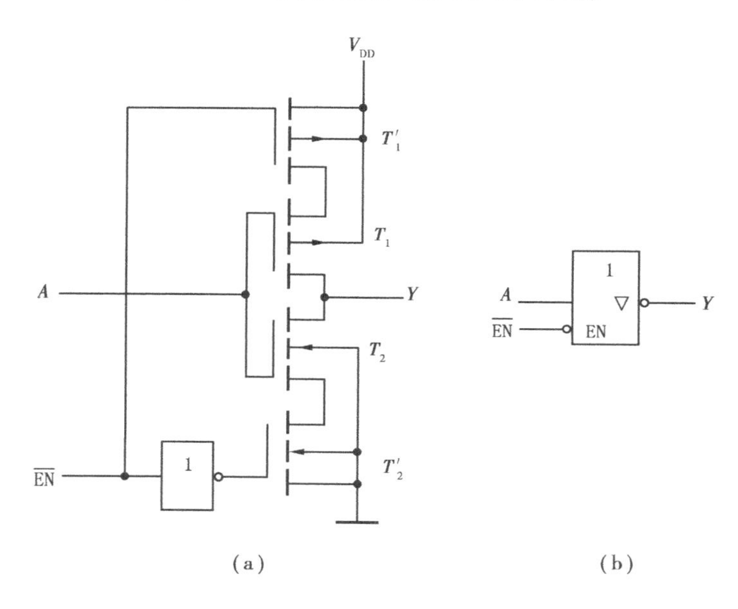

图 2.40 CMOS 三态门

(a)电路图　(b)逻辑符号

中,C 和 $\overline{C}$ 为一对互补控制端,C 端叫高电平控制端,$\overline{C}$ 端叫低电平控制端。

设两管的开启电压 $V_{TN}=|V_{TP}|$。如果要传输的信号 v_I 的变化范围为 0 V ~ V_{DD},则将控制端 C 和 $\overline{C}$ 的高电平设置为 V_{DD},低电平设置为 0。并将 T_1 的衬底接低电平 0 V,T_2 的衬底接高电平 V_{DD}。

当 $C=V_{DD}$,$\overline{C}=0$ V 时,若 $0\text{ V}<v_I<(V_{DD}-V_{TN})$,$T_1$ 导通;若 $|V_{TP}|\leqslant v_I\leqslant V_{DD}$,$T_2$ 导通。即 v_I 在 0 V ~ V_{DD} 的范围变化时,至少有一管导通,输出与输入之间形成导电通路,相当于开关闭合;当 $C=0$ V,$\overline{C}=V_{DD}$ 时,若 v_I 在 0 V ~ V_{DD} 的范围变化,则 T_1 和 T_2 都截止,输出呈高阻状态,相当于开关断开。

由于 MOS 管的结构对称,其漏极和源级可以互换,因而 TG 的输入端和输出端可以互换

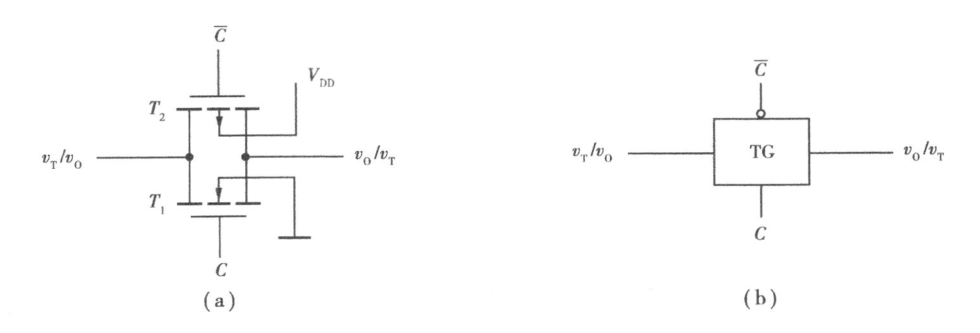

图2.41 CMOS传输门
(a)电路 (b)符号

使用,即TG是双向器件。将TG和一个非门组合起来,由非门产生互补的控制信号,如上图所示,称为模拟开关。

2.5.3 CMOS数字集成电路的特点与系列

(1)CMOS数字集成电路的特点

表2.7列出了TTL和CMOS电路各系列的主要参数。与TTL电路相比,CMOS电路主要有如下特点。

①功耗低。CMOS数字集成电路的静态功耗极小,从表中可以看出,在电源电压$V_{DD}=5$ V时,门电路的静态功耗约为3 μW,而TTL门电路静态功耗均在mW级。

②工作电源电压范围宽。CMOS4000系列电源电压为3~15 V,HCMOS电路为2~6 V,这给电路电源电压的选择带来了很大方便。

③抗干扰能力强。CMOS反相器的高、低电平噪声容限均约为$0.5V_{DD}$,其他CMOS门电路的噪声容限一般也大于$0.3V_{DD}$,电源电压V_{DD}越大,其抗干扰能力越强。

表2.7 TTL和CMOS电路重要参数的比较

电路系列 / 参数名称	TTL			CMOS*	HCMOS	
	74系列	74S系列	74LS系列	4000系列	CC74HC系列	CC74HCT系列
V_{OH}/V	2.4	2.7	2.7	4.95	4.9	4.9
V_{OL}/V	0.4	0.5	0.5	0.05	0.1	0.1
I_{OH}/mA	-0.4	-1	-0.4	-0.51	-4	-4
I_{OL}/mA	16	20	8	0.51	4	4
V_{IH}/V	2	2	2	3.5	3.5	2
V_{IL}/V	0.8	0.8	0.8	1.5	1.0	0.8

续表

参数名称 \ 电路系列	TTL			CMOS*	HCMOS	
	74 系列	74S 系列	74LS 系列	4000 系列	CC74HC 系列	CC74HCT 系列
I_{IH}/mA	40	50	20	0.1	0.1	0.1
I_{IL}/mA	-1.6	-2	-0.4	-0.1×10^{-3}	-0.1×10^{-3}	-0.1×10^{-3}
t_{pd}/门/ns	10	4	10	45	8	8
P(每门)/mW	10	20	2	5×10^{-3}	3×10^{-3}	3×10^{-3}
F_{max}/MHz	50	130	50	5	50	50

* 系 CC4000 系列 CMOS 门电路在 V_{DD} = 5 V 时的参数。

④逻辑摆幅大。CMOS 门电路 V_{OH} 接近于电源电压 V_{DD}，V_{OL} 又近似为 0 V，所以 CMOS 门电路的逻辑摆幅(即高低电平之差)较大，接近电源电压 V_{DD} 值。

⑤输入阻抗高。在正常工作电源电压范围内，输入阻抗可达 $10^{10}\sim10^{12}$ Ω。因此，其驱动功率较小，可忽略不计。

⑥扇出系数大。因 CMOS 电路有极高的输入阻抗，故其扇出系数很大，一般额定扇出系数可达 50。但必须指出的是，扇出系数是指驱动 CMOS 电路的个数，若就灌电流负载能力和拉电流负载能力而言，CMOS 电路远远低于 TTL 电路。

(2) CMOS 逻辑门电路的系列

①基本的 CMOS-4000 系列

CMOS4000 系列的工作电源电压范围为 3 ~ 18 V，由于具有功耗低、噪声容限大、扇出系数大等优点，已得到普遍使用。但由于其工作频率低，最高工作频率不大于 5 MHz，驱动能力差，门电路的输出电流为 0.51 mA/门，使 CMOS4000 系列的使用受到一定的限制。

②高速的 CMOS-HC(HCT)系列

该系列电路主要从制造工艺上做了改进，使其大大提高了工作速度，平均传输延迟时间小于 10 ns，最高工作频率可达 50 MHz。HC 系列的电源电压范围为 2 ~ 6 V。HCT 系列的主要特点是与 TTL 器件电压兼容，它的电源电压范围为 4.5 ~ 5.5 V。它的输入电压参数为 $V_{IH(min)}$ = 2.0 V；$V_{IL(max)}$ = 0.8 V，与 TTL 完全相同。另外，74HC/HCT 系列与 74LS 系列的产品，只要最后 3 位数字相同，则两种器件的逻辑功能、外形尺寸，引脚排列顺序也完全相同，这样就为以 CMOS 产品代替 TTL 产品提供了方便。

③先进的 CMOS-AC(ACT)系列

该系列的工作频率得到了进一步的提高，同时保持了 CMOS 超低功耗的特点。其中 ACT 系列与 TTL 器件电压兼容，电源电压范围为 4.5 ~ 5.5 V。AC 系列的电源电压范围为 1.5 ~ 5.5 V。AC(ACT)系列的逻辑功能、引脚排列顺序等都与同型号的 HC(HCT)系列完全相同。

2.6 集成门电路使用中的一些问题

2.6.1 TTL与CMOS器件之间的接口问题

两种不同类型的集成电路相互连接,驱动门必须要为负载门提供符合要求的高低电平和足够的输入电流,即要满足下列条件:

驱动门的 $V_{OH(min)}$ ≥负载门的 $V_{IH(min)}$

驱动门的 $V_{OL(max)}$ ≤负载门的 $V_{IL(max)}$

驱动门的 $I_{OH(max)}$ ≥负载门的 $I_{IH(总)}$

驱动门的 $I_{OL(max)}$ ≥负载门的 $I_{IL(总)}$

下面分别讨论 TTL 驱动 CMOS 和 CMOS 驱动 TTL 的情况:

(1)TTL门驱动CMOS门

由于 TTL 门的 $I_{OH(max)}$ 和 $I_{OL(max)}$ 远远大于 CMOS 门的 I_{IH} 和 I_{IL},所以 TTL 门驱动 CMOS 门时,主要考虑 TTL 门的输出电平是否满足 CMOS 输入电平的要求。

①TTL门驱动74HCT系列

从表2.7可知:74HCT系列、74ACT系列 CMOS 门与 TTL 器件电压兼容。它的输入电压参数为 $V_{IH(min)}$ =2.0 V,而 TTL 的输出电压参数为 $V_{OH(min)}$ 为2.4 V或2.7 V,因此两者可以直接相连,不需外加其他器件。

②TTL门驱动4000系列和74HC系列

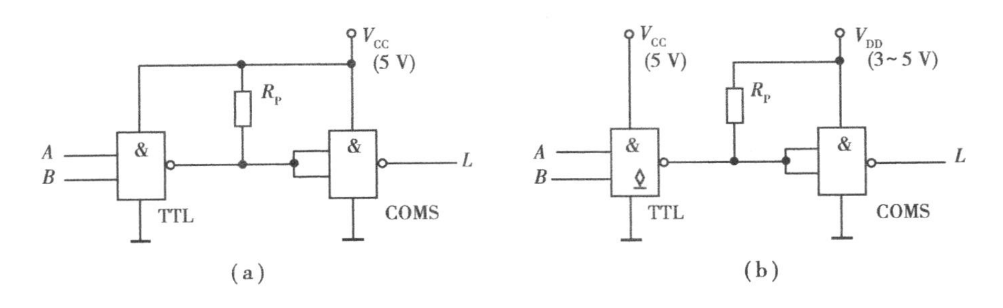

图2.42 TTL驱动CMOS门电路

(a)电源电压都为5 V时的接口 (b)电源电压不同时的接口

从表2.7可以查得,当都采用5 V电源时,TTL 的 $V_{OH(min)}$ 为2.4 V或2.7 V,而 CMOS4000 系列和74HC系列电路的 $V_{IH(min)}$ 为3.5 V,显然不满足要求。这时可在 TTL 电路的输出端和电源之间,接一上拉电阻 R_P,以提高 TTL 门的输出高电平,如图2.41(a)所示。这样当 TTL 与非门有一个输入端接低电平时,则如图2.42(a)中 TTL 的两个输出管 T_3 和 T_4 均截止,流过 R_1 的电流很小,使其输出高电平接近 V_{DD},满足 CMOS 门的要求。R_1 的取值方法和 OC 门的上拉电阻的取值方法相同(约在几百欧到几千欧之间)。

如果 TTL 和 CMOS 器件采用的电源电压不同,则应使用 OC 门,同时使用上拉电阻 R_P,如图2.42(b)所示。

(2)CMOS 门驱动 TTL 门

从表 2.7 中看出，当都采用 5 V 电源时，CMOS 门的 $V_{OH(min)}$ > TTL 门的 $V_{IH(min)}$，CMOS 的 $V_{OL(max)}$ < TTL 门的 $V_{IL(max)}$，两者电压参数相容。但是 CMOS 门的 I_{OH}、I_{OL}参数较小，所以，这时主要考虑 CMOS 门的输出电流是否满足 TTL 输入电流的要求。

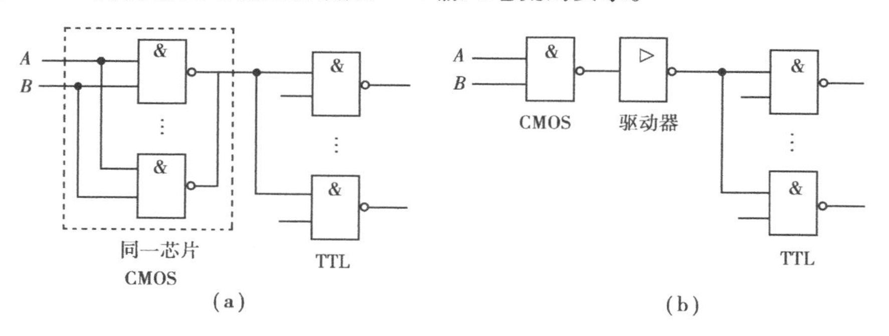

图 2.43　CMOS 驱动 TTL 门电路

(a)并联使用提高带负载能力　(b)用 CMOS 驱动器驱动 TTL 电路

例 2.1　一个 74HC00 与非门电路能否驱动 4 个 7400 与非门？能否驱动 4 个 74LS00 与非门？

解：　从表 2.7 中查出：74 系列门的 $I_{IL}=1.6$ mA，74LS 系列门的 $I_{IL}=0.4$ mA，4 个 74 门的 $I_{IL(总)}=4\times1.6=6.4(\text{mA})$，4 个 74LS 门的 $I_{IL(总)}=4\times0.4=1.6(\text{mA})$。而 74HC 系列门的 $I_{OL}=4$ mA，所以不能驱动 4 个 7400 与非门，可以驱动 4 个 74LS00 与非门。

要提高 CMOS 门的驱动能力，可将同一芯片上的多个门并联使用，如图 2.43(a)所示。也可在 CMOS 门的输出端与 TTL 门的输入端之间加一 CMOS 驱动器，如图 2.43(b)所示。

2.6.2　集成门电路使用中的一些问题

(1)多余输入端的处理

多余输入端的处理应以不改变电路逻辑关系及稳定可靠为原则，通常采用下列方法。

①对于与非门及与门，多余输入端应接高电平，比如直接接电源正端，或通过一个上拉电阻(1 ~3 kΩ)接电源正端，如图 2.44(a)所示；在前级驱动能力允许时，也可以与有用的输入端并联使用，如图 2.44(b)所示。

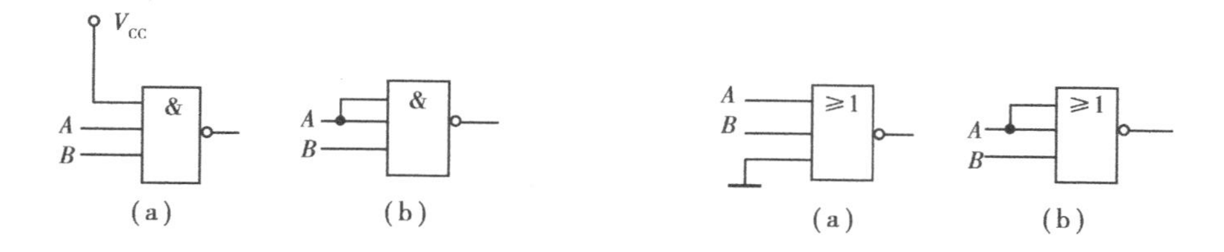

图 2.44　与非门多余输入端的处理　　图 2.45　或非门多余输入端的处理

②对于或非门及或门，多余输入端应接低电平，比如直接接地，如图 2.45(a)所示；也可以与有用的输入端并联使用，如图 2.45(b)所示。

但需注意的是：对于 CMOS 门，输入端并联会增加栅源之间的等效电容，从而进一步增大

t_{pd}，一般禁止使用。

表 2.8 常用正负逻辑门的逻辑符号

正负逻辑的对偶式	正逻辑的逻辑符号	负逻辑的逻辑符号
$Y=AB=\overline{\overline{A}+\overline{B}}$	正与门 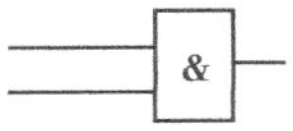 &	负或门 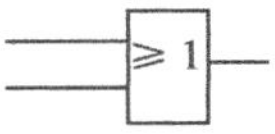 ≥1
$Y=A+B=\overline{\overline{A}\cdot\overline{B}}$	正或门 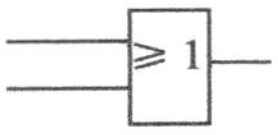 ≥1	负与门 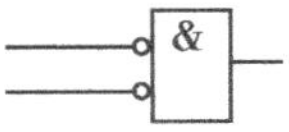 &
$Y=\overline{A\cdot B}=\overline{A}+\overline{B}$	正与非门 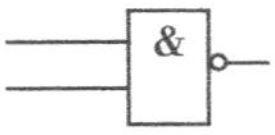 &	负或非门 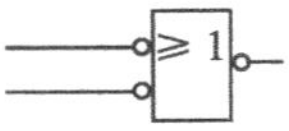 ≥1
$Y=\overline{A+B}=\overline{A}\cdot\overline{B}$	正或非门 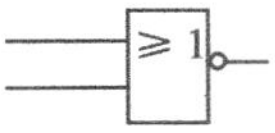 ≥1	负与非门 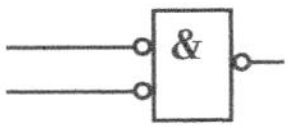 &
$L=\overline{A}$	正非门 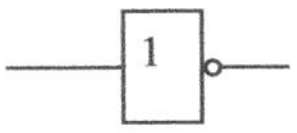 1	负非门 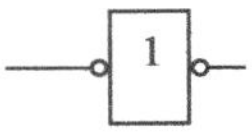 1
$L=A=\overline{\overline{A}}$	正缓冲器 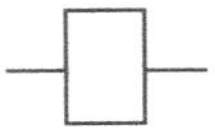	负缓冲器 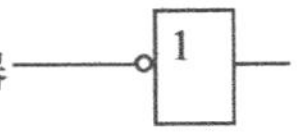 1

(2)正负逻辑及逻辑符号的变换

①正负逻辑的逻辑符号

正负逻辑的概念:规定高电平为逻辑 1,低电平为逻辑 0,就是正逻辑;反之,高电平为逻辑 0,低电平为逻辑 1 为负逻辑。

同一个逻辑电路,在不同的逻辑假定下,其逻辑功能是完全不同的。如图 2.8(a)所示的电路,采用正逻辑它是与门功能,如果采用负逻辑时,它却是或门功能。表 2.8 中列出了几种常用正负逻辑门的逻辑符号。

②混合逻辑中逻辑符号的变换

一般情况下,人们都习惯于采用正逻辑。但在较复杂的逻辑电路中,有时采用混合逻辑,即正负逻辑符号同时使用。这时可把整个电路当正逻辑看,而把负逻辑符号中输入端的小圆圈当反相器处理。

本章小结

1. 在数字电路中,半导体二极管、三极管一般都工作在开关状态,即工作于导通(饱和)和截止两个对立的状态,来表示逻辑 1 和逻辑 0。影响它们开关特性的主要因素是管子内部电荷存储和消散的时间。

2. 目前普遍使用的数字集成电路主要有两大类,一类由 NPN 型三极管组成,简称 TTL 集成电路;另一类由 MOSFET 构成,简称 MOS 集成电路。

3. TTL 集成逻辑门电路的输入级采用多发射极三极管、输出极采用达林顿结构,这不仅能使门电路实现要求的逻辑功能,而且还能使电路有较强的驱动负载的能力。

4. 在 TTL 系列(CMOS 系列)中,除了有实现各种基本逻辑功能的门电路以外,还有集电极开路门(漏极开路门)和三态门,它们能够实现线与,还可用来驱动需要一定功率的负载。三态门还可用来实现总线结构。

5. MOS 集成门电路的主要结构是由增强型 N 沟道和 P 沟道 MOSFET 互补构成的 CMOS 门电路。与 TTL 门电路相比,它的优点是功耗低,扇出数大(指带同类门负载),噪声容限大,开关速度已与 TTL 接近,逐渐成为数字集成电路的发展方向。

6. 为了更好地使用数字集成芯片,应熟悉 TTL 和 CMOS 各个系列产品的外部电气特性及主要参数,还应能正确处理多余输入端,能正确解决不同类型电路间的接口问题及抗干扰问题。

习 题 2

2.1 晶体三极管饱和导通和截止条件是什么?

2.2 什么是逻辑门电路?基本门电路是指哪几种逻辑门?

2.3 分立元件门电路、TTL 门电路和 CMOS 门电路的主要区别是什么?

2.4 什么是开门电阻、关门电阻?在分析 TTL 门电路输入负载特性时应如何确定输入负载电阻范围?

2.5 什么叫线与?哪几种门电路可以线与,为什么?

2.6 举例说明什么是灌电流负载和拉电流负载,TTL 门电路承受哪种负载大些?

2.7 什么是 OC 门?外接上拉电阻值是如何确定的?

2.8 当与非门输入端均为高电平时输出端为低电平,此时负载灌入电流过大时会产生什么现象?

2.9 什么叫三态门?为何采用三态门结构?总线的作用是什么?

2.10 在图题 2.10 电路中,已知二极管 D_1、D_2 导通压降为 0.7 V,请动手试验并回答下列问题:

①A 端接 10 V,B 端接 0.3 V 时,输出电压 V_O 为多少伏?

②A、B 端都接 10 V 时,输出电压 V_O 为多少伏?

③A 端接 10 V,B 端悬空,用万用表测 B 端电压,V_B 为多少伏?

④A 端接 0.3 V,B 端悬空,V_B 为多少伏?

⑤A 端通过 5 kΩ 电阻接地,B 端悬空,V_B 为多少伏?

2.11 图题 2.11 所示电路中,已知 $+V_{CC}=12$ V,$-V_{EE}=-12$ V,$R_1=1.5$ kΩ,$R_2=18$ kΩ,$R_C=1$ kΩ,$\beta=30$,试求:

①v_I 为何值时,三极管饱和(设 $V_{CES}\approx 0.1$ V)?

②若 $v_I=3$ V,v_O 端灌入电流 I_L 为多大时,三极管脱离饱和?

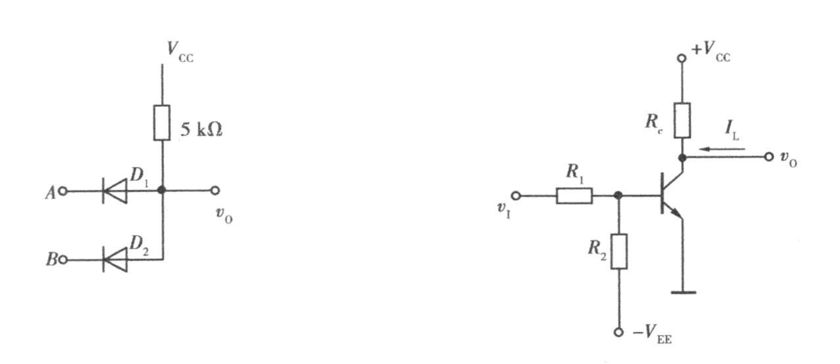

图题 2.10　　　　　　　　　　图题 2.11

2.12　有两个 TTL 与非门 G_1 和 G_2，测得它们的关门电平分别为：$V_{OFF1}=0.8\ V$，$V_{OFF2}=1.1\ V$；开门电平分别为：$V_{ON1}=1.9\ V$，$V_{ON2}=1.5\ V$。它们的输出高电平和低电平都相等，试判断何者为优（定量说明）。

2.13　试判断图题 2.13 所示 TTL 电路能否按各图要求的逻辑关系正常工作？若电路的接法有错，则修改电路。

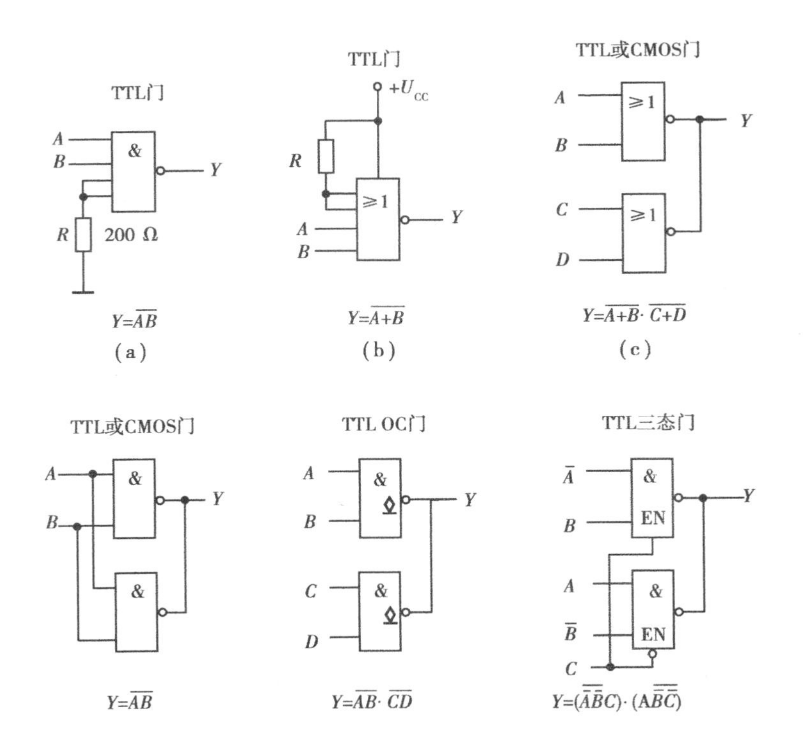

图题 2.13

2.14　已知电路两个输入信号的波形如图题 2.14 所示，信号的重复频率为 1 MHz，每个门的平均延迟时间 $t_{pd}=20\ ns$。试画出：

①不考虑 t_{pd} 时的输出波形。

②考虑 t_{pd}时的输出波形。

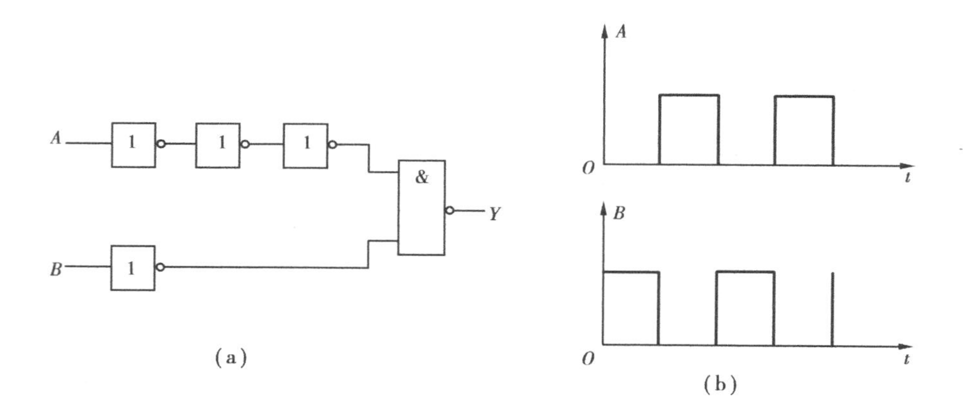

图题 2. 14

2. 15 图题 2. 15 均为 TTL 门电路,

①写出 Y_1、Y_2、Y_3、Y_4 的逻辑表达式。

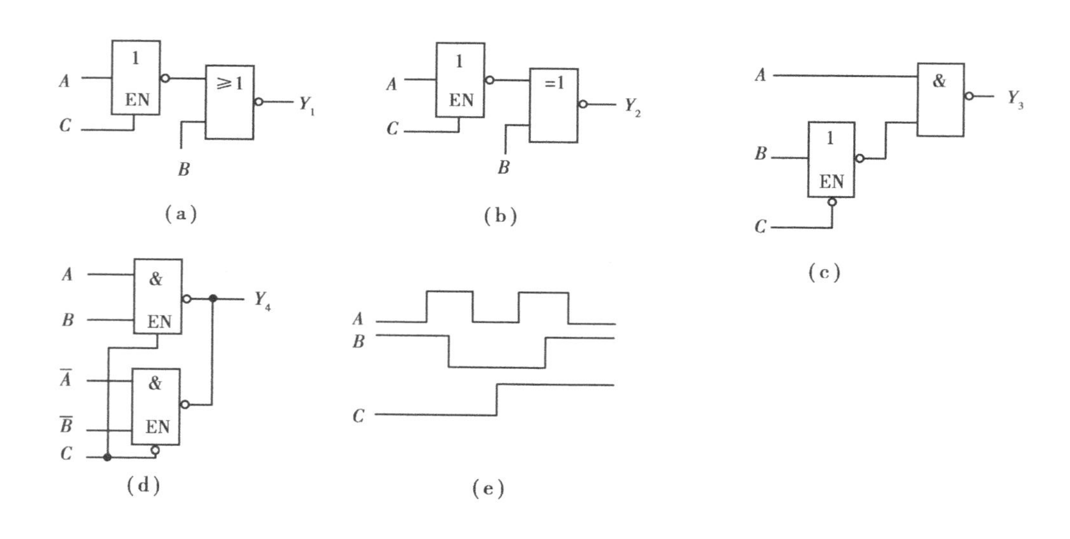

图题 2. 15

②若已知 A、B、C 的波形,分别画出 $Y_1 \sim Y_4$ 的波形。

2. 16 在图题 2. 16 电路中,G_1、G_2 是两个 OC 门,接成线与形式。每个门在输出低电平时,允许注入的最大电流为 13 mA;输出高电平时的漏电流小于 250 μA。G_3、G_4 和 G_5 是三个 TTL 与非门,已知 TTL 与非门的输入短路电流为 1. 5 mA,输入漏电流小于 50 μA,$U_{CC}=5$ V,$U_{OH}=3.5$ V,$U_{OL}=0.3$ V。问:R_{Lmax}、R_{Lmin}各是多少? R_L 应该选多大?

2. 17 试写出图题 2. 17 所示电路的逻辑表达式,并用真值表说明这是一个什么逻辑?

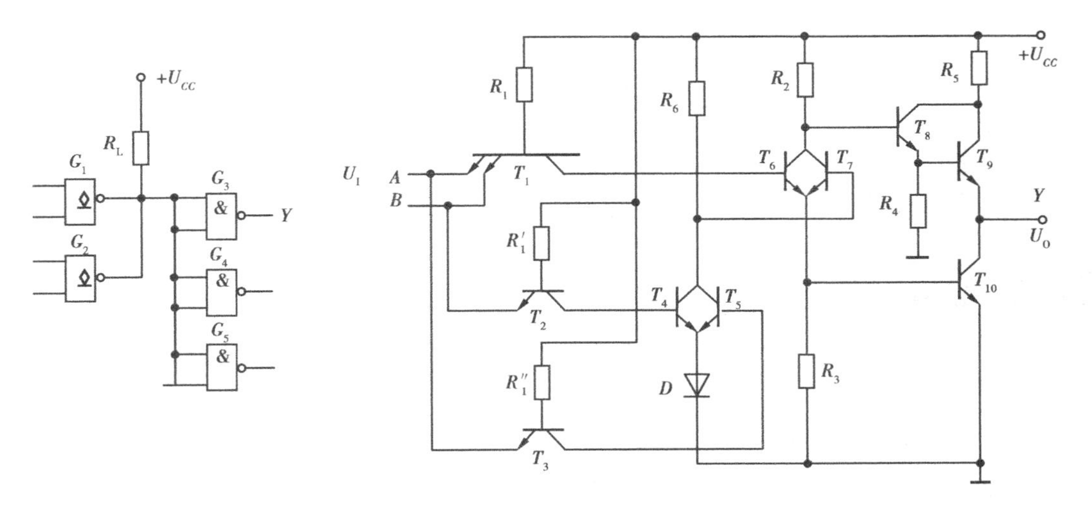
+U_{CC}
R_L
G_1
G_2
G_3
G_4
G_5
&
Y
U_I
A
B
R_1
T_1
R_1'
T_2
R_1''
T_3
R_6
T_4
T_5
D
R_2
T_6
T_7
R_3
R_5
T_8
T_9
R_4
T_{10}
U_O

图题2.16

图题2.17

第 3 章

组合逻辑电路

本章首先介绍组合电路的特点并结合实例讨论用小规模集成电路(SSI)进行组合电路的传统分析和设计的方法。

然后介绍几种常用的中规模集成(MSI)组合逻辑电路,如加法器、编码器、译码器、数据选择器、数值比较器等器件的工作原理及功能,结合实例讲述使用 MSI 设计组合电路的方法。

最后介绍了组合电路的冒险现象及判断和消除冒险的几种常用方法。

3.1　小规模集成电路组成的组合电路的分析和设计方法

小规模集成电路(简称 SSI)是指每片在 10 门以下的集成芯片,这种芯片中的门都是独立的。下面介绍这种以门电路为单元电路所组成的组合电路的传统分析方法和设计方法。

3.1.1　组合逻辑电路的分析方法

逻辑电路可分为两类:一类为组合逻辑电路,另一类为时序逻辑电路。

组合逻辑电路——即电路中某一时刻的稳定输出,仅和该时刻的输入信号有关,而与该时刻以前的输入状态无关。完全由逻辑门组成,无记忆功能。

组合电路逻辑功能的常用表示方法有 5 种:逻辑函数表达式、真值表(或功能表)、逻辑电路图、卡诺图、波形图。在小规模集成电路中,较多采用逻辑表达式;在中规模集成电路中,通常用真值表或功能表。

所谓组合逻辑电路的分析,就是根据已有的逻辑电路找出它的输入和输出间的逻辑关系,以逻辑表达式形式表示,然后根据此表达式(或转成真值表)分析电路的功能。

由电路写表达式时,可以根据门的连接方式和每个门的逻辑功能,从输入逐级向输出推算的方法,也可以从输出向输入反推。

例 3.1　写出图 3.1 所示逻辑电路的表达式,并将表达式 F 化简成最简的与-或式。

采用从输入级向输出级逐级推算的方法:

$$F = \overline{\overline{ABC} \cdot (\overline{B} + \overline{BC}} = \overline{\overline{ABC}} + \overline{\overline{B} + \overline{BC}} = ABC + BC = BC$$

也可以从输出逐级向输入反推,这里就不再介绍了。

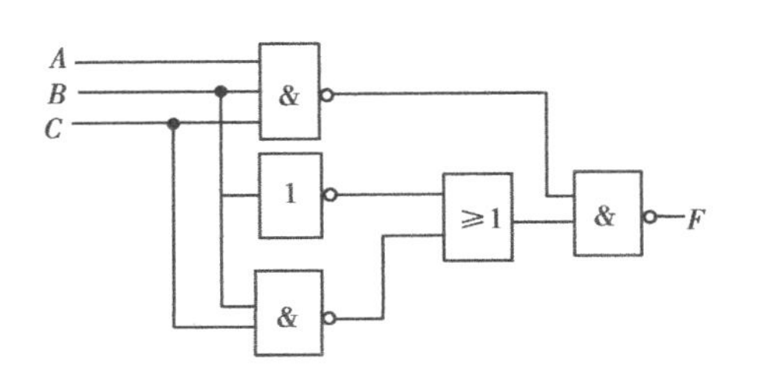

图3.1 例3.1逻辑电路图

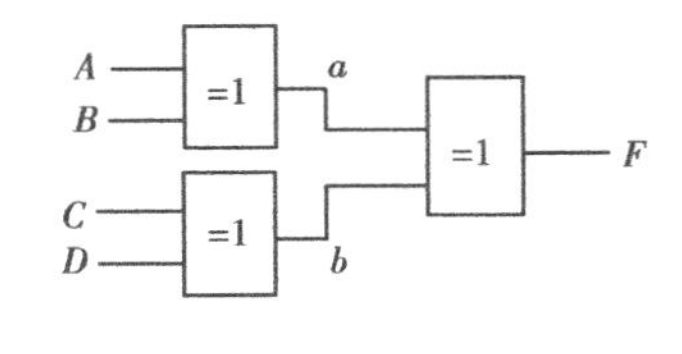

图3.2 例3.2逻辑电路图

有时从表达式上不易直观地说明电路的功能，这时可将表达式转换成真值表看。

例3.2 电路如图3.2所示，写出电路的逻辑表达式并分析该电路的逻辑功能。

解： 此例采用从输出级向输入级反推的方法。要加一些辅助符号，如图3.2中的“a”和“b”。

逻辑表达式为：

$$F = a \oplus b = A \oplus B \oplus C \oplus D$$

单从表达式上不易看出其逻辑功能，可将表达式转换成真值表后在进行判断。本例的真值表见表3.1。

表3.1 例3.2真值表

A	B	C	D	F	A	B	C	D	F
0	0	0	0	0	1	0	0	0	1
0	0	0	1	1	1	0	0	1	0
0	0	1	0	1	1	0	1	0	0
0	0	1	1	0	1	0	1	1	1
0	1	0	0	1	1	1	0	0	0
0	1	0	1	0	1	1	0	1	1
0	1	1	0	0	1	1	1	0	1
0	1	1	1	1	1	1	1	1	0

由表3.1可看出，当四个输入变量中有奇数1个时，输出为1，否则，输出为0。这样从输出可以校验输入的个数是否为奇数。因此，这是一个四输入变量的奇校验电路。

例3.3 写出图3.3所示电路的最简与-或表达式，并分析该电路的逻辑功能。

解： 从输入级向输出级逐级推算得到逻辑表达式为：

$$F = \overline{\overline{\overline{AB}\cdot A}\cdot\overline{\overline{AB}\cdot B}} = \overline{AB}\cdot A + \overline{AB}\cdot B = \overline{AB}\cdot(A+B)$$
$$= (\overline{A}+\overline{B})\cdot(A+B) = \overline{A}B + A\overline{B}$$

其真值表由表3.2所示：

表 3.2　例 3.3 真值表

A	B	F
0	0	0
0	1	1
1	0	1
1	1	0

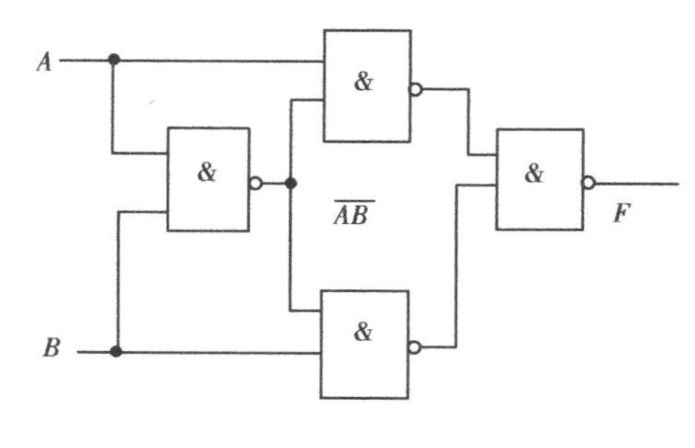

图 3.3　例 3.3 逻辑图

从真值表中可以看出，A、B 两个输入端相同实输出为“0”，相异时输出为“1”。故此电路的逻辑功能为异或逻辑。即 $F = A \oplus B$。

3.1.2　组合逻辑电路的设计方法

根据给出的实际逻辑问题，求出实现这一逻辑关系的最简逻辑电路，这一过程称为逻辑设计。

当我们用小规模集成电路进行设计是以门作为电路的基本单元，所以逻辑电路最简的标准是所用的门数目最少，且门的输入端数目也最少。

设计步骤大致如下：

1）进行逻辑抽象。对于一个具有某种因果关系的事件，通过逻辑抽象的方法，写出逻辑真值表。这是设计工作的基础，也是最关键的一步。

在进行逻辑抽象时，要仔细分析事件的因果关系，确定逻辑变量。通常把引起事件的原因定为输入变量，而把事件的结果作为输出变量。其次，用“0”、“1”两种状态分别表示输入输出变量的两种状态。这里的“0”和“1”的具体含义完全由设计者人为选定。

2）由逻辑真值表写函数表达式。

3）对函数表达式进行化简或变换。

4）根据化简后的函数式画出逻辑图。

表 3.3　例 3.4 真值表

A	B	C	F
0	0	0	0
0	0	1	0
0	1	0	0
0	1	1	1
1	0	0	0
1	0	1	1
1	1	0	1
1	1	1	1

例 3.4　设计一个 3 人表决电路，如两人或两人以上的多数同意，则决议通过。

解：　①3 人为 3 个输入变量 A、B、C，决议是否通过由输出 F 表示。

②设：对输入端同意为状态 1，不同意为状态 0。对输出端通过为状态 1，不通过为状态 0。

③列真值表（见表 3.3）

④写出逻辑表达式：

$$F = \overline{A}BC + A\overline{B}C + AB\overline{C} + ABC$$

化简：

$$F = BC + A\overline{B}C + AB\overline{C} = B(C + A\overline{C}) + A\overline{B}C = BC + AB + A\overline{B}C$$

$$= AB + C(B + A\overline{B}) = AB + BC + AC$$

若均由与非门实现，则可将与-或表达式写成与非表达式：$F = \overline{\overline{AB} \cdot \overline{BC} \cdot \overline{AC}}$

⑤画电路：电路如图3.4所示。

表3.4　例3.5真值表

A	B	C	X	Y
0	0	0	0	0
0	0	1	1	0
0	1	0	1	0
0	1	1	0	1
1	0	0	1	0
1	0	1	0	1
1	1	0	0	1
1	1	1	1	1

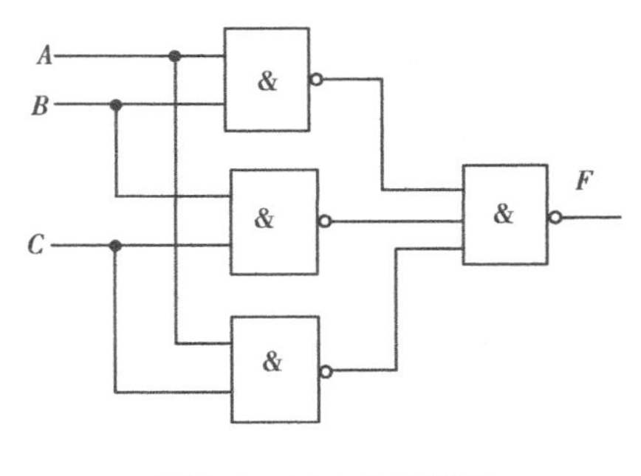

图3.4　例3.4逻辑图

例3.5　某工厂有 A、B、C 三个车间，各需电力1 000 kW，由两台发电机 $X=1\ 000$ kW 和 $Y=2\ 000$ kW供电。但三个车间经常不同时工作，为节省能源，需设计一个自动控制电路，去自动启停电机。试设计此控制电路。

解：　①设定输入、输出变量。

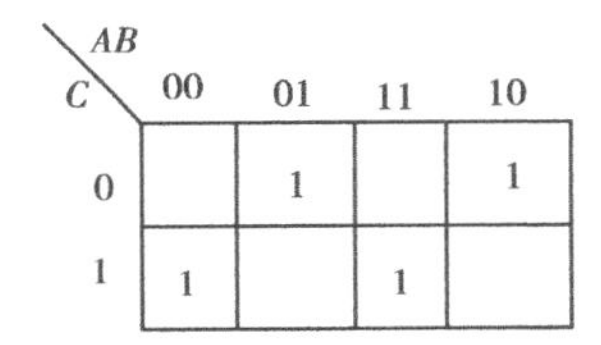

图3.5　X 的卡诺图

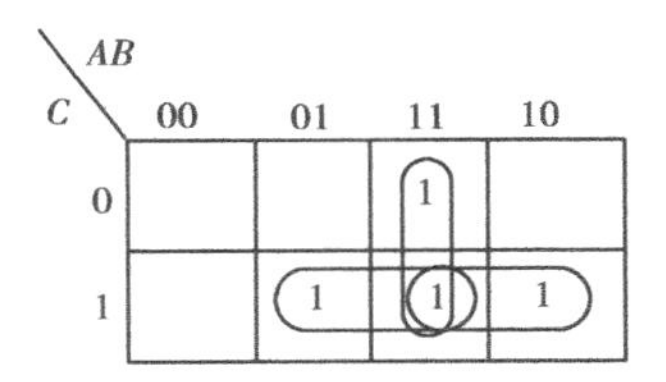

图3.6　Y 的卡诺图

设：所要设计的控制电路的输入信号是3个车间的工作信号 A、B、C，输出是两台电机的启动信号 X 和 Y。

②定义逻辑状态的含义。

设车间工作、电机启动信号取值为1态，否则取值为0态。

③列真值表：（如表3.4所示）。

填卡诺图化简：（如图3.5、图3.6所示）。

化简后表达式为：$X = A \oplus B \oplus C$；

$$Y = AB + BC + AC = \overline{\overline{AB} \cdot \overline{BC} \cdot \overline{AC}}$$

④画电路图（如图3.7所示）。

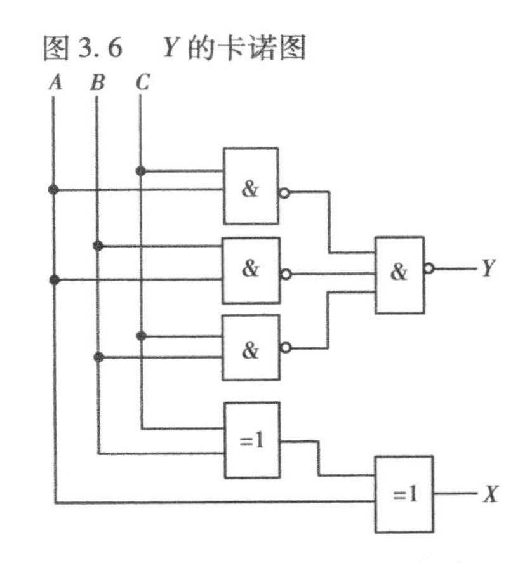

图3.7　例3.5逻辑图

3.2　常用中规模集成组合逻辑器件及其应用

中规模集成电路（简称MSI）常能完成部分相对独立的逻辑功能，故又称为逻辑部件或功能模块。在学这一章时，重点在掌握整个模块的逻辑功能（外部特性）上。能正确使用这些器件，充分发挥其逻辑功能，使整体电路合理、紧凑，而对其内部逻辑功能有一般了解就可以了。

3.2.1　加法器

(1)一位加法器

如果不考虑低位输入的进位,而只考虑本位两数相加,称半加。实现半加运算的电路叫半加器。设两数为 A、B,相加后有“半加和”F 及向高位进位 C,根据2个二进制数相加的情况,可列出真值表,如表3.5所示:

表3.5　半加器真值表

A	B	F	C
0	0	0	0
0	1	1	0
1	0	1	0
1	1	0	1

表3.6　全加器真值表

A_i	B_i	C_{i-1}	F_i	C_i
0	0	0	0	0
0	0	1	1	0
0	1	0	1	0
0	1	1	0	1
1	0	0	1	0
1	0	1	0	1
1	1	0	0	1
1	1	1	1	1

由表3.5得“半加和”F 及进位 C 的表达式:

$$F = A\ B + AB = A \oplus B$$

$$C = AB$$

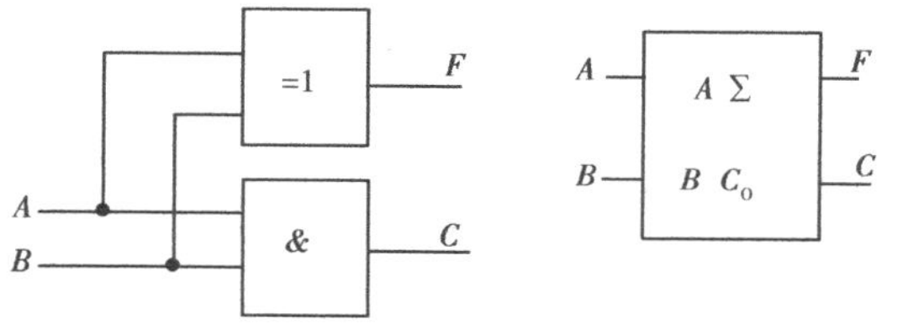

图3.8　半加器

(a)半加器逻辑图　(b)半加器符号

根据表达式,可画出半加器的逻辑电路图,见图3.8(a)所示,半加器的逻辑符号见图3.8(b)。

如相加时考虑来自低位的进位及向高位的进位,则称为全加。所用的电路叫全加器。设用 A_i、B_i 表示两个加数,C_{i-1}表示来自相邻低位的进位,C_i 表示向高位的进位,F_i 表示本位和,可列真值表,如表3.6示。

由真值表可得:$F_i = \bar{A}_i\bar{B}_iC_{i-1} + \bar{A}_iB_i\bar{C}_{i-1} + A_i\bar{B}_i\bar{C}_{i-1} + A_iB_iC_{i-1} = A_i \oplus B_i \oplus C_{i-1}$

$$C_i = A_iB_i + (A_i \oplus B_i)C_{i-1}$$

根据表达式,可画出全加器的逻辑电路图,由图3.9(a)所示,全加器符号见图3.9(b)。

(2)多位加法器

两个多位数相加时,每一位都是带进位相加,所以必须用全加器。将多个一位全加器依次把低位的进位输出接到高位的进位输入,就可以构成多位加法器了,如图3.10所示。这种结构的电路叫做串行进位加法器,其最大的缺点是运算速度慢。

为了提高运算速度,必须设法减少由于进位信号的逐级传递所耗费的时间,解决的办法是

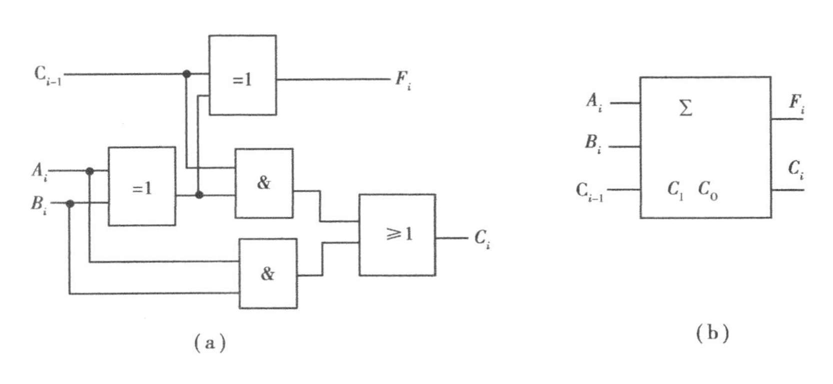

图 3.9　全加器

(a) 全加器逻辑图　(b)全加器符号

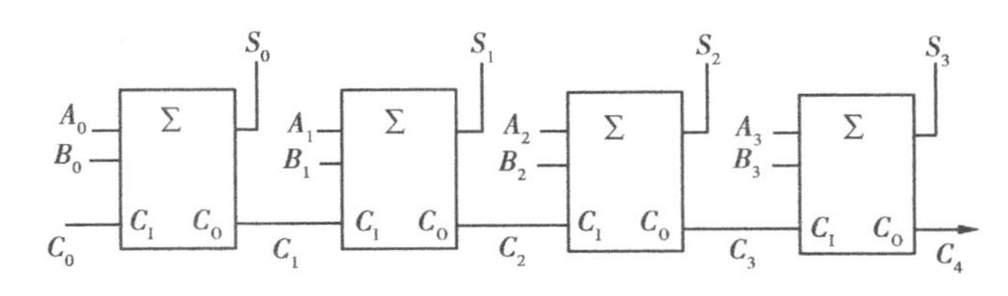

图 3.10　4 位串行进位加法器

从进位信号的表达式入手。为了加快运算速度，人们把进位信号的表达式进行整理，从而将串行进位改成超前进位，或称为快速进位。超前进位就是每一位全加器的进位信号直接由并行输入的被加数、加数以及外部输入进位信号 C_i 同时决定，不再需要逐级等待低位送来的进位信号。用超前进位方式构成的加法器叫超前进位加法器。图 3.11 所示为 74LS83 的 4 位二进制超前进位加法器的逻辑符号。74LS83 芯片的进位输入端 C_I 和进位输出端 C_O 主要用来扩大加法器的字长，作为芯片之间串行进位之用。例如，取两片 74LS83（一片作为低 4 位片用，另一片作为高 4 位片用），将低位片的 C_I 端接地，同时将低位片的 C_O 端接到高位片的 C_I 端，就扩展成 8 位并行加法器。

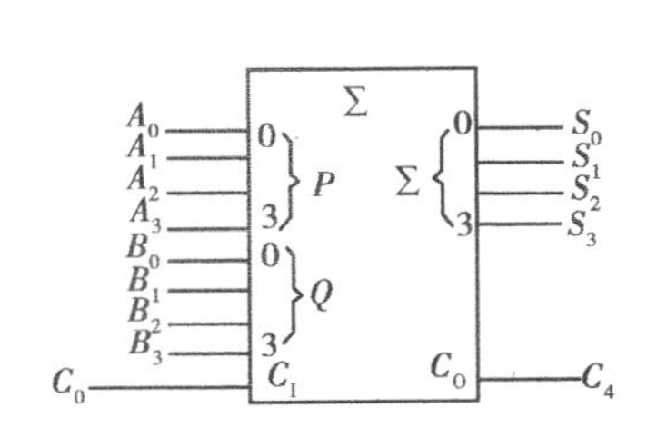

图 3.11　74LS83 的逻辑符号

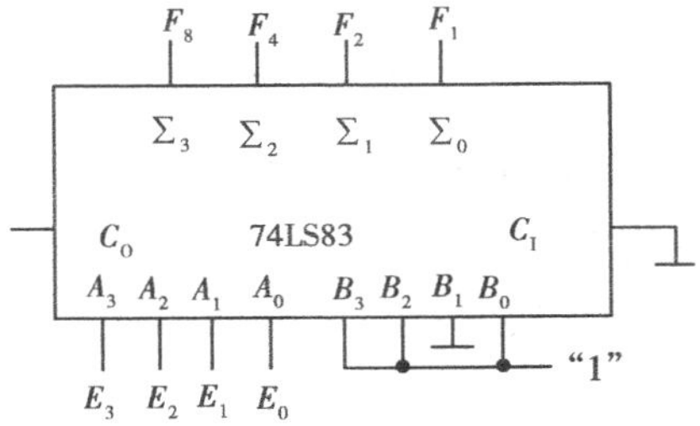

图 3.12　例 3.6 逻辑电路图

(3) 全加器应用举例

例 3.6　试用四位加法器完成余 3 码到 8421 码的转换。

解： 对于一个十进制数，余 3 码比相应的 8421 码多 3，所以要实现余 3 码到 8421 码的转换，只要将余 3 码减去 3(0011) 即可。例：十进制的“9”用 8421 码表示为“1001”，而用余 3 码表示则为“1001 - 0011 = 0110”。为了用加法器实现减法运算，减数应变成补数（即 0011→

1101）。设余3码的变量为$E_3E_2E_1E_0$，8421码输出为$F_8F_4F_2F_1$，在4位全加器的$A_3 \sim A_0$接上余3码，$B_3 \sim B_0$接上固定代码1101（（-3）补码为“1101”），就能把余3码转换成8421码，其逻辑图如图3.12所示。

3.2.2 编码器

（1）编码器概述

数字系统只能处理二进制信息，而人们习惯采用的是十进制数。因此，需要一种电路，将人们熟悉的十进制数或字符转换成二进制代码，这种电路称为“编码器”。

一般编码器有M个输入端、N个输出端，在任意时刻只有一个输入端为1，其余均为0（或者反过来，只有一个输入端为0，其余均为1）。而N个输出则构成与该输入相对应的码字。

编码器通常有功能表（真值表）、逻辑电路图、逻辑表达式和波形图等表示方法，它们之间可以相互转换。

下面按照组合电路的设计步骤举例说明简单编码器的设计方法。

例3.7 要求设计一个如表3.7编码表所示的编码电路。

表3.7 编码表

输入				输出	
A	B	C	D	F_1	F_2
0	0	0	1	0	0
0	0	1	0	0	1
0	1	0	0	1	0
1	0	0	0	1	1

解： 分析表3.7可知，所要设计的编码器的输入信号是互相排斥的，即任意时刻只允许一个输入信号有效，输出只对这个信号进行编码。

设4个输入端A、B、C、D是4个按键，则每次只允许一个按键按下。当D键按下时（设键按下用“1”表示），编码器输出相对应的二进制为00；当C键按下时，编码器输出相对应的二进制为01；依此类推。

由表3.7编码表（真值表）可写出两个输出端F_1、F_2的表达式：

$$F_1 = A + B$$

$$F_2 = A + C$$

由表达式可画出逻辑电路图。见图3.13所示。

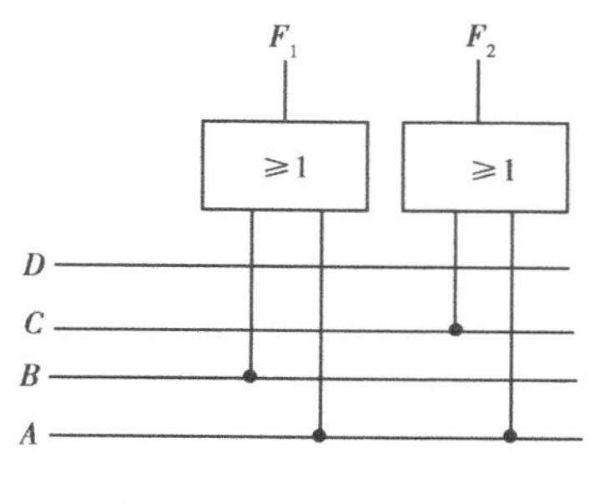

图3.13 4-2线编码器

由于该编码器有4个输入端，2个输出端，故称为4-2线编码器。但这类编码器因存在任意时刻只允许一个输入信号有效的约束，使用起来不方便。

还有一类编码器，在同一时刻允许多个有效信号输入，输出只对优先级别最高的信号进行编码，这类编码器称为优先编码器，使用起来很方便。常用的中规模集成编码器均为优先编码器。

（2）二进制优先编码器

用n位二进制代码对2^n个信号进行编码的电路为二进制编码器，下面以74148集成电路编码器为例，介绍二进制编码器。

74148是8-3线优先编码器，常用于优先中断系统和键盘编码。图3.14(a)为8输入优先权编码器74148的外引脚排列，图3.14(b)是该电路的逻辑符号。表3.8是优先编码器74148的功能表。由于是优先编码，所以允许多个输入端同时有效，但只对其中优先级别最高的有效输入信号编码，对级别较低的信号不响应。

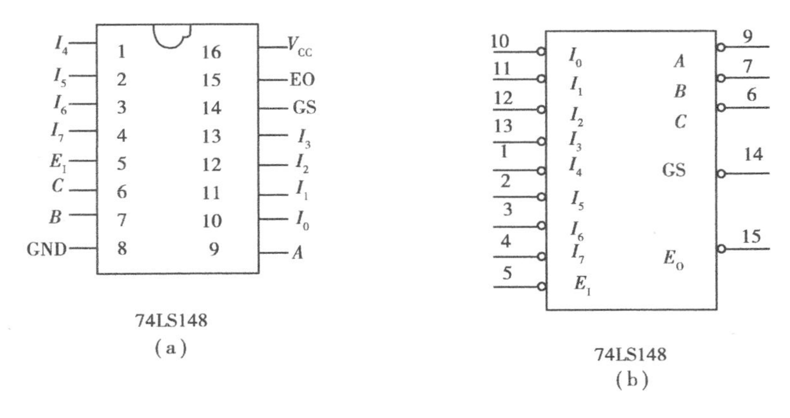

图 3.14　优先编码器 74LS148

(a)74LS148 外引脚排列　(b)74LS148 逻辑符号

表 3.8　74LS148 功能表

输　入									输　出				
E_I	I_0	I_1	I_2	I_3	I_4	I_5	I_6	I_7	C	B	A	GS	E_O
1	×	×	×	×	×	×	×	×	1	1	1	1	1
0	1	1	1	1	1	1	1	1	1	1	1	1	0
0	×	×	×	×	×	×	×	0	0	0	0	0	1
0	×	×	×	×	×	×	0	1	0	0	1	0	1
0	×	×	×	×	×	0	1	1	0	1	0	0	1
0	×	×	×	×	0	1	1	1	0	1	1	0	1
0	×	×	×	0	1	1	1	1	1	0	0	0	1
0	×	×	0	1	1	1	1	1	1	0	1	0	1
0	×	0	1	1	1	1	1	1	1	1	0	0	1
0	0	1	1	1	1	1	1	1	1	1	1	0	1

从表 3.8 中可看出该功能模块的功能和使用有以下几个特点：

①输入 $I_0 \sim I_7$ 和输出线 CBA。它们都是低电平 0 信号有效，在符号中常用“小圈”或“小三角”表示(见图 3.15 (b))。

②输出有效标志 GS。

GS =1 时，表示编码器输出无效。

GS =0 时，编码器输出有效。

如表 3.8 的第 1 行、第 2 行和最后 1 行，输出状态 CBA 都是 111，但由 GS 指明最后一行表示输入线 0 有效，而第 1 行和第 2 行表示输出无效。

③使能输入 E_I 和使能输出 E_O。

当 $E_I=1$ 时，不管输入 $I_0 \sim I_7$ 为何值，3 个输出 CBA 均为 1，无效，即禁止模块工作。

当 $E_I=0$ 时，允许模块工作。

E_O 为扩展电路用。当输入超过 8 线而小于 16 线时，可用 2 片 74148，E_I 和 E_O 的连线如图 3.15 示：

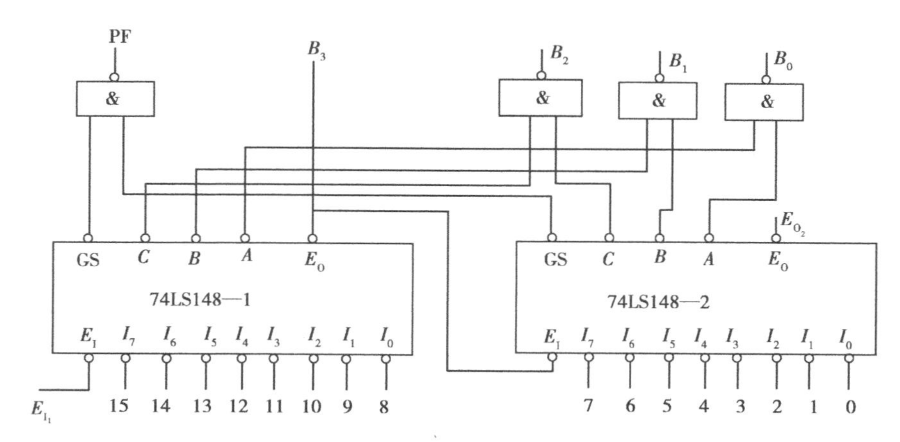

图 3.15　2 片 74LS148 的扩展应用

说明：只要本模块工作，其 E_O 就为 1。所以当高 8 位的芯片（图 3.15 中的第 1 片芯片）工作时，其 E_O 必为 1，从而禁止了低 8 位的芯片（图 3.15 中的第 2 片芯片）工作。或者说，高 8 位芯片优先权最低的输入会比低 8 位芯片中所有输入的优先权都高。

在图 3.15 中，当输入数据线 8 ~ 15 均无输入（均为 1）时，其 $E_O=0$，它作为输出 $B_3\sim B_0$ 中的高位，使四位输出中的最高位 B_3 为 0，同时又使低 8 位芯片的 $E_I=0$，允许低 8 位芯片工作。当低 8 位芯片的输入数据线 $I_0\sim I_7$ 中有一个为低电平时，其输出经反相器作为 $B_3\sim B_0$ 中的低 3 位。

如数据输入线 8 ~ 15 中有一个为低电平，使能输出 $E_O=1$，它作为四位输出 $B_3\sim B_0$ 的最高位，使四位输出中的最高位 B_3 为 1，其输出经反相器作为 $B_3\sim B_0$ 中的低 3 位。由于高 8 位芯片的 $E_O=1$，使低 8 位芯片的 $E_I=1$，禁止低 8 位芯片工作。PF 作为整个电路的输出有效标志位，高电平有效。

3.2.3　译码器

(1) 译码器概述

译码器为编码器的逆过程。译码器的功能就是把二进制代码的特定含义“翻译”出来，即将每个输入的二进制代码译成对应的高、低电平信号，以表示它的特定含义。当译码器在规定的二进制序列中选择出希望的输出时，称为“译中”（或“选中”）。

在数字系统中，处理的是二进制代码，但人们习惯用十进制，故常常需要将二进制代码翻译成十进制数或字符，并通过显示器件显示出来。这类译码器广泛使用于各种数字仪表中。在计算机中普遍将二进制译码器作为地址译码器、指令译码器用。在通信设备中通常用译码器构成多路分配器、规则码发生器等电路。

译码器为多端输入、多端输出的组合电路，它可将 n 个输入的各种代码翻译成 m 个输出，其中，m、n 为整数。n 个输入端具有 2^n 个不同组合状态，数出线数目最多只有 2^n 条。当 $m=2^n$ 时，称为“完全译码”，即每一个输出函数都对应于 n 个输入变量的一个最小项。当 $m<2^n$ 时，称为“不完全译码”。对于输入的某一组代码，若只有相应的一条输出线为高电平，其余的

输出线均为低电平，称为输出“1”电平有效，或成译中输出为“1”。也有的译码器设计成只有相应的一条输出线为低电平，其余的输出线为高电平，则称译中输出为“0”。

译码器通常有功能表(真值表)、逻辑电路图、逻辑表达式和波形图等表示方法，它们之间可以相互转换。

下面按照组合电路的设计步骤举例说明简单的两位二进制代码译码器的设计方法。

设：两位二进制代码译码器的真值表如表3.9所示，该译码器的输入是2位二进制代码A、B，输出时与代码相对应的4个信号$Y_3Y_2Y_1Y_0$。

由该表可知，每一组输入代码，对应着一个确定的输出信号。

表3.9　2位二进制译码器的真值表

输入		输出			
A	B	Y_3	Y_2	Y_1	Y_0
0	0	0	0	0	1
0	1	0	0	1	0
1	0	0	1	0	0
1	1	1	0	0	0

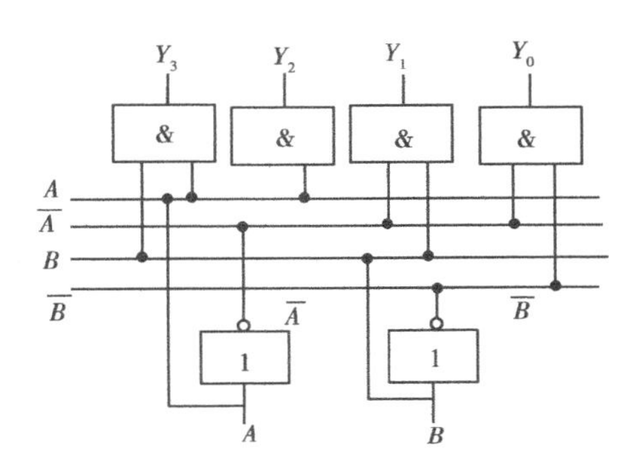

图3.16　2位二进制译码器逻辑图

由表3.9所示真值表可得4个输出表达式：

$$Y_3 = AB$$
$$Y_2 = A\overline{B}$$
$$Y_1 = \overline{A}B$$
$$Y_0 = \overline{A}\,\overline{B}$$

根据输出表达式，可画出由门电路组成的译码器逻辑图，如图3.16所示。该译码器有2个输入端，4个输出端，故又常称为2线-4线译码器。

实际应用中最常用的是集成电路译码器，这也是本节的重点。

(2)二进制译码器

将二进制数翻译为相应的控制信号或二-十进制代码的电路称为二进制译码器。常用的完全译码二进制的中规模集成译码器有74LS139(双2线-4线译码器)、74LS138(3线-8线译码器)和74HC154(4线-16线译码器)等。

74LS139是在一个封装内包含2个独立的2线-4线译码器。该译码器用“与非”门组成，因此“译中”输出为“0”电平有效，其真值表见表3.9。

该译码器具有“使能”端S，由表3.10可见，当$S=0$时，译码器正常译码；当$S=1$时，输出全为1，译码器处于禁止状态，不能工作。由于在$S=0$时电路正常工作，故称S为低电平“使能”。

下面以常用的74LS138为例，讨论二进制译码器。该译码器有3个二进制输入端C、B、A和8个与输入的二进制值相对应的输出端$Y_0 \sim Y_7$，故称为3线-8线译码器。其功能表如表3.11所示。

表 3.10　74LS139 的真值表

输　入			输　出			
S	A_1	A_0	Y_3	Y_2	Y_1	Y_0
1	×	×	1	1	1	1
0	0	0	1	1	1	0
0	0	1	1	1	0	1
0	1	0	1	0	1	1
0	1	1	0	1	1	1

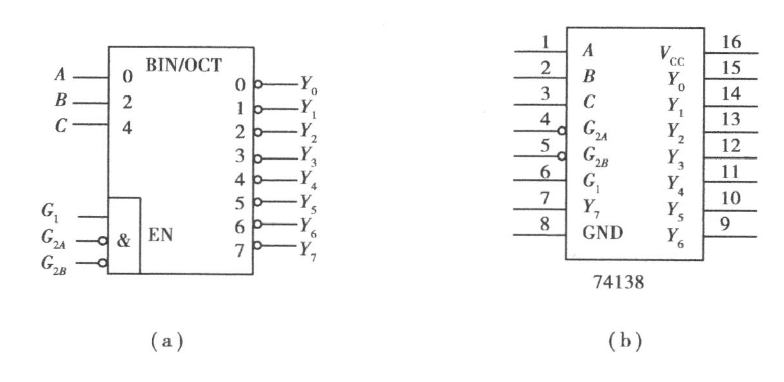

图 3.17　3 线-8 线译码器 74LS138

(a)74LS138 逻辑符号　(b)74LS138 外引脚排列

图 3.17(a)是型号 74LS138 的 3～8 译码器逻辑符号,图 3.17(b)是它的外引脚排列。

图 3.17 中 G_1、G_{2A}、G_{2B}是译码器的三个使能端,只有当 $G_1=1$、$G_{2A}=G_{2B}=0$ 时,译码器才工作,74LS138 的真值表见表 3.11。

表 3.11　74LS138 的真值表

G_1	G_{2A}	G_{2B}	C	B	A	Y_0	Y_1	Y_2	Y_3	Y_4	Y_5	Y_6	Y_7
0	×	×	×	×	×	1	1	1	1	1	1	1	1
×	1	1	×	×	×	1	1	1	1	1	1	1	1
1	0	0	0	0	0	0	1	1	1	1	1	1	1
1	0	0	0	0	1	1	0	1	1	1	1	1	1
1	0	0	0	1	0	1	1	0	1	1	1	1	1
1	0	0	0	1	1	1	1	1	0	1	1	1	1
1	0	0	1	0	0	1	1	1	1	0	1	1	1
1	0	0	1	0	1	1	1	1	1	1	0	1	1
1	0	0	1	1	0	1	1	1	1	1	1	0	1
1	0	0	1	1	1	1	1	1	1	1	1	1	0

表中第 1 行和第 2 行都是使能端条件不满足的情况,因此不管输入 C、B、C 为何值,输出

$Y_0 \sim Y_7$均为高电平无效信号。只有 G_1为 1，G_{2A}、G_{2B}均为 0 译码器才工作。

当 $CBA=000$ 时，$Y_0=0$ 输出有效。当 $CBA=011$ 时，$Y_3=0$ 输出有效，依此类推。根据真值表，当使能端有效时，可写出译码器各输出线的表达式：

$$\overline{Y_0} = \overline{C}\cdot\overline{B}\cdot\overline{C} \qquad Y_0 = \overline{\overline{C}\,\overline{B}\,\overline{A}} = \overline{m_0}$$

$$\overline{Y_1} = \overline{C}\cdot\overline{B}\cdot A \qquad Y_1 = \overline{\overline{C}\,\overline{B}A} = \overline{m_1}$$

$$\vdots \qquad\qquad \vdots$$

$$\overline{Y_7} = C\cdot B\cdot A \qquad Y_7 = \overline{CBA} = \overline{m_7}$$

不难看出，每一个输出端对应了一个最小项。即根据输入线 C、B、A 代码的取值组合，使输出中只有一个为低电平。

如果仅仅为了控制译码器是否工作，一个使能端就够了。而 74LS138 设置了三个使能端，除了更有效地控制译码器是否工作外，还可以扩展输入变量数，扩大译码器的使用范围。

例 3.8　用两片 3 ~ 8 译码器构成 4 ~ 16 译码器，电路见图 3.18。

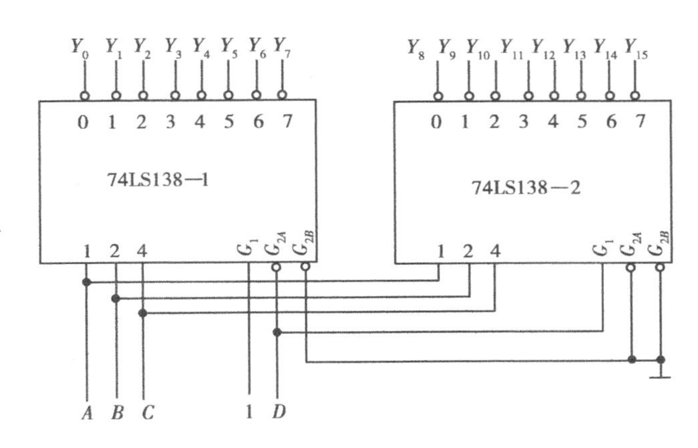

图 3.18　74LS138 的扩展应用

图中 D 为最高位，A 为最低位。当 $D=0$、输入为 0 ~ 7 时，选中第 1 片 74LS138。当 $D=1$ 时，选中第二片 74LS138。

对 n 变量的输入，共有 2^n个最小项，因此具有 m 个输出的译码器，当 $m=2^n$时称为完全译码器，74LS138 为完全译码器，在微机系统中常用作存储器或 I/O 接口芯片的地址译码器。输入 CBA 可认为是地址码，而输出 $Y_0 \sim Y_7$可看做 8 个不同的地址线。

例 3.9　用 74LS138 译码器作数据分配器，可以得到数据的原码或反码输出两种选择。

解：　将译码输入 CBA 改作地址码输入 $X_2X_1X_0$，加到译码器输入端 CBA，而数据 D 加到使能控制端 G_1（G_{2A}、G_{2B}接地）。则可根据 $X_2 \sim X_0$的取值，在相应的输出端 Y_i 得到数据的反码（$D=1$，则 $Y_i=0$；$D=0$，则 $Y_i=1$）。

例如：要将输入信号分配到 Y_2输出端，只要将地址码 $X_2X_1X_0$取为 010 即可。依此类推，只要改变地址码，就可以把输入信号分配到任何一个输出端输出，接线图见图 3.19(a)。

若将数据 D 加到 G_{2A}、G_{2B}中的一个，且 $G_1=1$，则在相应的输出端 Y_i得到的是数据的原码输出（$D=1$，则 $Y_i=1$；$D=0$，则 $Y_i=0$）。接线图见图 3.19(b)。

译码器的用途很广，由于它的每个输出端都与某一最小项相对应，只要加以适当的门电路就可以利用它实现组合逻辑函数。

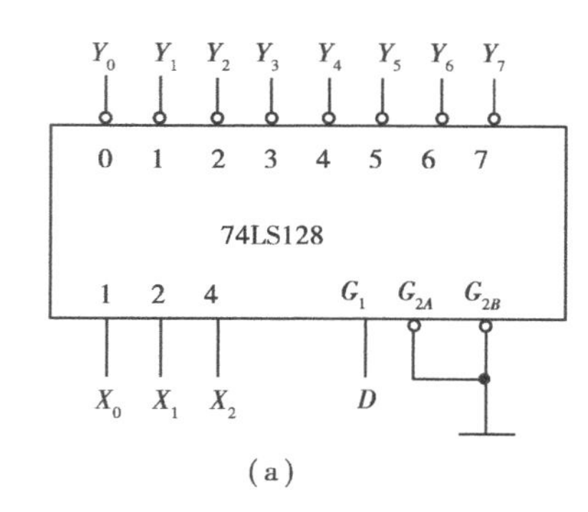

(a)

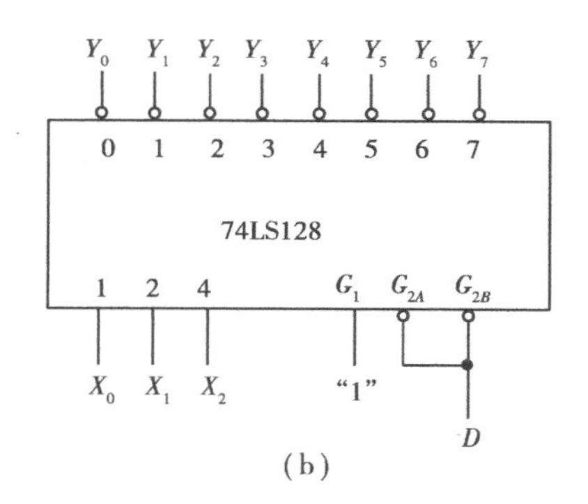

(b)

图 3.19　例 3.8 接线图

(a)反码输出接线图　(b)原码输出接线图

例 3.10　用 3 线-8 线译码器 74LS138 加少量门电路实现组合逻辑函数：

$$F(A,B,C) = \sum(1,3,5,6,7)$$

解： 此表达式的含义是：当 3 个输入端 A、B、C 的输入组合状态为 $\overline{A}\,\overline{B}\,C$、$\overline{A}BC$、$A\overline{B}C$、$AB\overline{C}$ 或 ABC 中的任何一种出现时，输出 $F=1$。而其余 3 种组态中的任何一种在输入端出现时，输出 $F=0$。

电路实现的方法有 2 种：

方法 1：由于译码器的特点，每个输出端都与某一最小项相对应，且 74LS138 输出为低电平有效（即 $Y_0=\overline{m_0}, Y_1=\overline{m_1}\cdots, Y_7=\overline{m_7}$），则可将上式转换成：

$$F = m_1+m_3+m_5+m_6+m_7 = \overline{\overline{m_1+m_3+m_5+m_6+m_7}}$$
$$= \overline{\overline{m_1}\,\overline{m_3}\,\overline{m_5}\,\overline{m_6}\,\overline{m_7}} = \overline{Y_1Y_3Y_5Y_6Y_7}$$

根据表达式，将 74LS138 的输出 Y_1, Y_3, Y_5, Y_6, Y_7 经一个 5 输入的与非门后实现，逻辑电路如图 3.20 所示。

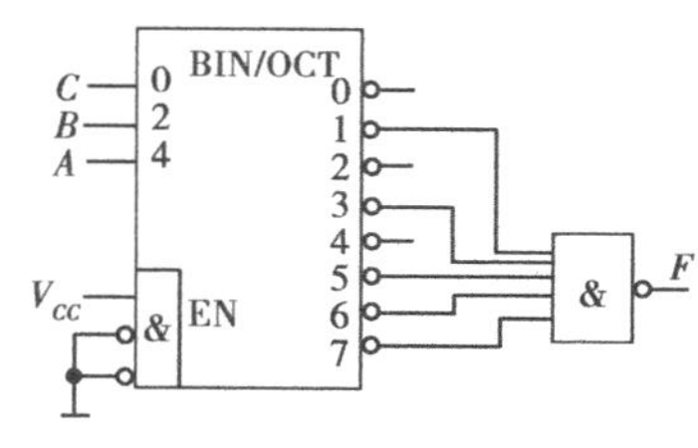

图 3.20　例 3.9 接线图

方法 2：列出 $F=0$ 的最小相表达式，即

$\overline{F}=m_0+m_2+m_4$　得

$$F = \overline{m_0+m_2+m_4} = \overline{m_0}\cdot\overline{m_2}\cdot\overline{m_4} = Y_0Y_2Y_4$$

即将 Y_0、Y_2、Y_4 3 个输出拉出作为一个 3 输入端与门的输入，经这个与门后的输出即为逻辑函数 F 的值。

在译码器的应用中，利用译码器实现组合逻辑函数时，往往需要外加与非门或与门等门电路，而且不能充分发挥译码器的功能，因而这种应用不是很广泛。

(3)七段显示译码器

在数字系统中常要将测量或处理的结果直接显示成十进制数字。因此，首先将以二进制码表示的结果送译码器译码，用它的输出去驱动显示器件，由于显示器件的工作方式不同，对译码器的要求就不同，译码器的电路也不同。

常用的显示器件有多种形式，这里只介绍七段显示器件。目前常用的七段显示器件有发光二极管（LED）和液晶显示器件（LCD），本节主要以 LED 数码管作为显示器件。

LED 数码管是由 7 个发光二极管（若加小数点则为 8 个）组成。

七段 LED 数码管有共阴极和共阳极两种结构。共阴极 LED 数码管的 7 个发光二极管的阴极连接在一起接地，另外七个阳极分别经由七个管脚(a,b,c,d,e,f,g)引出(参见图 3.21)。对共阴极 LED 数码管要求配用共阴极译码/驱动器，译码/驱动器的 7 个输出端分别接到数码管的 7 个管脚(a,b,c,d,e,f,g)上。共阴极 LED 数码管的管脚图所示，图形符号如图 3.21(a)所示。如 LED 显示器是共阴极的，只有当相应的阳极段为高电平时，该段才会发光，显然，这时要求译码器有效输出为高电平。

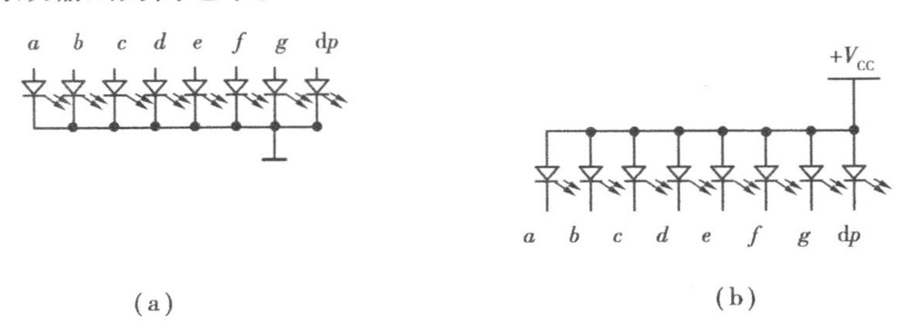

图 3.21　LED 数码管

(a)共阴极　(b)共阳极

共阳极 LED 数码管的结构是 7 个发光二极管的阳极连接在一起接电源，另外 7 个阴极分别经由 7 个管脚(a,b,c,d,e,f,g)引出(参见图 3.21(b))，对共阳极 LED 数码管要求配用共阳极译码/驱动器。如 LED 显示器是共阳极的，只有当相应的阴极段为低电平时，该段才会发光。显然，这时要求译码器的有效输出为低电平。

小型数码管的每段发光二极管的正向电压，随显示光的颜色和亮度的不同而略有差异，通常约为 2 V，点亮电流在 5 ~ 10 mA。

七段显示译码器与显示器件间的连接见图 3.23 所示：

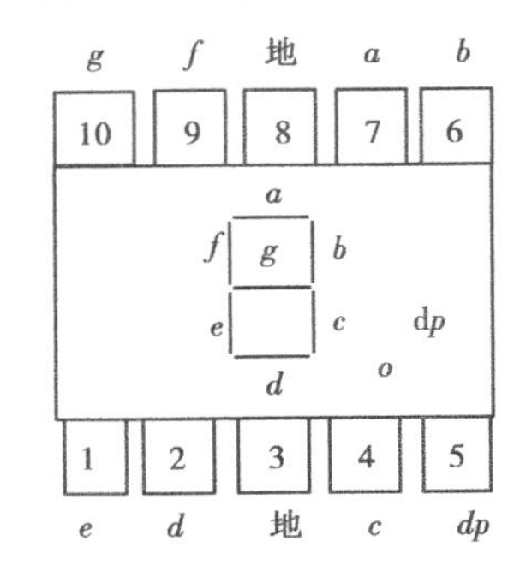

图 3.22　共阴极数码管引脚

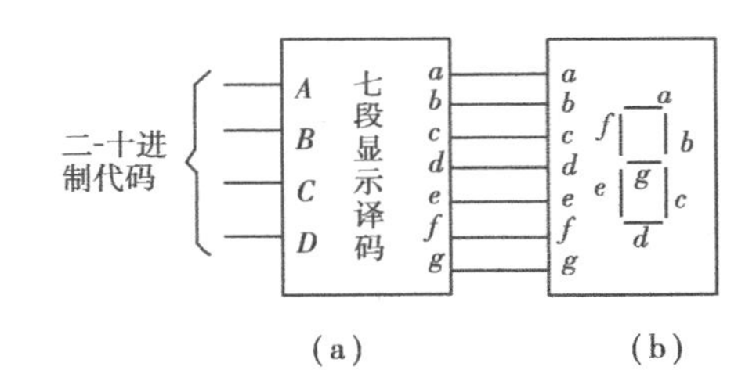

图 3.23　七段显示译码器与显示器接线图

(a)译码器　(b)七段显示器

适用于七段字形的共阴极显示管的译码器集成电路有 74LS48、74LS49，适用于共阳极显示管的译码器有 SN7447、74LS47 等型号。

在图 3.24 和表 3.12 中，*DCBA* 是 8421 *BCD* 码的输入信号，高电平输入有效。$a \sim g$ 是译码器的 7 个输出，低电平输出有效，因此适合作为共阳极 LED 七段数码管译码/驱动。

除了输入、输出端外，7447 还有一些辅助控制端：

BI/RBO：双重功能端，可作为输入信号又可作为输出信号。作为输入信号时是熄灭信号，输入 BI。当 BI 为低电平时(有效)，输出 $a \sim g$ 均为高电平，使七段全黑(不显示)；当它作为输出端时，是灭零输出信号$\overline{\text{RBO}}$。当本位已灭零，则$\overline{\text{RBO}}$输出为 0。

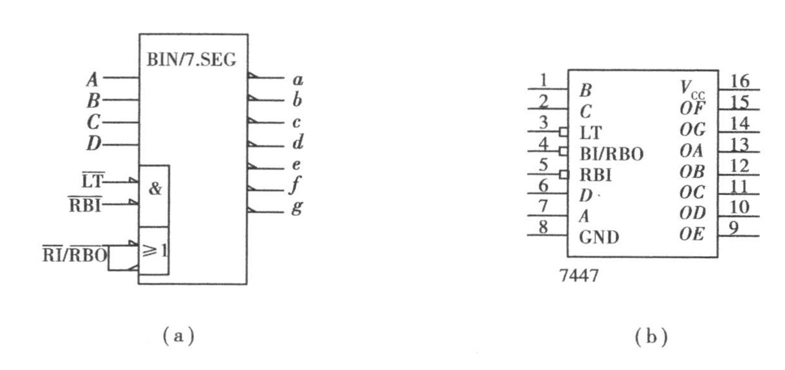

图 3.24　显示译码 74LS47

(a)74LS47 符号　(b)74LS47 引脚图

$\overline{\text{LT}}$:试灯信号输入。当该端加低电平,$\overline{\text{BI}}=1$ 时,各段应全亮,否则说明显示器件有故障。正常运行时,$\overline{\text{LT}}$应处于高电平。

表 3.12　74LS47 七段显示译码器功能表

$\overline{\text{LT}}$	$\overline{\text{RBI}}$	$\overline{\text{BI}}/\overline{\text{RBO}}$	D	C	B	A	a	b	c	d	e	f	g	说　明
0	×	1	×	×	×	×	0	0	0	0	0	0	0	试　灯
×	×	0	×	×	×	×	1	1	1	1	1	1	1	熄　灭
1	0	0	0	0	0	0	1	1	1	1	1	1	1	灭 0
1	1	1	0	0	0	0	0	0	0	0	0	0	1	显示 0
1	×	1	0	0	0	1	1	0	0	1	1	1	1	1
1	×	1	0	0	1	0	0	0	1	0	0	1	0	2
1	×	1	0	0	1	1	0	0	0	0	1	1	0	3
1	×	1	0	1	0	0	1	0	0	1	1	0	0	4
1	×	1	0	1	0	1	0	1	0	0	1	0	0	5
1	×	1	0	1	1	0	1	1	0	0	0	0	0	6
1	×	1	0	1	1	1	0	0	0	1	1	1	1	7
1	×	1	1	0	0	0	0	0	0	0	0	0	0	8
1	×	1	1	0	0	1	0	0	0	1	1	0	0	9

$\overline{\text{RBI}}$:灭零输入信号。用来熄灭不需要显示的 0,对其他数字不起熄灭作用。

当该端加低电平时,如输入 $DCBA=0000$,则输出不显示任何数字(灭 0),并使$\overline{\text{RBO}}=0$;如 $DCBA\neq0000$ 时,则照常显示,$\overline{\text{RBO}}=1$。在多位数显示系统中,它可将有效数字前后多余的 0 熄灭,既便于读数又可减少功耗。

将$\overline{\text{RBO}}$和$\overline{\text{RBI}}$配合使用很容易实现多位数码显示的灭零控制。当本位的$\overline{\text{RBI}}=0$,输入信号 $DCBA=0000$ 时,则$\overline{\text{RBO}}$输出为 0。将此信号送下一位的$\overline{\text{RBI}}$端,使下一位的$\overline{\text{RBI}}=0$。如下

一位输入信号 $DCBA$ 也为0000时,则在$\overline{RBO}$控制下,下一位也灭零。但如果上一位的输入信号 $DCBA$ 不为全零,其$\overline{RBO}\neq 0$,则本位即使输入为0,也不会消隐,而仍显示0,即本位的灭零是以前位灭零为先决条件的。

3.2.4　数据选择器

(1)数据选择器的结构和功能

数据选择器又名多路选择器,简称 MUX。其功能是能从多个数据输入通道中,按要求选择其中一个通道的数据传送到输出通道中,其功能类似于图3.25所示的单刀多掷开关。常见的数据选择器有4选1、8选1、16选1等。

数据选择器除用于多路时间分隔外,还用来产生复杂的函数。

74LS153为双四选一数据选择器。图3.26(a)为4选1数据选择器的简化框图,图3.26(b)为4选1数据选择器的符号,表3.13为4选1数据选择器功能表。

表3.13　4选1数据选择器功能表

S	A_1　A_0	$D_{0\sim3}$	Y
0	0　0	X	D_0
0	0　1	$D_0\sim D_3$	D_1
0	1　0	$D_0\sim D_3$	D_2
0	1　1	$D_0\sim D_3$	D_3
1	×　×	$D_0\sim D_3$	0

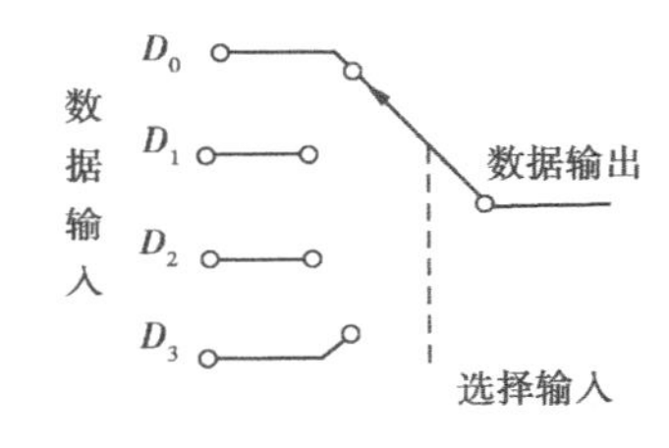

图3.25　多路选择器的功能

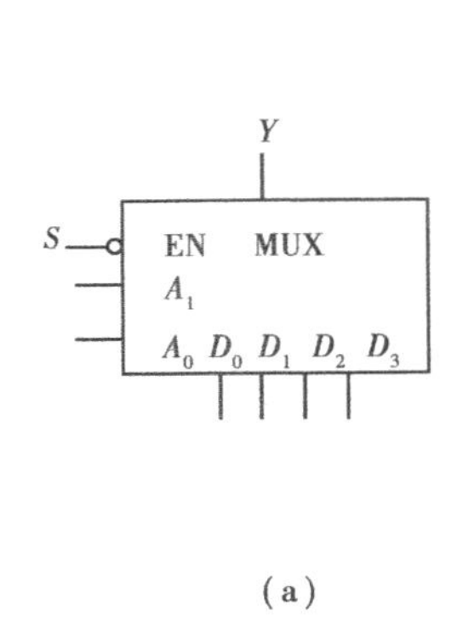

(a)

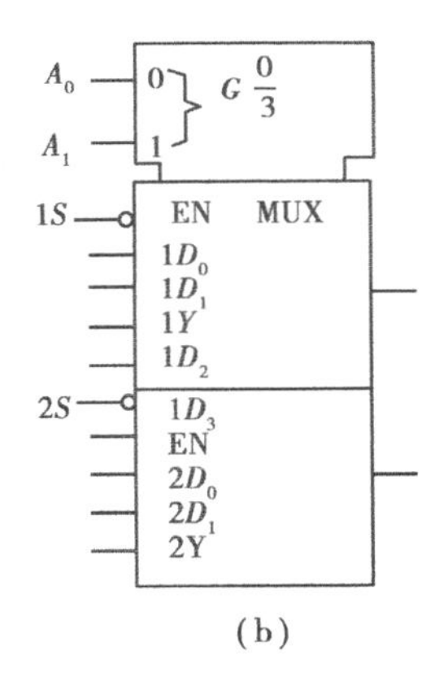

(b)

图3.26　双4选1数据选择器74LS153

(a)4选1简化框图　(b)逻辑符号

图中:$D_0\sim D_3$为数据输入端,A_1A_0是地址输入端,S是使能端。对于不同的地址输入可选择 $D_0\sim D_3$中的一个至输出 Y。

当 $S=0$ 时:由上表可得表达式

$$Y=(\overline{A}_1\overline{A}_0)D_0+(\overline{A}_1A_0)D_1+(A_1\overline{A}_0)D_2+(A_1A_0)D_3$$

Y 的表达式很类似于与或表达式的最小项形式。

74LS151是常用的8选1数据选择器。它有8个数据输入端,3个地址码输入端,2个输出端能分别得到原码和反码两种输出信号。S 为低电平使能端,即$S=0$时,数选器正常工作;

表 3.14　74LS151 的真值表

输　入				输　出	
A_2	A_1	A_0	S	Y	$\overline{Y}$
×	×	×	1	1	0
0	0	0	0	D_0	$\overline{D_0}$
0	0	1	0	D_1	$\overline{D_1}$
0	1	0	0	D_2	$\overline{D_2}$
0	1	1	0	D_3	$\overline{D_3}$
1	0	0	0	D_4	$\overline{D_4}$
1	0	1	0	D_5	$\overline{D_5}$
1	1	0	0	D_6	$\overline{D_6}$
1	1	1	0	D_7	$\overline{D_7}$

$S=1$ 时，数选器被封锁，其真值表见表 3.14。

(2)数据选择器的应用

1)数据选择器通道的扩展

例如用两块 4 选 1 数据选择器实现 8 选 1 功能，可以利用使能端来扩展(如图 3.27 所示)。

当 $A_2=0$ 时，选中第 1 块 4 选 1 数据选择器，根据 A_1、A_0 取值从 $D_0 \sim D_3$ 中输出一路数据；当 $A_2=1$ 时，第二块数据选择器工作，从 $D_4 \sim D_7$ 中输出一路数据。

2)实现组合逻辑

数据选择器的另一用途是代替小规模电路实现组合逻辑函数。一般 4 选 1 数据选择器可实现任何 3 变量组合函数，8 选 1 数据选择器可实现 4 变量组合函数等。

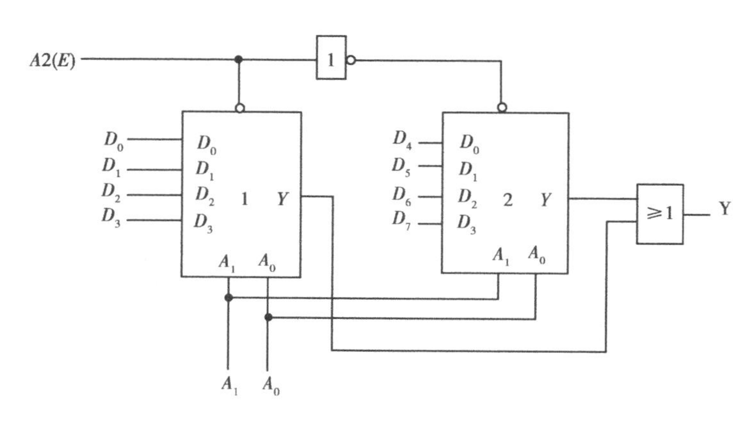

图 3.27　用使能端扩展通道数

例 3.11　用 4 选 1 实现函数：

$$F_1 = \overline{A}\,\overline{B}\,\overline{C} + \overline{A}BC + A\overline{B}C + AB\overline{C} + ABC$$

解：　函数整理后得：$F_1 = (\overline{A}\,\overline{B})\overline{C} + (\overline{A}B)C + (A\overline{B})C + (AB)\cdot 1$

设把输入变量 A、B 加到 4 选 1 数据选择器的地址输入 A_1、A_0，则 4 选 1 数据选择器的输出表达式 Y 与 F_1 函数相比较可发现：

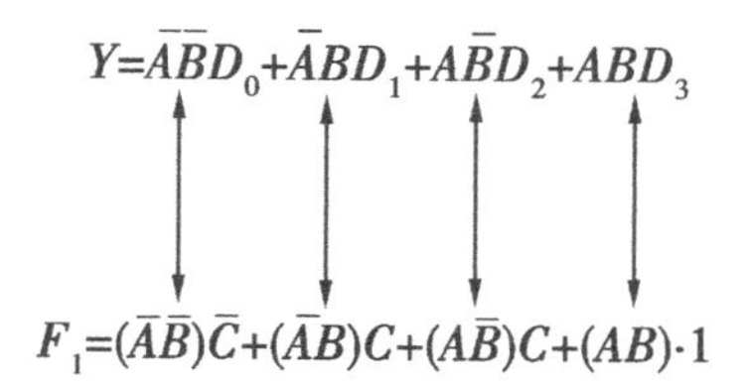

只要取 $D_0=\overline{C}$，$D_1=C$，$D_2=C$，$D_3=1$；则数据选择器的输出 Y 就是函数 F_1，电路连接如图 3.28 所示。

如实现任何 4 变量组合，要用 8 选 1 数据选择器，方法是把函数的 3 个输入变量加在地址码输入 $A_2A_1A_0$，函数的第 4 个变量则应根据代数比较的结果，加在 8 个数据输入端 $D_0 \sim D_7$。

例 3.12　用数选器实现函数：

$$F_2 = B\overline{C} + \overline{A}\,\overline{B}\,\overline{C}\,\overline{D} + A\overline{B}C\overline{D} + \overline{A}\,\overline{B}CD + A\overline{B}\,\overline{C}D$$

解：　因函数表达式 F_2 中由 4 个变量，故选用 8 选 1 数选器实现，首先将要实现的函数化成最小项表达式。即：

$$F_2 = \overline{A}\,\overline{B}\,\overline{C}\,\overline{D} + \overline{A}\,\overline{B}CD + \overline{A}B\overline{B}D + \overline{A}B\overline{C}\,\overline{D} + A\overline{BC}D + A\overline{B}C\overline{D} + AB\overline{C}\,\overline{D} + AB\overline{C}D$$

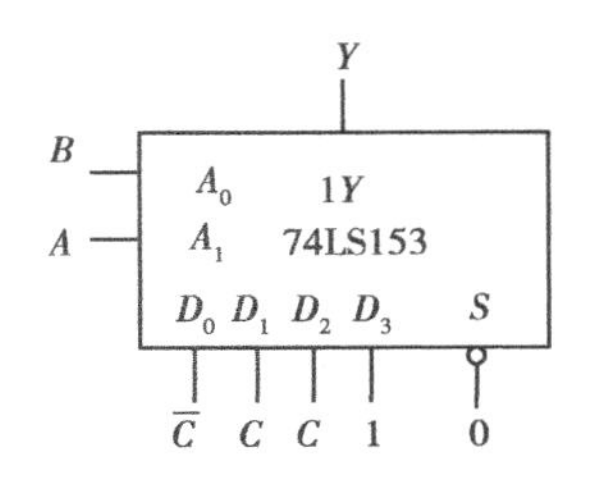

图 3.28　例 3.10 接线图

然后再进行代数比较：设 A,B,C 分别加在地址端，则根据 8 选 1 数据选择器输出的表达式，可列出一个对照表（如表 3.15 所示）。

根据表 3.15 可以知道 $D_0 \sim D_7$ 应该接什么变量就能实现函数 F_2 了，电路见图 3.29 所示。

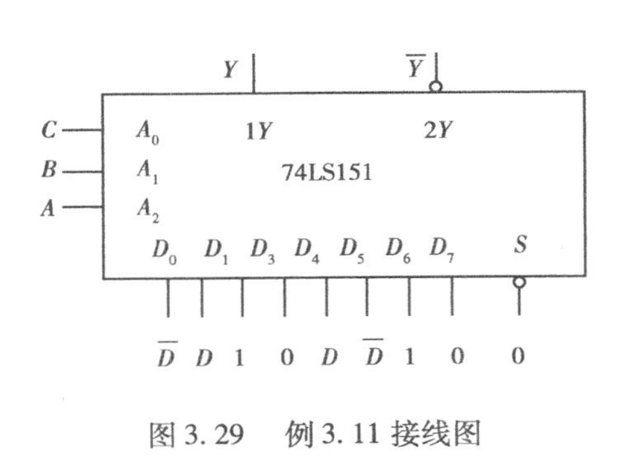

图 3.29　例 3.11 接线图

表 3.15　例 3 输入、输出对照表

地址端	对应的输入	函数 F_2 要求的变量
$\overline{A}\,\overline{B}\,\overline{C}$	D_0	$\overline{D}$
$\overline{A}\,\overline{B}C$	D_1	D
$\overline{A}B\overline{C}$	D_2	1
$\overline{A}BC$	D_3	0
$A\overline{B}\,\overline{C}$	D_4	D
$A\overline{B}C$	D_5	$\overline{D}$
$AB\overline{C}$	D_6	1
ABC	D_7	0

例 3.13　已知组合电路如图 3.30 所示，它是由双 4 选 1 数据选择器(74LS153)组成。试写出它的输出 F_1,F_2 的函数式。

解：　根据 4 选 1 数据选择器功能表可知：

$$F_1 = \overline{a}\,\overline{b}c + \overline{a}bd + a\overline{b} + abd$$

$$F_2 = \overline{a}\,\overline{b}c + \overline{a}b(\overline{c} + \overline{d}) + a\overline{b}c + abc$$

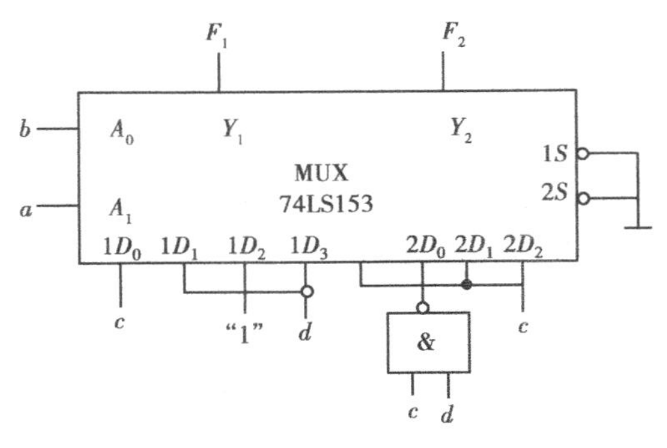

图 3.30　例 3.12 逻辑电路图

3）分时多路传送

用一条传输线传送多路信息，可以采用分时传送的方法。例如传送 4 路信息 A,B,C,D，可以将它们分别加到 4 选 1 数据选择器输入端 $D_0 \sim D_3$；地址输入 A_0 加时钟信号 C_0，A_1 加 2 分频时钟信号 C。这样在输出端 F 将分时得到信息 $A,B,C,D\cdots$，如图 3.31 所示。

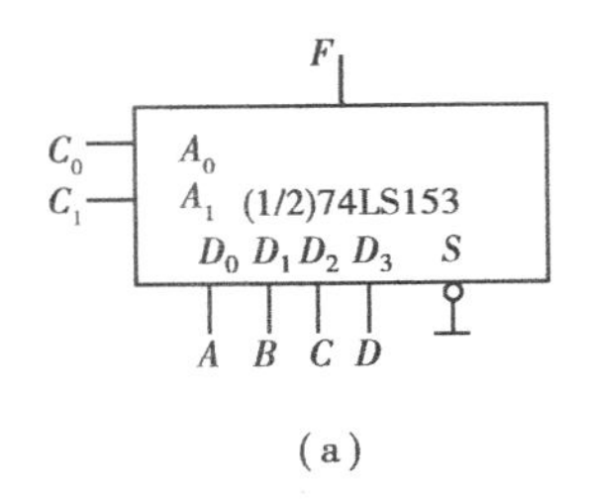

(a)

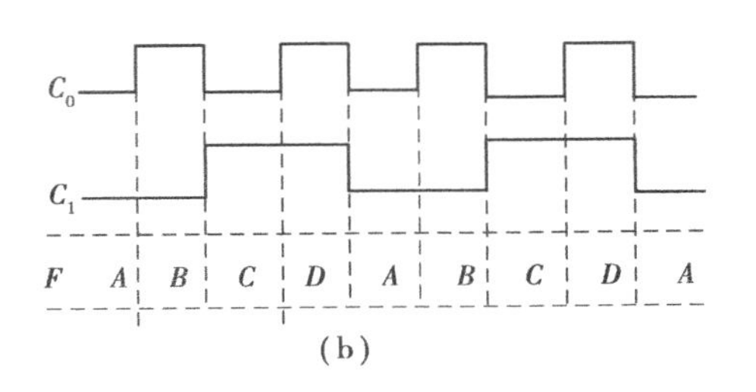

(b)

图 3.31　用一条输出线分时传输 4 路信息

有了分时传送的概念,我们也可以用数据选择器构成序列信号发生器。在数字系统中,常常需要一些周期性的不规则的序列信号作为控制信号。例如要重复产生 01101110 序列信号,参照上例,可以用 8 选 1 数据选择器产生。

方法:把序里信号 01101110 分别加在数据选择器的 D_0 ~ D_7端;地址输入 A_0 ~ A_2分别加时钟信号、2 分频时钟信号、4 分频时钟信号,则在数据选择器的输出 F 便可得到序列信号 01101110 …

4)数据分配器

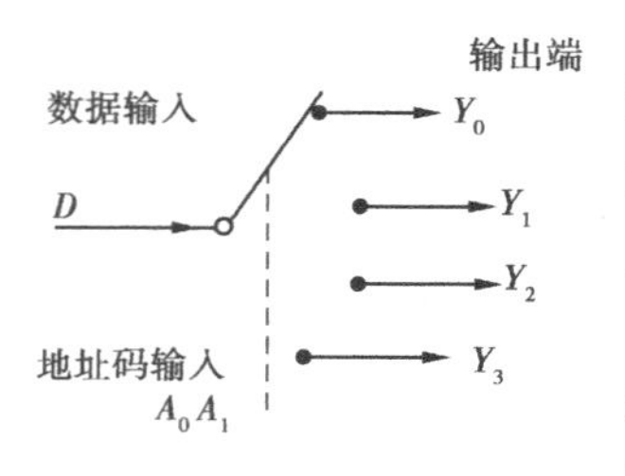

图 3.32 1-4 线数据分配器示意

将一路数据分配到多路的装置称为数据分配器,它的功能和数据选择器相反。数据分配器的作用,也可以形象地用单刀多掷开关表示,图 3.32 所示为“1 线-4 线”数据分配器相当于一个单刀 4 掷开关的示意图。

对“1 线-4 线”数据分配器,它有 1 个数据输入端 D,4 个输出端 Y_3,Y_2,Y_1,Y_0,2 个地址码输入端 A_1、A_0。根据地址码 A_1、A_0的不同组合,输入数据 D 被分配到了相应的输出端。当 $A_1A_0=00$ 时,数据 D 从通道 Y_0通过;当 $A_1A_0=01$ 时,数据 D 从通道 Y_1通过;其余依此类推。

表 3.16 为 1 线-4 线数据分配器的真值表。表中,输入数据 D 只有 2 种选择,不是 0 则为 1。

表 3.16 1 线-4 线数据分配器真值表

输入			输出			
A_1	A_0	D	Y_3	Y_2	Y_1	Y_0
0	0	D	0	0	0	D
0	1	D	0	0	D	0
1	0	D	0	D	0	0
1	1	D	D	0	0	0

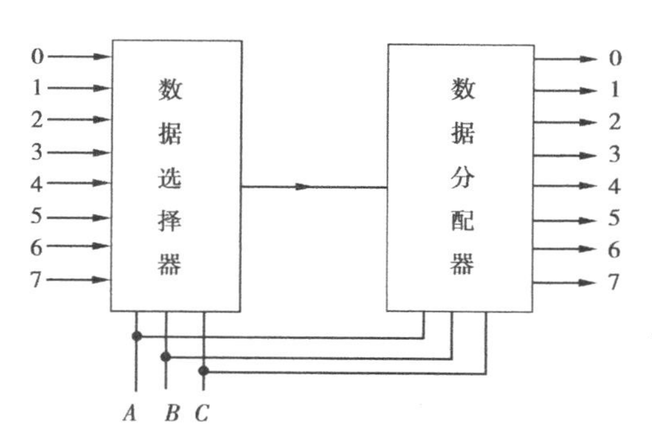

图 3.33 在一条线上传输多路信号

将表 3.16 的 1 线-4 线数据分配器的真值表与 2 线-4 线译码器的真值表 3.9 进行对照,即可发现两表具有相似的逻辑关系。因此,译码器可以改作数据分配器。只要将译码器输入 A_1、A_0改作地址输入,将使能端 S 改作数据输入 D 即可。因此,任何带使能端的译码器都可以作数据分配器使用。在前面译码器一节中例 3.8 就是将 3 线-8 线译码器 74LS138 作为数据分配器用的一个例子。由于带使能端的译码器都可作为数据分配器,所以工厂不专门生产数据分配器。

在许多信号的传输中,有时将数据选择器和数据分配器结合起来应用,以达到减少传输线数量的目的。如果要在一条线上传送多路信号,则可利用数据选择器和数据分配器的作用正好相反的特点,将它们配合使用。如按照图 3.33 所示的接线方式,在这根传输线的两端分别接以数据选择器和数据分配器,并在相同的地址输入的控制下即可实现。

3.2.5　数值比较器

在一些数字系统，特别是计算机中经常需要比较两个数字的大小或是否相等，为完成这一功能所设计的逻辑电路称为数值比较器。

首先让看两个一位数 A 和 B 相比较的情况，这时有 3 种情况：

① $A>B$：只有当 $A=1$、$B=0$ 时，语句 $A>B$ 才为真（即 $A\overline{B}=1$），可用与门来实现。

② $A<B$：只有当 $A=0$、$B=1$ 时，语句 $A<B$ 才为真（即 $\overline{A}B=1$），也可用与门实现。

③ $A=B$：只有当 $A=B=0$ 或 $A=B=1$ 时，$A=B$ 才为真（即 $A\odot B=1$），所以可用同门或异或非门来实现。

如果要比较两个多位数 A 和 B，则必须自高而低逐位比较。

下面讨论 4 位数值比较器 74LS85，其符号见图 3.34 示。

对两个 4 位数 $A=A_3A_2A_1A_0$，$B=B_3B_2B_1B_0$ 进行比较，结果有 3 种可能：即 $A>B$，$A<B$，$A=B$，分别用 $P_{A>B}$、$P_{A<B}$、$P_{A=B}$ 表示。比较时先从高位比较：

若 $A_3>B_3$，不论低位数大小如何，则 $A>B$；

$A_3<B_3$，不论低位数大小如何，则 $A<B$；

若 $A_3=B_3$，$A_2>B_2$，则 $A>B$；

$A_3=B_3$，$A_2<B_2$，则 $A<B$；

依此类推，得表 3.17 所示 4 位比较器功能表：表中输入 $A_3\sim A_0$ 和 $B_3\sim B_0$ 是要比较的两个 4 位二进制数。输入 $A>B$，$A<B$，$A=B$ 是低位比较的结果也叫做级联输入。当 $A_3\sim A_0$ 与 $B_3\sim B_0$ 4 位数码均相等时，要看级联输入（低位芯片）比较的结果。

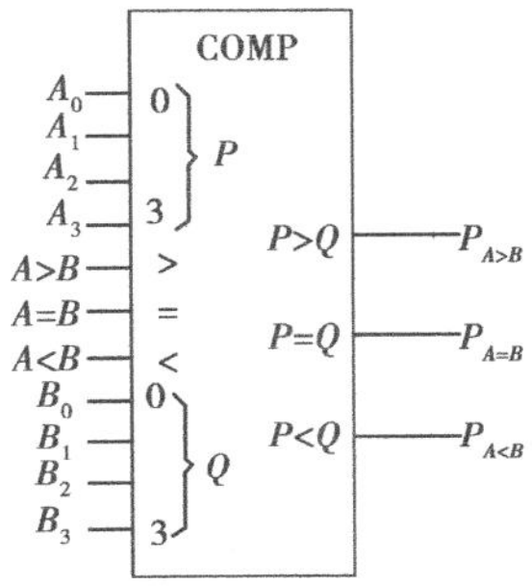

图 3.34　74LS85 逻辑符

表 3.17　四位比较器功能表

比较输入								级联输入			输出		
A_3	B_3	A_2	B_2	A_1	B_1	A_0	B_0	$A>B$	$A<B$	$A=B$	$P_{A>B}$	$P_{A<B}$	$P_{A=B}$
1	0	×	×	×	×	×	×	×	×	×	1	0	0
0	1	×	×	×	×	×	×	×	×	×	0	1	0
$A_3=B_3$		1	0	×	×	×	×	×	×	×	1	0	0
$A_3=B_3$		0	1	×	×	×	×	×	×	×	0	1	0
$A_3=B_3$		$A_2=B_2$		1	0	×	×	×	×	×	1	0	0
$A_3=B_3$		$A_2=B_2$		0	1	×	×	×	×	×	0	1	0
$A_3=B_3$		$A_2=B_2$		$A_1=B_1$		1	0	×	×	×	1	0	0
$A_3=B_3$		$A_2=B_2$		$A_1=B_1$		0	1	×	×	×	0	1	0
$A_3=B_3$		$A_2=B_2$		$A_1=B_1$		$A_0=B_0$		1	0	0	1	0	0
$A_3=B_3$		$A_2=B_2$		$A_1=B_1$		$A_0=B_0$		0	1	0	0	1	0
$A_3=B_3$		$A_2=B_2$		$A_1=B_1$		$A_0=B_0$		0	0	1	0	0	1

利用器件的级联输入，可以很容易地扩展比较的位数。

例 3.14　用2个数值比较器比较两个8位数的大小。

解： 为了比较两个8位二进制数的大小，可将两位数值比较器级联起来使用。图3.35是其连线图，低4位的比较结果$P_{A>B}P_{A<B}P_{A=B}$连到高4位比较器级联输入端$A>B$、$A<B$、$A=B$。输入两个8位数码同时加到比较器的输入端，比较的结果由高4位数值比较器的输出端输出。

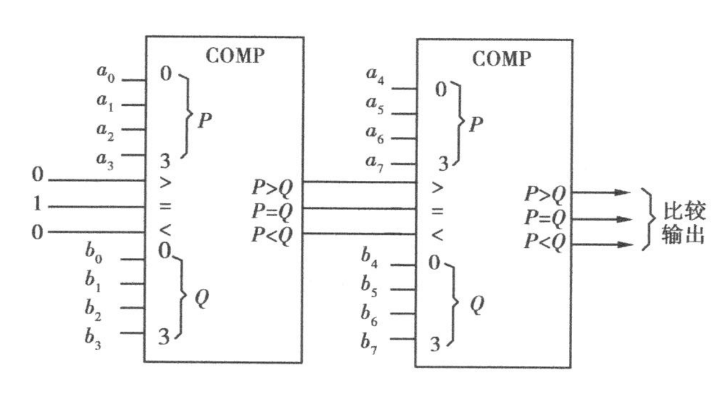

图3.35　2个8位数比较

3.3　组合电路中的冒险

3.3.1　冒险现象

在前面的逻辑电路中往往把组件看成是理想的，我们只讨论输入和输出的稳定状态之间的关系，没有考虑在传输过程中信号经过组件、导线所产生的延迟。这使得设计出来的逻辑电路尽管正确无误，工艺装配也符合要求，但实际工作中却可能出现错误的输出。对组合电路来说，这种错误的输出虽然是暂时的(在信号发生变化时，在输出端出现不希望的尖锋)，信号稳定后错误会消失，但仍会引起工作的不可靠，我们称出现尖锋的现象为逻辑电路的冒险现象。

组合电路中的冒险现象分为逻辑冒险和功能冒险。前者是指在一个输入变量变化时，电路在瞬变过程中出现的短暂错误输出，而后者则指在多个变量同时变化时，电路在瞬变过程中出现的短暂错误输出。

下面通过分析图3.36(a)所示的逻辑电路来说明逻辑冒险现象。

在图3.37(a)所示电路中，若变量$B=C=1$，则在理想情况下，变量A由0变1或由1变0时，输出端应为：

$$F = AC + \bar{A}B = A + \bar{A} + 1$$

即输出应维持1不变。但实际情况是，由于信号通过不同的路径到达输出端，而不同的路径有不同的延迟时间，在输出端反映的信号变化就不是同时发生了。如图3.37(b)所示，由于门的延迟时间不同(门2延迟多，门3延迟少)，使门2、3输出波形的变化时间不同，结果在输出端出现负的尖锋，这种现象称为0型冒险。同理，将上述由与非门组成的电路转换成由或非门组

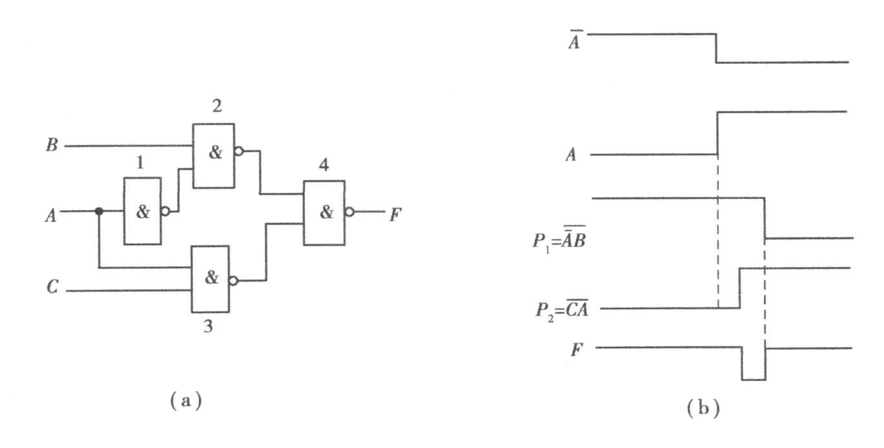

图 3.36

(a)逻辑电路　(b)有延时的波形图

成,在条件 $B=C=0$ 时,也有可能使输出端出现正的尖锋,而这种现象称为 1 型冒险。由此可以看出,如一个门的两个输入信号,一个由 0 到 1 变化,另一个由 1 到 0 变化,且这两个信号的变化存在着时差,这个门的输出就有可能产生冒险。

应当说明;在输入信号发生变化时,即使有延迟也并不一定会发生冒险。如在图 3.37 所示电路中,A 由 0 变 1,则由于门 3 由 1 变 0 先于门 2 由 0 变 1,这样门 4 输出维持为 1 不变,不发生 0 冒险。

另外,如果门电路有两个输入变量 A、B 同时向相反方向变化(如 A 由 0 变 1,B 由 1 变 0),由于信号到输出端的路径、门的延迟时间不同,也可能产生 0 型或 1 型冒险(功能冒险)。

3.3.2　冒险的检查和处理

(1)冒险的检查

1)代数法

在输入逻辑变量中,每次只有一个变量改变状态的简单情况下,可以通过逻辑函数式判断输出端是否有冒险存在。

如果一个函数的表达式在某些条件下能简化成 $x+\overline{x}$ 或者 $x \cdot \overline{x}$ 的形式就可能出现冒险。因为当信号 x 发生变化时,信号 $x+\overline{x}$ 或者 $x \cdot \overline{x}$ 必然使某个逻辑门的两个输入端一个由 0 变到 1,另一个由 1 变到 0,若两个输入端的这种变化不是同时产生,则可能出现冒险。

如上例中,$F=AC+\overline{A}B$,当 $B=C=1$ 时,$F=A+\overline{A}$,因而有可能产生冒险。而将 F 的表达式转换成 $F_1=AC+\overline{A}B+BC$,虽然两式的逻辑功能相同,但在任何条件下都不能化成 $x+\overline{x}$ 的形式(例当 $B=C=1$ 时,$F_1=A+\overline{A}+1=1$),因此它不会产生冒险。

这种方法虽然简单,但局限性很大,因为在很多情况下存在有两个以上输入变量同时改变状态的可能。如果变量数目很多,就更难于从函数表达式上判断是否存在冒险了。

2)卡诺图法

如果把两式表示在卡诺图上,就可以发现构成 F 的两个与项(AC 和 AB)的卡诺圈是相切(不相交)的,而 F_1 式中多了一个冗余项 BC,它与 F 式相同的两个相切的卡诺圈被第三个卡诺圈 BC 交在一起,而这个冗余项正起着消除冒险的作用,见图 3.37 所示。

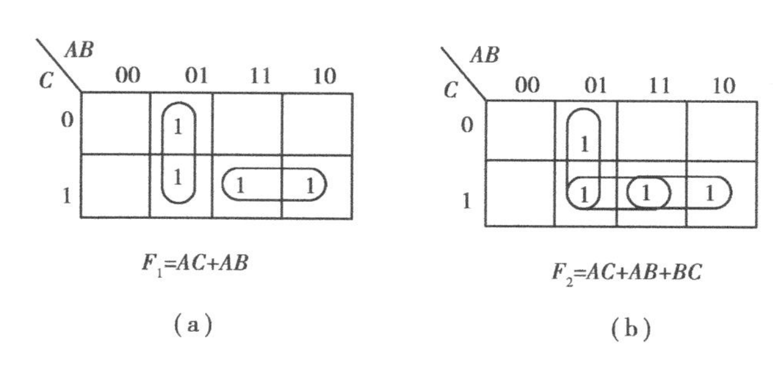

图 3.37

用卡诺图判断有无冒险的方法是:构成函数表达式的卡诺圈相切,而又无第3个卡诺圈把它们交在一起,则有可能产生冒险。

由于冒险出现的可能性很多,而且组合电路的冒险现象只是可能产生,而不是一定产生,更何况非临界冒险是允许存在的。因此,实用的判别冒险的方法是测试,可以认为只有实验检验的结果才是最终的结论。

(2)冒险的消除

当逻辑电路中存在冒险时,必须加以消除。消除冒险的方法很多,常用的有:

1)修改逻辑设计,增加冗余项

这种方法只适合于静态逻辑冒险的消除,利用卡诺图加冗余项的方法最为直观。

例如逻辑函数 $F=AC+B\overline{C}$,当 $A=B=1$ 时,$F=C+\overline{C}$,有产生0型冒险的可能。但根据冗余项定理,$F=AC+B\overline{C}=AC+B\overline{C}+AB$,这时当 $A=B=1$ 时,F 维持为1,不再发生0型冒险了。用这种方法消除冒险,适用的范围是很有限的。

2)引入封锁脉冲,不让冒险脉冲输出

在信号转换的时间内,用一个负脉冲把可能产生尖锋脉冲的门封锁住。封锁脉冲必须与输入信号的状态转换同步,且脉宽要比1型、0型冒险脉冲宽。

3)引入选通脉冲,避开冒险

选通脉冲出现的时间必须与输入信号 A 变化的瞬间错开,即待尖锋过去,输出稳定后才输出,避开了冒险。这是一种治表的方法。而且这时电路的输出不再是电信号,而是一个脉冲信号。

4)接入滤波电容

由于冒险而产生的尖锋脉冲一般很窄(通常在几十 ns 以内),所以可采用在输出端并接一小电容(几十 pf),将尖锋脉冲的幅度削弱,减小到门电路的阀值电压以下,使其不会影响逻辑电路的正常工作。但应注意电容值不能取得太大,否则将使波形变坏,影响电路的工作速度。

本 章 小 结

在这一章中讲述了组合电路的特点、SSI 组成的组合电路的分析方法和设计方法、几种常用的中规模集成器件、组合逻辑电路中的冒险现象等方面的内容。

组合逻辑电路在逻辑功能上的特点是任意时刻的输出仅仅取决于该时刻的输入,而与电路过去的状态无关。它在电路结构上的特点是只包含门电路,而没有存储(记忆)单元。

尽管组合逻辑电路在功能上差别很大,但是它们的分析方法和设计方法都是共同的。组合电路的分析方法是:逐级写出输出的逻辑表达式,进行化简,从而得出输出与输入间的逻辑关系。组合电路的设计步骤是:分析所设计的逻辑问题,确定变量、函数及其间的关系;根据分析的逻辑功能列出真值表;将真值表填入卡诺图进行化简,得到所需要的表达式;最后根据表达式画逻辑图。

组合电路种类很多,作为组合电路的实例,我们选择了常用的加法器、编码器、译码器、数据选择器、数值比较器等几种典型电路,对它们的逻辑功能、用途及特点逐一作了介绍。对这类电路的要求是:重点掌握电路的逻辑功能、各控制端的作用;会查阅逻辑器件手册学会根据守则提供的逻辑图和功能表,正确使用这类器件的有关知识。

习 题 3

3.1 有 A、B、C 三个输入信号,当三个输入信号均为0,或者其中有一个为1时,输出 $F=1$,其余情况下输出为0。试列出真值表并写出逻辑表达式。

3.2 已知逻辑电路如图题3.2所示,试写出输出函数式。若函数式能化简,就写出最简式。

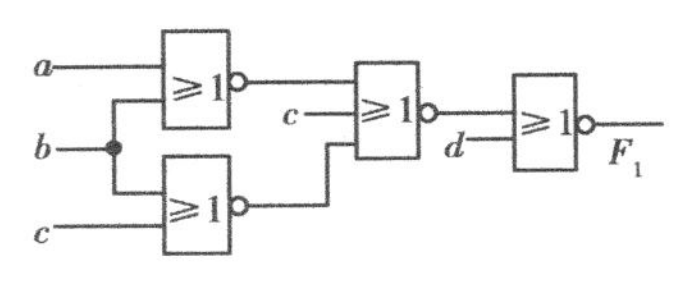

图题3.2

3.3 已知逻辑电路图如图题3.3所示,试写出输出 F_1 的逻辑表达式并化简为最简式。

3.4 交通灯有红、黄、绿三色。只有当其中一只亮时为正常,其余状态均为故障。试设计一个交通灯故障报警电路(用与非门实现)。

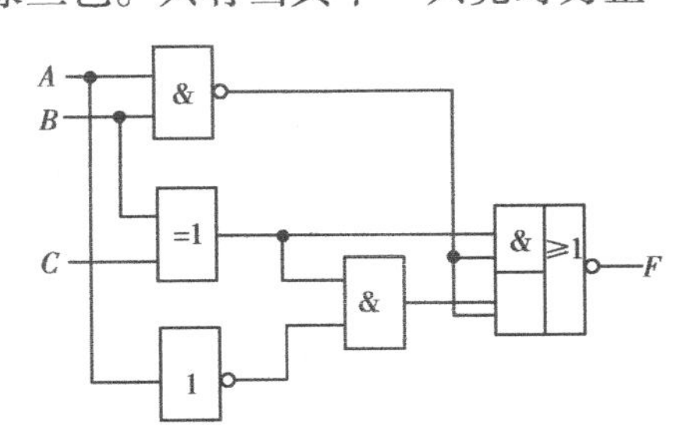

图题3.3

3.5 设计一个能判断 A、B 两数大小的比较电路。A、B 都是两位二进制数,$A=A_1A_0$,$B=B_1B_0$,当 $A\geqslant B$ 时电路输出为1,用或非门实现。

3.6 设计一个编码器将十进制数0~9编成格雷码,试列出真值表,写出逻辑表达式。

3.7 用3~8译码器及少量门电路实现下列逻辑函数。

$F_1=\overline{A}\,\overline{B}C+A\overline{B}\,\overline{C}+BC$

$F_2=\overline{B}\,\overline{C}+AB\overline{C}$

$F_3=\sum(2,3,4,7)$

3.8　用数据选择器实现下列函数。

① $F_1=\sum(1,2,5,6)$

② $F_2=\sum(1,2,3,5,7)$

③ $F_3=\sum(1,3,4,5,6,7,9,10,12,13)$

④ $F_4=\sum(0,5,8,9,10,11,14,15)$

3.9　设计一个有 A、B、C 三个输入信号，一个输出信号 Z 的判偶电路。功能是：当三输入的取值中有偶数个 1 时，输出 $Z=1$，否则 $Z=0$。

①试用最少的与非门实现。

②用 4 选 1 数据选择器实现。

3.10　分别用下面两种方法实现一位全加器的功能：

①试用 3～8 译码器及两个门电路实现函数。

②用双 4 选 1 数据选择器(74LS153)实现函数。

3.11　有一密码电子锁，锁上有 4 个锁孔 A、B、C、D，当按下 A 和 D、或 A 和 C、或 B 和 D 时，再插入钥匙，锁即打开。若按错了键孔，当插入钥匙时，锁打不开，并发出报警信号。试用数据选择器设计该电子锁的控制电路。

3.12　试用双 4 选 1 数据选择器(74LS153)实现一位全减器。

3.13　数据选择器可作为序列信号发生器用。试用它输出 11010110 的序列信号。

3.14　用数据选择器组成的逻辑图如图题 3.14 所示，试分别写出各电路的输出函数式。

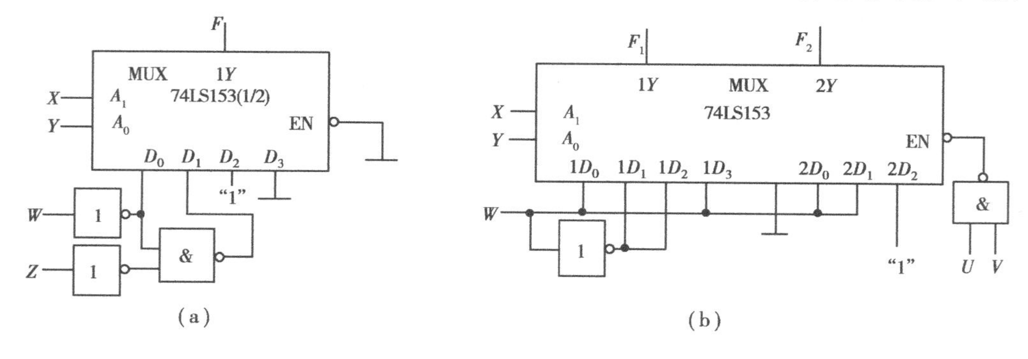

图题 3.14

3.15　知某电路的输出 F 与输入信号的关系如图题 3.15 所示，用一片 4 选 1 数据选择器实现。

3.16　用 3～8 译码器连成图题 3.16 所示电路，组成 1 线-4 线数据分配器。当 A、B 为地址输入，C 为数据输入，试说明 Y_0～Y_3 与数据的关系，Y_4～Y_7 与数据的关系。

3.17　根据表 3.6 提供的功能表回答下列问题：

①要使七段 LED 显示器的 $a \sim g$ 某一段点亮，七段译码器 $a \sim g$ 的相应输出端应输出什么电平？

②正常显示时，$\overline{LT}$，$\overline{BI}/\overline{RBO}$ 应处于什么电平？

③要试灯时，希望七段全亮，应如何处理 $\overline{LT}$ 端？对数据输入端 $D \sim A$ 有要求吗？

④要灭零时，应如何处理 $\overline{RBI}$ 端？

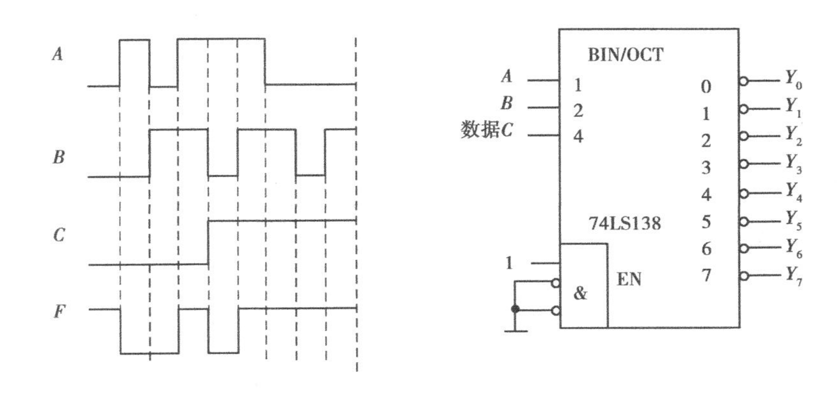

图题 3.15　　　　图题 3.16

当$\overline{\mathrm{RBI}}=0$,但输入数据不为零,七段 LED 显示器是否正常显示？当灭零时,$\overline{\mathrm{BI}}/\overline{\mathrm{RBO}}$输出什么电平？

第4章 触发器

触发器是数字电路中应用极为广泛的基本单元电路，也是一种基本存储单元。本章首先介绍基本RS触发器的工作原理和逻辑功能，然后从解决"空翻"出发介绍常用的两种防止空翻的触发器，即主从触发器和边沿触发器。同时从功能的角度出发介绍JK触发器、D触发器、T和T′触发器的逻辑功能，以及描述触发器逻辑功能的方法。本章还介绍了不同功能触发器之间的转换。

4.1 触发器概述

4.1.1 对触发器的基本要求

前面介绍了各种逻辑门以及由它们组成的各种组合逻辑电路，这些电路有一个共同的特点，就是任一时刻的输出信号完全取决于当时的输入信号。当输入信号发生变化时，输出信号就相应地发生变化，它们没有记忆功能。在数字系统中，常常需要存储各种数字信息。触发器具有记忆功能，是存储一位二进制代码的最常用的单元电路，也是构成时序逻辑电路的基本单元电路。

由于二进制数字信号只有0、1两种状态，所以对作为存放这些信号的单元电路——触发器的基本要求是：

①应该具有两个稳定状态——0状态和1状态，以正确表征其存储的内容，触发器可以在外加脉冲(又称触发脉冲)作用下，在两种稳定状态间互相转换。

②能够接收、保存和输出信号。

4.1.2 触发器的现态和次态

触发器属于时序逻辑电路(简称时序电路)，其任一时刻的输出信号不仅与当时的输入信号有关，还与电路原来的状态有关。触发器接收输入信号之前的状态叫做现态，用Q^n表示。触发器接收输入信号之后的状态叫做次态，用Q^{n+1}表示。现态和次态是两个相邻离散时间里触发器输出端的状态。

触发器的次态输出 Q^{n+1} 与现态 Q^n 和输入信号之间的逻辑关系，是贯穿本章始终的基本问题，如何获得、描述和理解这种逻辑关系，是本章学习的中心任务。

4.1.3　触发器的分类

按照电路结构和工作特点不同，有基本触发器、同步触发器、主从触发器和边沿触发器之分。

基本触发器：在这种电路中，输入信号是直接加到输入端的。它是触发器的基本电路结构形式，是构成其他类型触发器的基础。

同步触发器：在这种电路中，输入信号是经过控制门输入的，而管理控制门的则是叫做时钟脉冲的 *CP* 信号，只有在 *CP* 信号到来时，输入信号才能进入触发器，否则就会被拒之门外，对电路不起作用。

主从触发器：为了克服同步触发器存在的缺点，经改进便得到了主从触发器。在这种触发器中，先把输入信号接收进主触发器，然后再传送给从触发器并输出，整个过程是分两步进行的，具有主从控制特点。

边沿触发器：为了进一步解决主从触发器存在的问题，从而出现了边沿触发器。在这种触发器中，只有在时钟脉冲的上升沿或下降沿时刻，输入信号才能被接收，虽然边沿触发器有几种不同的电路结构形式，但边沿控制却是它们的共同特点。

按照在时钟脉冲控制下逻辑功能的不同，触发器可分成 RS 型触发器、JK 型触发器、D 型触发器、T 型触发器和 T′型触发器。这种分类是针对时钟触发器而言的。

此外，还有其他一些分类方法，例如，按电路使用开关元件不同可分为 TTL 触发器和 COMS 触发器，按是否集成可分为分立元件触发器和集成触发器。

4.2　基本 RS 触发器

4.2.1　电路构成及逻辑符号

基本 RS 触发器是构成其他电路及各种功能触发器的基本模块，基本 RS 触发器可由两个与非门或者两个或非门交叉连接而成。图 4.1(a)所示是用两个与非门交叉连接构成的基本 RS 触发器。$\overline{R}$、$\overline{S}$ 是信号输入端，字母上面的反号表示这种触发器输入信号为低电平有效，即 $\overline{R}$、$\overline{S}$ 端为低电平时表示有触发信号，为高电平时表示无触发信号。Q 与 $\overline{Q}$ 是基本 *RS* 触发器的信号输出端，在正常情况下这两个输出端的逻辑状态总是相反的。触发器有两种稳定状态：一个状态是 $Q=1,\overline{Q}=0$，称为置位状态（“1”态）；另一个状态是 $Q=0,\overline{Q}=1$，称为复位状态（“0”态），即用 Q 端的状态就可以表示触发器的状态。

图 4.1(b)所示是基本 RS 触发器的逻辑符号，输入端引线上靠近方框处的小圆圈表示触发器用负脉冲或低电平来置位或复位，即低电平效，这是一种约定。方框上面的两个输出端，一个无小圆圈，为 Q 端，一个有小圆圈，为 $\overline{Q}$ 端。

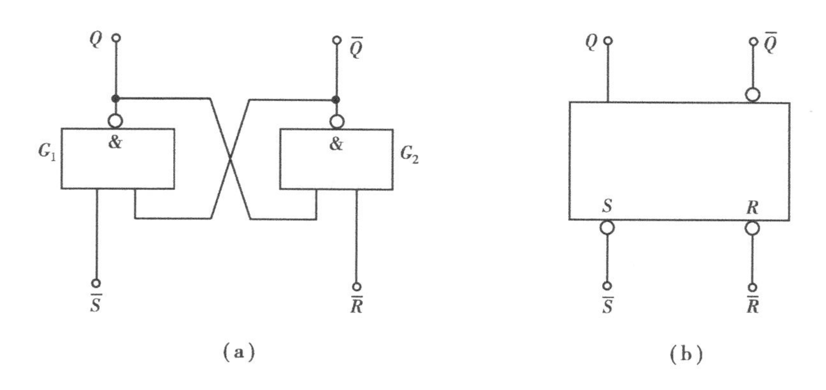

图 4.1　与非门构成的基本 RS 触发器

(a)逻辑电路图　(b)逻辑符号

4.2.2　工作原理

(1)$\overline{S}=1,\overline{R}=0$

$\overline{S}=1$ 就是将 $\overline{S}$ 端保持高电平;$\overline{R}=0$ 就是在 $\overline{R}$ 端加负脉冲或接低电平。当 $\overline{R}=0$ 时,与非门 G_2 的输出为 1,即 $\overline{Q}=1$。由于 $\overline{S}=1$,与非门 G_1 的两个输入端全为 1,所以 G_1 的输出为 0,即 $Q=0$。若触发器的初始状态为"0"态,在 $\overline{S}=1,\overline{R}=0$ 信号作用下,触发器仍然保持"0"态;若初始状态为"1"态,则触发器就会由"1"态翻转为"0"态。

因为在 $\overline{S}=1$ 的条件下,$\overline{R}$ 端加输入信号——负脉冲或低电平,将使触发器置成 0 状态,所以把 $\overline{R}$ 端叫做置 0 端,或称之为复位端。

(2)$\overline{S}=0,\overline{R}=1$

若触发器的初始状态为"0"态,即 $Q=0,\overline{Q}=1$。由于 $\overline{S}=0$,与非门 G_1 有一个输入端为 0,其输出端 Q 变为 1;而与非门 G_2 的两个输入端全为 1,其输出端 $\overline{Q}$ 变为 0。因此,触发器就由"0"态翻转为"1"态。如果触发器的初始状态为"1"态,触发器仍保持"1"状态不变。

因为在 $\overline{R}=1$ 的条件下,$\overline{S}$ 端加输入信号——负脉冲或低电平,将使触发器置成 1 状态,所以把 $\overline{S}$ 端叫做置 1 端,或称之为置位端。

(3)$\overline{S}=1,\overline{R}=1$

在 $\overline{S}=1,\overline{R}=1$ 时,若触发器原来处于"0"态,即 $Q=0,\overline{Q}=1$,此时 G_1 的两个输入端全为 1,输出 $Q=0$;G_2 有一个输入端为 0,输出 $\overline{Q}=1$,触发器的状态不变。若触发器原来处于"1"态,触发器的状态也不变。由此可见,$\overline{S}=1,\overline{R}=1$ 时触发器保持原状态,这体现了触发器的记忆或存储功能。

(4)$\overline{S}=0,\overline{R}=0$

当 $\overline{S}$ 端和 $\overline{R}$ 端同时加负脉冲或低电平时,两个与非门输出端 Q、$\overline{Q}$ 全为"1",这就不符合 Q 与 $\overline{Q}$ 状态应该相反的逻辑设计要求。而且,当 $\overline{R}$ 和 $\overline{S}$ 同时由 0 变为 1 后,触发器将由各种偶然因素决定其最终状态,即触发器的状态不能确定。这当然是不允许的,故这种状态为禁止状态,在使用中应避免出现。

综上所述,与非门构成的基本 RS 触发器有两种稳定状态,它可以直接置位或复位,并具有存储或记忆功能。在置位端加负脉冲($\overline{S}=0$)即可置位,在复位端加负脉冲($\overline{R}=0$)即可复位，但不能同时加负脉冲（或低电平）在置位端和复位端。

4.2.3　逻辑功能描述

描述触发器的逻辑功能，通常采用特性方程、状态转换真值表、状态转换图和时序图4种方法。

（1）状态转换真值表

为了表明在输入信号作用下，触发器的次态 Q^{n+1} 与触发器的现态 Q^n、输入信号之间的关系，可以将上述对触发器分析的结论用表格的形式来描述，此表称为触发器的状态转换真值表。表4.1是基本 *RS* 触发器的状态转换真值表。

表4.1　基本RS触发器状态转换真值表

$\bar{S}$	$\bar{R}$	Q^n	Q^{n+1}
1	0	0	0
1	0	1	0
0	1	0	1
0	1	1	1
1	1	0	0
1	1	1	1
0	0	0	不定
0	0	1	不定

表4.2所示是一种常用的状态转换真值表的简化形式。

表4.2　基本RS触发器的简化状态转换真值表

$\bar{S}$	$\bar{R}$	Q^{n+1}	逻辑功能
1	0	0	复位
0	1	1	置位
1	1	Q^n	保持
0	0	不定	禁用

（2）特性方程

描述触发器逻辑功能的最简逻辑函数表达式称为特性方程（或状态方程）。由表4.1可得如图4.2(a)所示的卡诺图，通过化简后可求得基本RS触发器的特性方程为

$$\begin{cases} Q^{n+1} = S + \bar{R}Q^n \\ SR = 0 \end{cases} \tag{4.1}$$

其中SR=0称为约束条件，由于 $\bar{R}$ 和 $\bar{S}$ 不能同时为0，因此为了获得确定的 Q^{n+1}，输入信号必须满足SR=0。根据输入信号 $\bar{R}$、$\bar{S}$ 的取值和现态 Q^n，利用特性方程可以计算次态输出 Q^{n+1}。

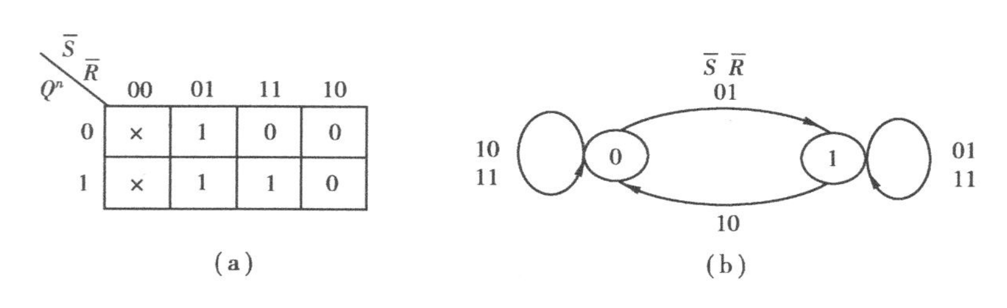

图 4.2　基本 RS 触发器的卡诺图及状态转换图

(a)卡诺图　(b)状态转换图

(3)状态转换图

状态转换图是以图形的方式描述触发器状态的转换规律。图 4.2(b)为基本 RS 触发器的状态转换图。图中两个圆圈分别代表触发器的两个稳态 0 和 1,箭头表示由现态到次态的转换方向,箭头线旁边标注的文字表示实现转换所必备的输入信号的值——转换条件。

(4)时序图

一般先设初始状态 Q 为 0(也可以设为 1),然后根据给定输入信号波形,相应画出输出端 Q 的波形,如图 4.3 举例所示。这种波形图称为时序图,可以直观地显示触发器的工作情况。在画时序图时,如遇到触发器的输入信号 $\overline{S}=\overline{R}=0$,而此后又同时出现 $\overline{S}=\overline{R}=1$,则 Q 和 $\overline{Q}$ 为不定状态,用虚线注明,以表示触发器处于失效状态,直至下一个 $\overline{S}$ 或 $\overline{R}$ 有确定输出的脉冲作用为止。

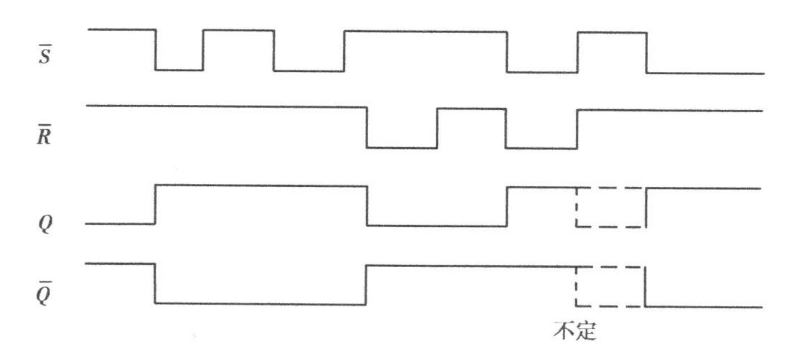

图 4.3　基本 RS 触发器时序图

在实际应用中直接用到基本 RS 触发器的场合虽然不多,但它是各种复杂的触发器的基本组成部分,所以其逻辑功能极为重要。

4.3　同步触发器

基本 RS 触发器的动作特点是当输入的置 0 或置 1 信号一出现,输出状态就可能随之而发生变化。这不仅使电路的抗干扰能力下降,而且不便于多个触发器同步工作。因为在一个实际处理系统中往往包含有多个触发器,各触发器的响应时间都应该受到控制,才能按一定的时间节拍协调动作,同步触发器就是为实现这个目的而设计的一种触发器。这种触发器有两种输入端:一种是决定其输出状态的信号输入端(如 RS 触发器的 R 和 S 端);另一种是决定其动作时间的时钟脉冲端,简称 CP 输入端。

4.3.1 同步 RS 触发器

(1)电路构成及逻辑符号

图4.4(a)所示是同步 RS 触发器的逻辑电路图。与非门 G_1、G_2构成基本 RS 触发器，与非门 G_3、G_4构成导引电路，输入信号 R、S 通过导引电路传送到基本触发器，时钟脉冲端 CP 输入控制信号。图4.4(b)是同步 RS 触发器的逻辑符号。

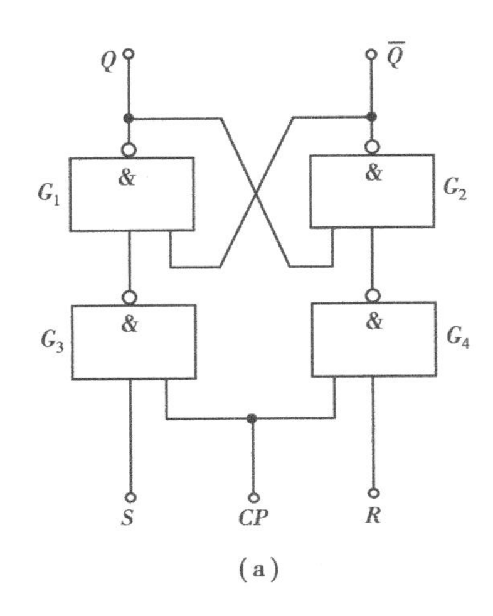

(a)

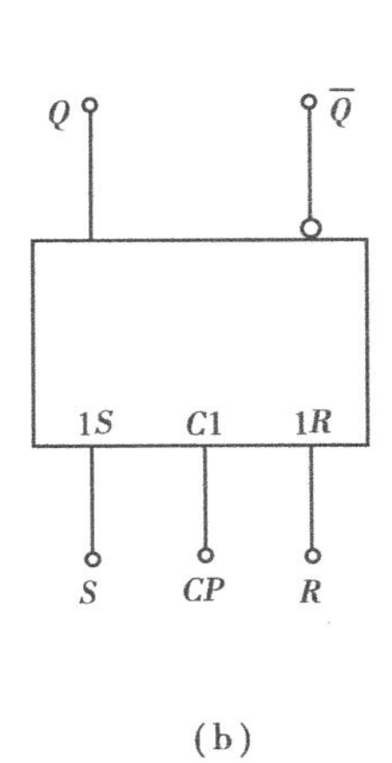

(b)

图4.4 同步 RS 触发器

(a)逻辑电路图 (b)逻辑符号

(2)工作原理

由图4.4(a)可见，基本 RS 触发器的输入为

$$Q_3 = \overline{S \cdot CP}$$

$$Q_4 = \overline{R \cdot CP}$$

当 $CP=0$ 时，G_3、G_4被封锁，输出 Q_3、Q_4均为1，G_1、G_2构成的基本 RS 触发器处于保持状态。此时，无论 R、S 输入端的状态如何变化，均不会改变 G_3、G_4门的输出，故对触发器状态无影响。

当 $CP=1$ 时，触发器接收输入信号，$Q_3=\overline{S}$，$Q_4=\overline{R}$，触发器状态将按基本 RS 触发器规律变化。此时，同步 RS 触发器的状态转换真值表见表4.3。

(3)特性方程、状态转换图和时序图

与基本 RS 触发器一样，可由表4.3得同步 RS 触发器的卡诺图(读者可自行画出)。对卡诺图化简得$CP=1$，期间 RS 触发器的特性方程为

$$\begin{cases} Q^{n+1} = S + \overline{R}Q^n \\ RS = 0 \quad (约束条件) \end{cases} \tag{4.2}$$

由真值表得到的同步 RS 触发器的状态转换图如图4.5所示。

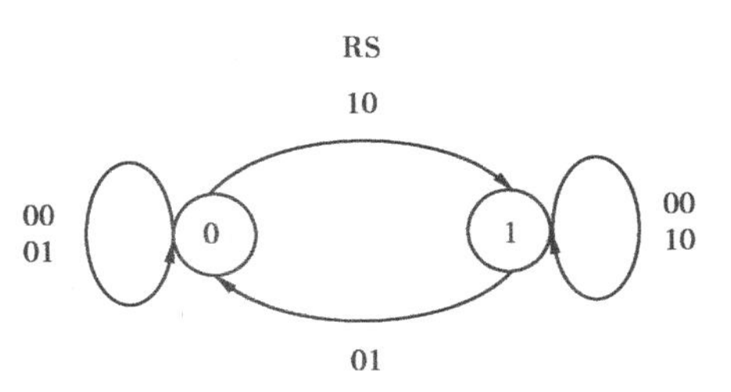

图4.5 同步 RS 触发器的状态转换图

如已知 CP、R 和 S 的输入波形，可以画出如图4.6所示的时序图。

表 4.3　同步 RS 触发器的真值表

S	R	Q^n	Q^{n+1}	说　明
0	0	0	0	保持
0	0	1	1	$Q^{n+1}=Q^n$
0	1	0	0	置 0
0	1	1	0	$Q^{n+1}=0$
1	0	0	1	置 1
1	0	1	1	$Q^{n+1}=1$
1	1	0	不定	禁用
1	1	1	不定	×

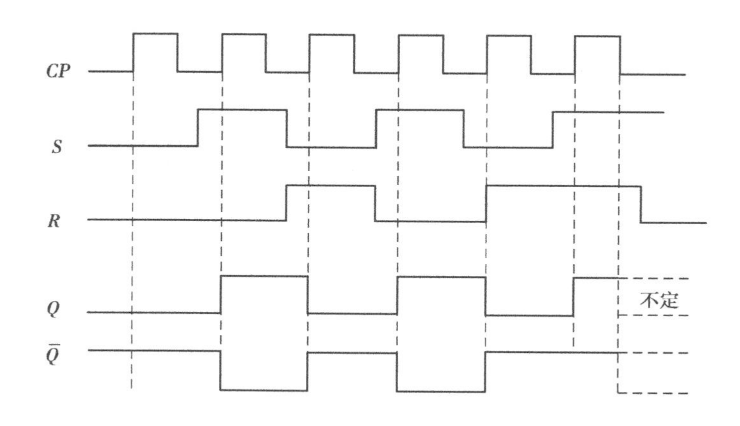

图 4.6　同步 RS 触发器的时序图

4.3.2　D 锁存器

R、S 之间有约束限制了同步 RS 触发器的使用，为了解决该问题，便出现了电路的改进形式——同步 D 触发器，又叫做 D 锁存器。

(1)电路构成和工作原理

图 4.7(a)所示是同步 D 触发器的电路图。它是在同步 RS 触发器的基础上，增加了反相器 G_5，通过它把加在 S 端的 D 信号反相之后送到了 R 端。这种触发器只有一个信号输入端，通常用于存储数据。它的逻辑符号如图 4.7(b)所示。

当 $CP=0$ 时，D 锁存器保持原来状态。

当 $CP=1$ 时，D 锁存器接收数据。其状态转换真值表如表 4.4 所示。

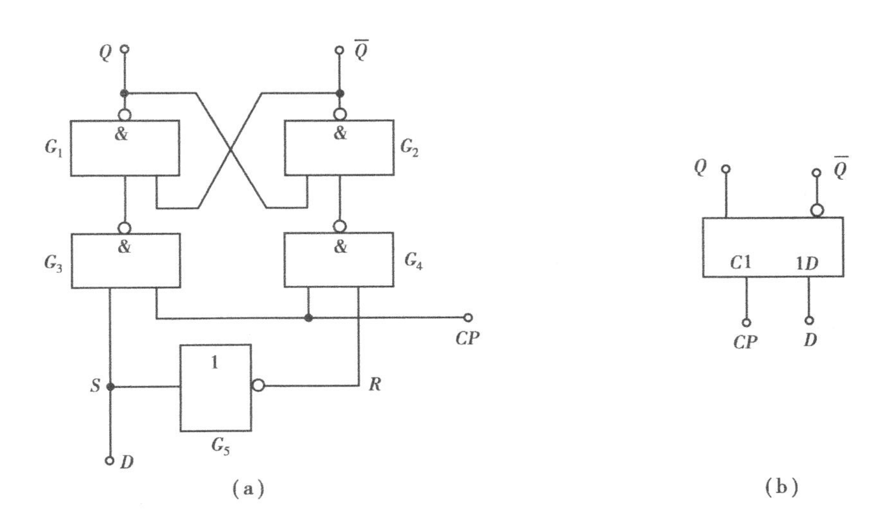

图4.7 D锁存器

(a)逻辑电路图 (b)逻辑符号

表4.4 D锁存器状态转换真值表

D	Q^n	Q^{n+1}	功能说明
0	0	0	置0
0	1	0	$Q^{n+1}=0$
1	0	1	置1
1	1	1	$Q^{n+1}=1$

(2)特性方程、状态转换图和时序图

由真值表可直接得出D锁存器的特性方程为

$$Q^{n+1}=D \tag{4.3}$$

由真值表得D锁存器的状态转换图如图4.8所示。

如果已知D和CP的波形,可以画出D锁存器的时序图,如图4.9所示。

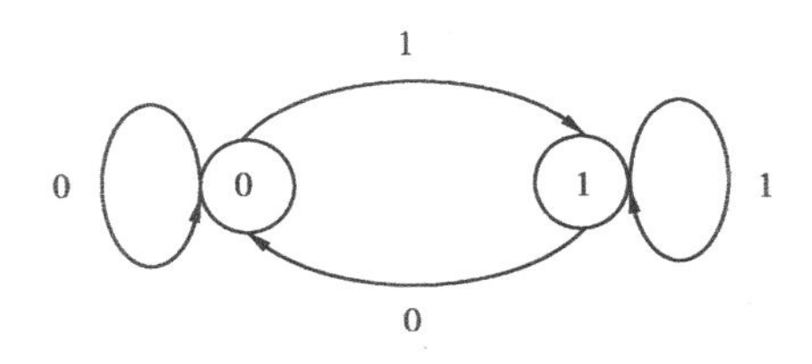

图4.8 D锁存器的状态转换图

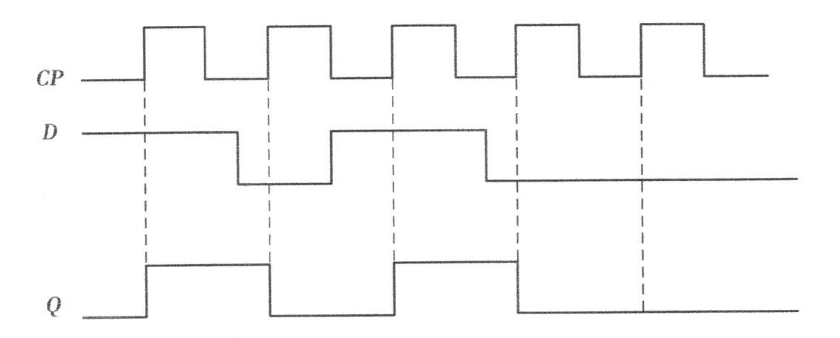

图4.9 D锁存器的时序图

4.3.3 同步触发器的空翻

给时序电路加时钟脉冲的目的的是统一电路动作的节拍,对触发器而言,在一个时钟脉冲的作用下,要求触发器的状态只能变化一次。而同步触发器在 $CP=1$ 期间,如果输入信号发生变化,可能引起输出端 Q 翻转两次或两次以上。这种在一个脉冲作用下,同步触发器状态发生两次或两次以上翻转的现象称为空翻。

例如当同步 RS 触发器接成如图 4.10 所示计数状态时,容易发生空翻。所谓计数,是指每来一个 CP 脉冲,触发器的状态就改变一次,因此触发器状态的变化次数可以反映 CP 脉冲的数目。正常情况下,每来一个 CP 正脉冲则触发器状态翻转一次,但是当 $CP=1$ 的时间较长时,R、S 端的信号将发生多次变化,引起触发器状态相应多次翻转,造成空翻现象,这使得触发器出现计数错误。

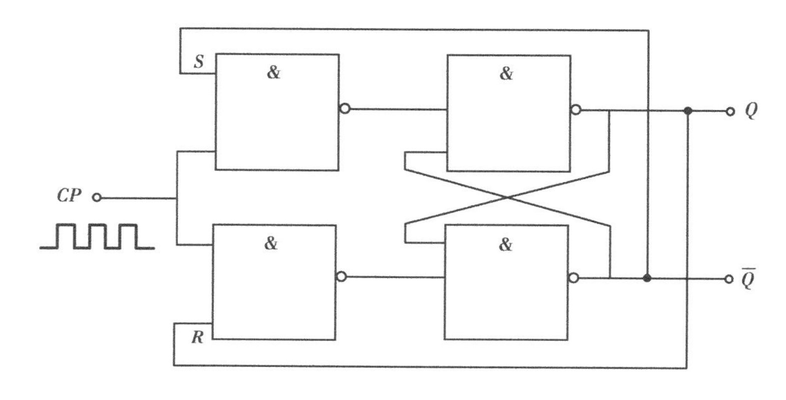

图 4.10 同步 RS 触发器接成计数状态

4.4 主从触发器

为了克服空翻现象,人们在同步触发器的基础上设计了主从触发器。实际使用的主从触发器主要是主从 JK 触发器,因此本节只介绍主从 JK 触发器。

4.4.1 电路构成与逻辑符号

(1)电路构成

图 4.11(a)所示是主从 JK 触发器的逻辑电路图,它由两个同步 RS 触发器组成,前级为主触发器,后级为从触发器。J、K 为信号输入端,Q 和 K 信号输入主触发器的 R 输入端,$\overline{Q}$ 和 J 信号输入主触发器的 S 输入端。主触发器的时钟信号为 CP,从触发器的时钟信号为 $\overline{CP}$。$\overline{S}_D$ 是直接置位端,$\overline{R}_D$ 是直接复位端。

(2)逻辑符号

图 4.11(b)所示是主从 JK 触发器的逻辑符号,CP 端的小圆圈表示只有当 CP 下降沿到来时,触发器的输出端 Q 和 $\overline{Q}$ 才会改变状态。方框内的符号"¬"表示延迟,因为图 4.11(a)所示主从 JK 触发器在时钟脉冲 CP 上升沿时刻就把输入信号接收进去,但是直至 CP 下降沿

到来时，Q 端和 $\overline{Q}$ 端才会改变状态。$\overline{S}_D$、$\overline{R}_D$端的小圆圈表示低电平有效。

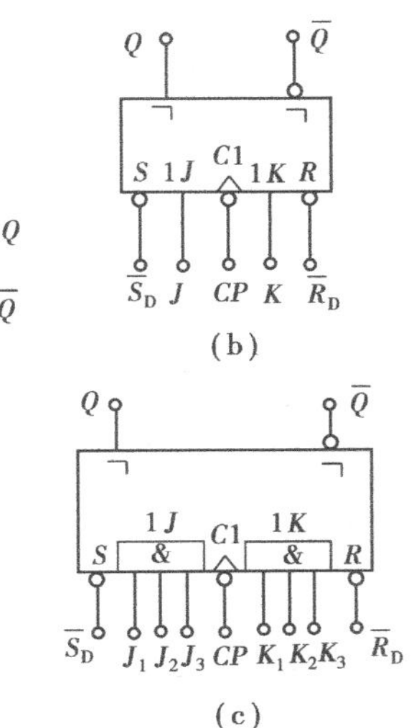

图 4.11　主从 JK 触发器

(a)逻辑电路图　(b)(c)逻辑符号

4.4.2　工作原理

在主从 JK 触发器中，接收输入信号和输出是分成两步进行的（设 $\overline{S}_D=\overline{R}_D=1$）。

当 $CP=1$ 时$\overline{CP}=0$，主触发器接收输入信号，而从触发器被封锁，即保持原状态不变。主触发器的输出 $Q_{主}$ 的状态取决于输入信号 J、K 以及从触发器的现态 Q^n、$\overline{Q^n}$的状态。此时 $S=J\overline{Q^n}$，$R=KQ^n$，代入同步 RS 触发器的特性方程可得

$$Q_{主}^{n+1}=S+\overline{R}Q^n=J\overline{Q^n}+\overline{KQ^n}\,Q^n=J\overline{Q^n}+\overline{K}Q^n$$

$$R\cdot S=KQ^n\cdot J\overline{Q^n}=0\quad 满足约束条件。$$

当 CP 下降沿到来时，主触发器被封锁，从触发器被打开，主触发器将其接收的内容送入从触发器，使从触发器输出端随之改变状态，即 $Q=Q_{主}$。在 $CP=0$ 期间，由于主触发器保持状态不变，因此受其控制的从触发器的状态也不会改变。

表 4.5　主从 JK 触发器状态转换真值表

J	K	Q^n	Q^{n+1}	功能说明
0	0	0	0	保持
0	0	1	1	$Q^{n+1}=Q^n$
0	1	0	0	置 0
0	1	1	0	$Q^{n+1}=0$
1	0	0	1	置 1
1	0	1	1	$Q^{n+1}=1$
1	1	0	1	翻转
1	1	1	0	$Q^{n+1}=\overline{Q^n}$

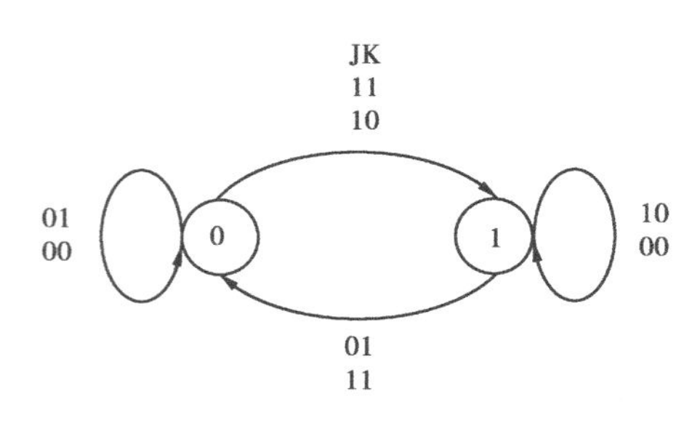

图 4.12　JK 触发器的状态转换图

综上所述，可以得到主从 JK 触发器的特性方程为

$$Q^{n+1} = J\overline{Q^n} + \overline{K}Q^n \quad (4.4)$$

根据此特性方程可列出如表 4.5 所示的状态转换真值表。

由真值表得 JK 触发器的状态转换图如图 4.12 所示。

在目前使用集成主从 JK 触发器中，往往有多个 J 端，如 J_1、J_2、J_3；多个 K 端，如 K_1、K_2、K_3，它们是与逻辑关系。即

$$J = J_1 \cdot J_2 \cdot J_3$$
$$K = K_1 \cdot K_2 \cdot K_3$$

有多个 J、K 输入端的主从 JK 触发器的逻辑符号如图 4.11(c)所示。

4.4.3　异步输入端

$\overline{S}_D$、$\overline{R}_D$叫做异步输入端，也称之为直接置位和复位端。在图 4.11(b)所示逻辑符号中，$\overline{S}_D$、$\overline{R}_D$端处的小圆圈表示低电平有效，也即当 $\overline{S}_D=0$ 时，触发器被置位到 1 状态；当 $\overline{R}_D=0$ 时，触发器被复位到 0 状态。由于其作用与时钟脉冲 CP 无关，故名异步输入端。但不允许出现 $\overline{S}_D$、$\overline{R}_D$同时为 0，触发器工作时 $\overline{S}_D=\overline{R}_D=1$。异步输入端是用于设置触发器的初始状态，或者在工作过程中强行置位和复位触发器的。

4.4.4　主从 JK 触发器存在的问题

主从 JK 触发器中的主触发器在 $CP=1$ 期间，其状态能且只能变化一次(称为一次变化)，因此要求在 $CP=1$ 期间输入的 J、K 取值应保持不变，这使得它的抗干扰能力较差。所以在实际电路中已很少采用主从 JK 触发器。

4.5　边沿触发器

为了解决主从 JK 触发器的一次变化问题，增强电路工作的可靠性，便出现了边沿触发器。边沿触发器是在时钟信号的某一边沿(上升沿或下降沿)才能对输入信号做出响应并引起状态翻转，也就是说，只有在时钟的有效边沿附近的输入信号才是真正有效的，而其他时间触发器均处于保持状态。因而大大地提高了抗干扰能力，从根本上解决了触发器的空翻与一次变化问题。边沿触发器的具体电路结构形式较多，但边沿触发或控制的特点却是相同的，因此我们不再讨论它的内部结构及工作原理。

4.5.1　边沿 JK 触发器

边沿 JK 触发器是利用电路内部门电路的速度差来克服空翻现象的。下降沿触发的边沿

JK 触发器逻辑符号如图4.13(a)所示;上升沿触发的边沿 JK 触发器逻辑符号如图4.13(b)所示。图4.13(a)中 C_1 输入端加“ >”并且加小圆圈,表示下降沿触发;图(4.13(b)中 C_1 不加小圆圈,表示上升沿触发。逻辑符号中,异步输入端的小圆圈表示低电平有效,若无小圆圈则表示高电平有效。其中,S_D(或 $\overline{S}_D$)为异步置位端,R_D(或 $\overline{R}_D$)为异步复位端,它们的作用与时钟脉冲 CP 无关。

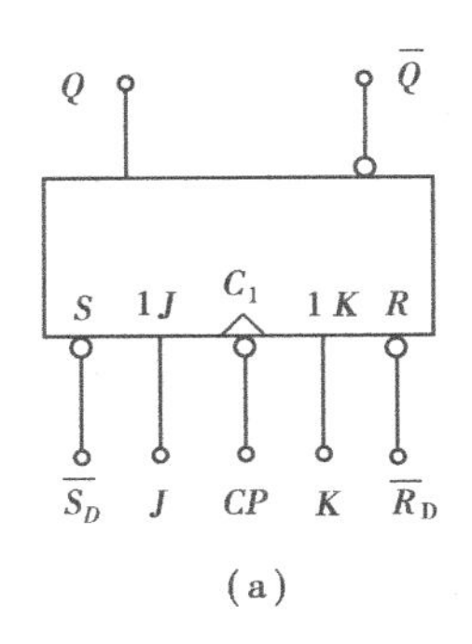

(a)

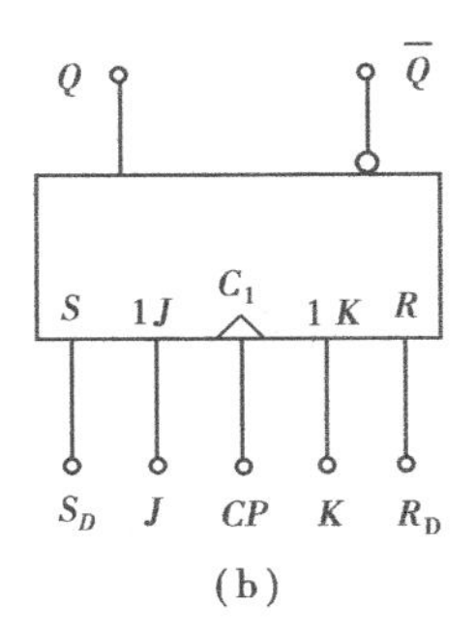

(b)

图4.13　边沿 JK 触发器的逻辑符号

(a)上升沿触发 JK 触发器　(b)下降沿触发 JK 触发器

边沿 JK 触发器的特性方程、状态转换真值表、状态转换图同主从 JK 触发器。

如果已知 CP、J、K 的输入波形,则可画出边沿 JK 触发器的时序图,如图4.14所示(以下降沿 JK 触发器为例)。从时序图中可以看出,Q 和 $\overline{Q}$ 的波形,不到 CP 触发沿是不会改变的,所以,只要根据 CP 触发沿到来瞬间输入信号 J、K 的状态,即可确定 CP 触发沿作用后次态 Q^{n+1} 的波形。

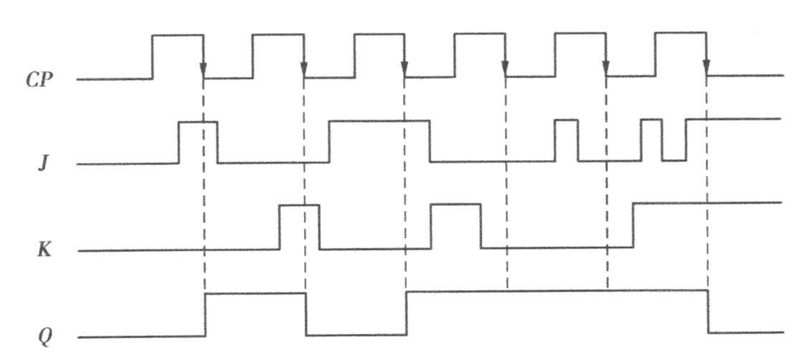

图4.14　下降沿触发的 JK 触发器时序图

4.5.2　维持阻塞 D 触发器

维持阻塞 D 触发器是利用电路内部的维持阻塞线产生的维持阻塞作用来克服空翻现象的。

维持:在 CP 脉冲期间,输入信号发生变化的情况下,应该开启的门维持畅通无阻,使其完成预定的操作。

阻塞:在 CP 脉冲期间,输入信号发生变化的情况下,不应开启的门处于关闭状态,阻止产生不应该的操作,电路见图4.15(a)。

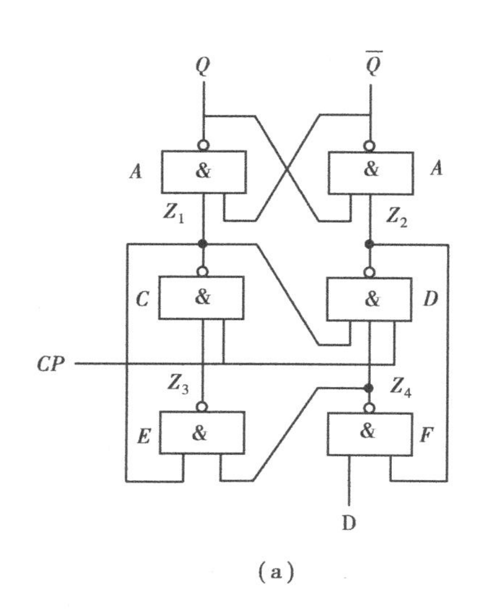

(a)

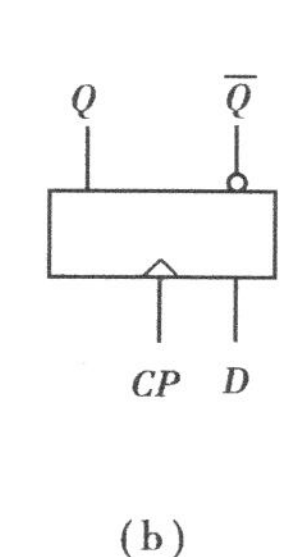

(b)

图 4.15 维持阻塞 D 触发器
(a)逻辑图 (b)逻辑符号

(1)电路组成

维持阻塞 D 触发器是在 D 锁存器的基础上增加两个与非门 E、F 而构成的。图 4.15 为维持阻塞 D 触发器的逻辑电路图和逻辑符号。触发器由六个与非门构成,时钟脉冲作用到中间两个门 C、D,门 F 的输入端 D 为信号输入端,故又简称为 D 触发器。

(2)工作原理

当 $CP=0$ 时,门 C、D 输入端被封锁,输出 Z_1、Z_2 均为 1,由门 A、B 构成的基本触发器处于保持状态。此时,门 E、F 输出 Z_3,Z_4 由输入端 D 的状态决定(若 $D=0$,则 $Z_3=0$,$Z_4=1$,若 $D=1$,则 $Z_3=1$,$Z_4=0$)。当 CP 由 0 变 1,即 CP 上升沿时,Z_3、Z_4 将决定触发器的新状态。

当 CP 由 0 变为 1,即 CP 上升沿时,若 $D=0$,则 $Z_4=1$、$Z_3=0$,则 $Z_1=1$、$Z_2=0$,门 A、B 构成的基本触发器被置 0。同时在 $CP=1$ 期间继续封锁门 F,保证 $Z_4=1$,从而阻塞了触发器的置 1 信号,使触发器保持 0 态。若 $D=1$,$Z_4=0$,$Z_3=1$ 则 $Z_1=0$、$Z_2=1$,基本触发器被置 1。同时在 $CP=1$ 期间继续封锁门 D,阻止 $Z_2=0$,从而阻塞了触发器的置 0 信号,并且经门 E 使 $Z_3=1$,再经门 C 使 Z_1 保持 0 态,从而触发器继续维持 1 状态。

当 CP 为下降沿时,由于时间延迟的关系,门 E、门 F 被封锁,使 $Z_1=Z_2=1$,触发器保持状态不变。

维持阻塞 D 触发器也是一种边沿触发器,一般是在 CP 脉冲的上升沿接收输入信号并使触发器翻转,其他时间均处于保持状态。图 4.15(b)是其逻辑符号,其中,脉冲触发输入端 CP 端加“ > ”表示边沿触发,CP 端无小圆圈表示上升沿触发。

维持阻塞 D 触发器的特性方程、状态转换真值表和状态转移图同 D 锁存器。

如已知 CP 和 D 的波形,可画出其时序图如图 4.16 所示。

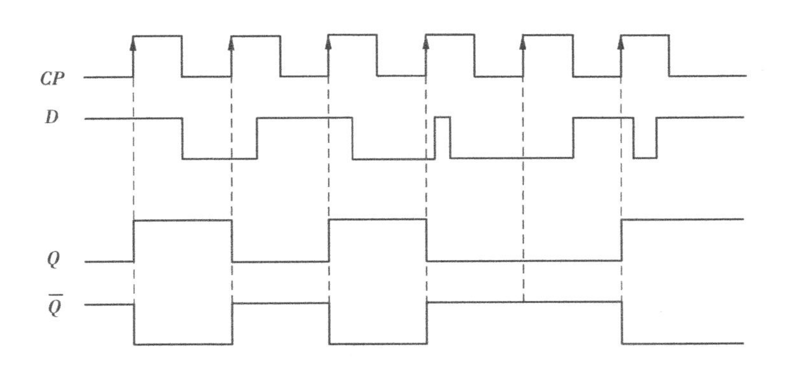

图 4.16 维持阻塞 D 触发器时序图

4.6 触发器逻辑功能的转换

4.6.1 T 触发器和 T′触发器

(1)T 触发器

在时钟脉冲 CP 作用下，根据输入信号 T 取值的不同，凡是具有保持和翻转功能的电路都称为 T 触发器。

图 4.17(a)所示是 T 触发器的逻辑符号，T_1 是信号输入端，C_1 是时钟脉冲端，小圆圈表示 CP 下降沿触发。表 4.6 所示是 T 触发器的状态转换真值表。

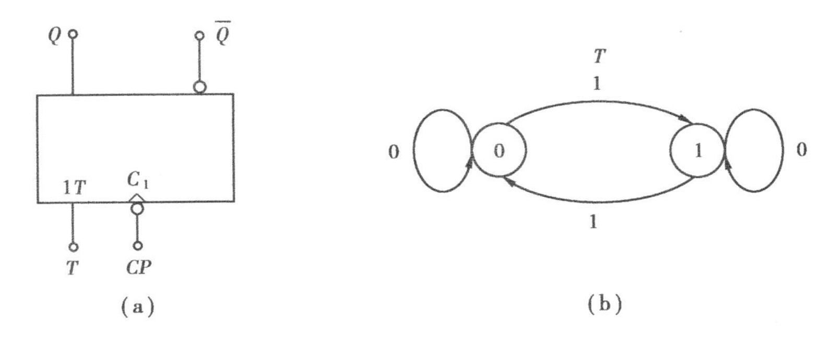

图 4.17 T 触发器逻辑符号及状态转换图
(a)逻辑符号 (b)状态转换图

表 4.6 T 触发器状态转换真值表

T	Q^m	Q^{n+1}	功能说明
0	0	0	保持
0	1	1	$Q^{n+1}=Q^n$
1	0	1	翻转
1	1	0	$Q^{n+1}=\overline{Q^n}$

由真值表可得 T 触发器的特性方程为

$$Q^{n+1} = T\overline{Q^n} + \overline{T}Q^n \tag{4.5}$$

T 触发器的状态转换图如图 4.17(b)所示。

(2)T′触发器

凡是每来一个时钟脉冲状态就翻转一次的电路,都叫做 T′触发器。在 T 触发器的基础上固定 $T=1$ 就构成了 T′触发器,它是专用计数器,在时钟脉冲作用下只具有翻转(计数)功能。

T′触发器的特性方程为

$$Q^{n+1} = \overline{Q^n} \tag{4.6}$$

值得注意的是,在实际生产的集成触发器电路中不存在 T 和 T′触发器,而是由其他类型的触发器转换而成,但其逻辑符号可以单独存在,以突出其功能特点。

4.6.2 触发器逻辑功能的转换

从逻辑功能上分,触发器共有 RS、JK、D、T 和 T′四种类型触发器。在数字电路中往往需要使用这几种类型的触发器,而市场上出售的触发器大多为集成 D 触发器和 JK 触发器,这就要求我们必须掌握不同逻辑功能触发器之间的转换方法。

触发器逻辑功能的转换方法是:先写出已有触发器和待求触发器的特性方程,然后利用逻辑代数的公式或定理变换待求触发器的特性方程,使之形式与已有触发器的特性方程一致,进而画出转换后的逻辑电路图。

(1)JK 触发器转换成 T′触发器

JK 触发器的特性方程为

$$Q^{n+1} = J\overline{Q^n} + \overline{K}Q^n$$

T′触发器的特性方程为

$$Q^{n+1} = \overline{Q^n}$$

变换 T′触发器的特性方程

$$Q^{n+1} = \overline{Q^n} = 1 \cdot \overline{Q^n} + \overline{1} \cdot Q^n$$

可见,只要取 $J=K=1$,就可以将 JK 触发器转换成 T′触发器,图 4.18 是转换后的逻辑电路图。

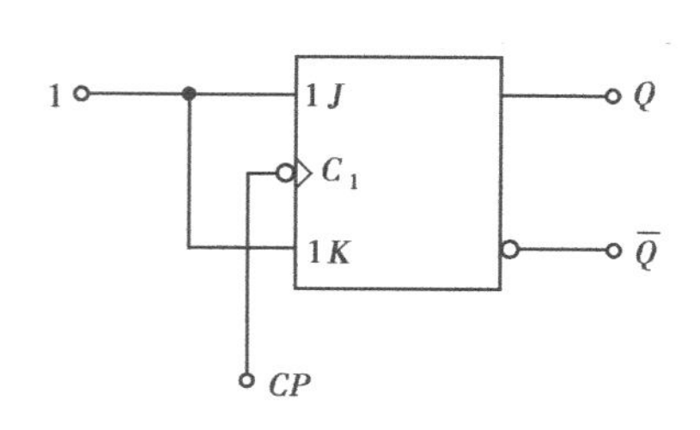

图 4.18 JK 触发器转换成的 T′触发器

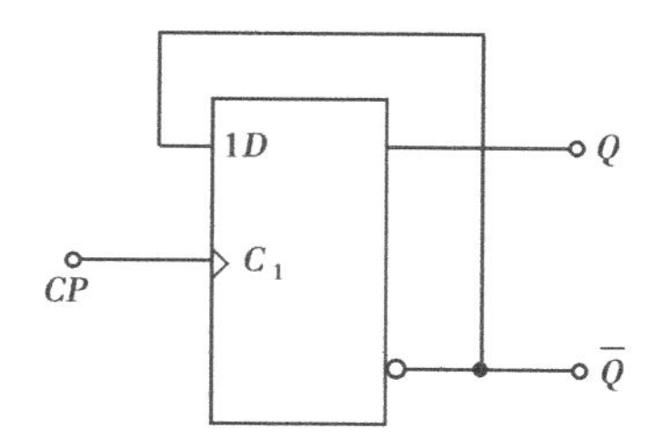

图 4.19 D 触发器转换成的 T′触发器

(2)D 触发器转换成 T′触发器

D 触发器的特性方程为

$$Q^{n+1} = D$$

T′触发器的特性方程为

$$Q^{n+1} = \overline{Q^n}$$

比较以上两个特性方程，如果取 $D=\overline{Q^n}$，就可以将 D 触发器转换成 T′触发器，如图 4.19 所示。

本章小结

1）触发器是一种具有记忆功能，能够存储一位二进制信息的电路，它是组成各种时序逻辑电路的基本单元电路。为了表示触发器的次态与输入信号和现态之间的关系，可以使用状态转换真值表、特性方程（状态方程）、状态转换图和时序图来表示。

2）按电路结构分类，如图 4.20 所示。

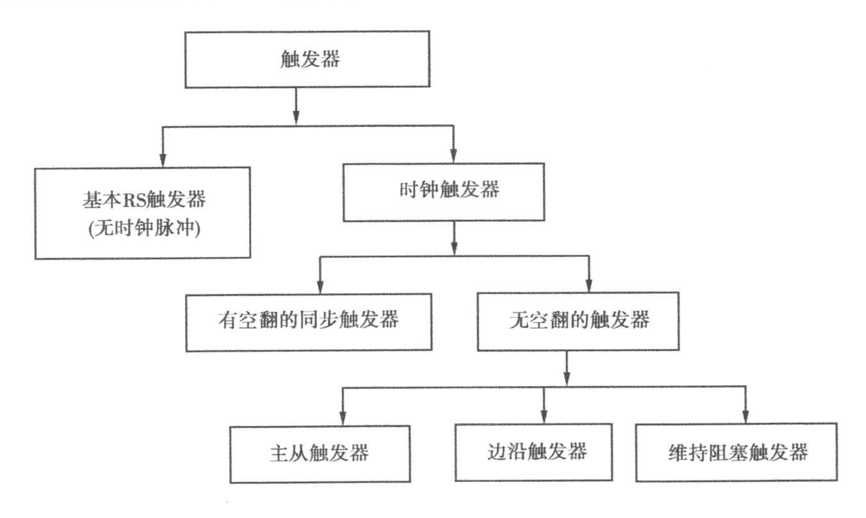

图 4.20 触发器按结构分类示意图

3）按逻辑功能分类，触发器可分为 RS 触发器、D 触发器、JK 触发器、T 触发器和 T′触发器 5 种类型。同一种逻辑功能的触发器可以有各种不同的电路结构形式。

RS 触发器具有置 0、置 1 和保持功能，但对输入信号 R、S 有约束，因此使用受到限制。JK 触发器功能最齐全，具有置 0、置 1、翻转和保持功能，应用广泛。D 触发器只有一个信号输入端，使用比较方便，它具有置 0 和置 1 功能，可用做寄存器。T 触发器具有保持和翻转功能，T′触发器只具有翻转功能，是一种专用计数器。

4）各种触发器的特性方程分别如下

RS 触发器：$\begin{cases} Q^{n+1}=S+\overline{R}Q^n \\ R\cdot S=0 \quad (\text{约束条件}) \end{cases}$

JK 触发器：$Q^{n+1}=J\overline{Q^n}+\overline{K}Q^n$

D 触发器：$Q^{n+1}=D$

T 触发器：$Q^{n+1}=T\overline{Q^n}+\overline{T}Q^n$

T′触发器：$Q^{n+1}=\overline{Q^n}$

上述特性方程对不同结构的同类触发器都适用。利用触发器的特性方程，可以进行不同逻辑功能触发器的转换。

习 题 4

4.1　在图 4.1 所示的基本 RS 触发器中，输入信号 $\overline{R}$、$\overline{S}$ 的波形见图题 4.1，画出 Q、$\overline{Q}$ 端的波形。

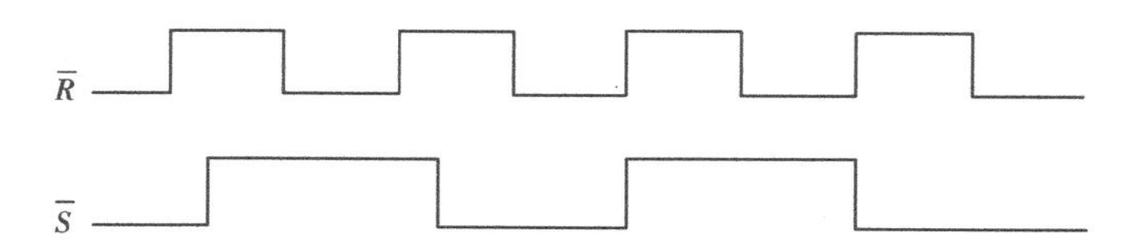

图题 4.1

4.2　如图题 4.2 所示是由或非门构成的基本 RS 触发器的电路图和逻辑符号，试分析其工作原理，并写出特性方程和状态转换真值表。

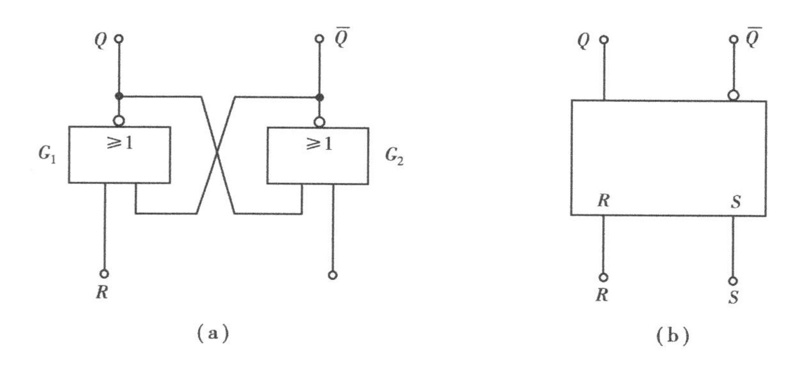

图题 4.2

4.3　已知如图 4.4 所示的同步 RS 触发器，CP、R、S 的输入波形见图题 4.3，对应画出 Q 和 $\overline{Q}$ 端的波形。

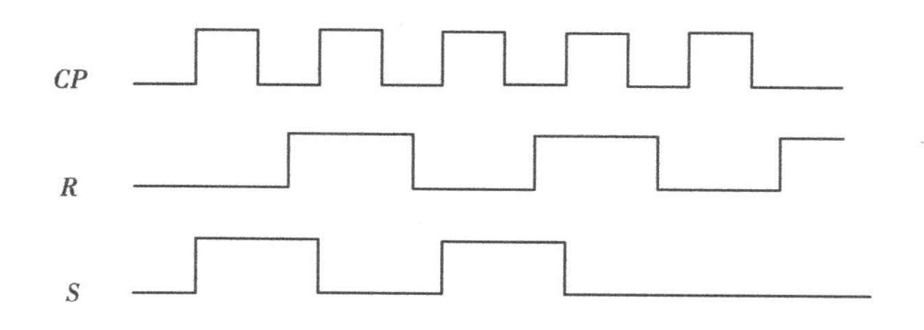

图题 4.3

4.4　设维持阻塞 D 触发器的初始状态为 0，试画出在图题 4.4 所示的 CP、D 信号作用下 Q 和 $\overline{Q}$ 端的波形。

4.5　上降沿触发的边沿 JK 触发器输入信号波形如图题 4.5 所示，试画出 Q 和 $\overline{Q}$ 端的波形。

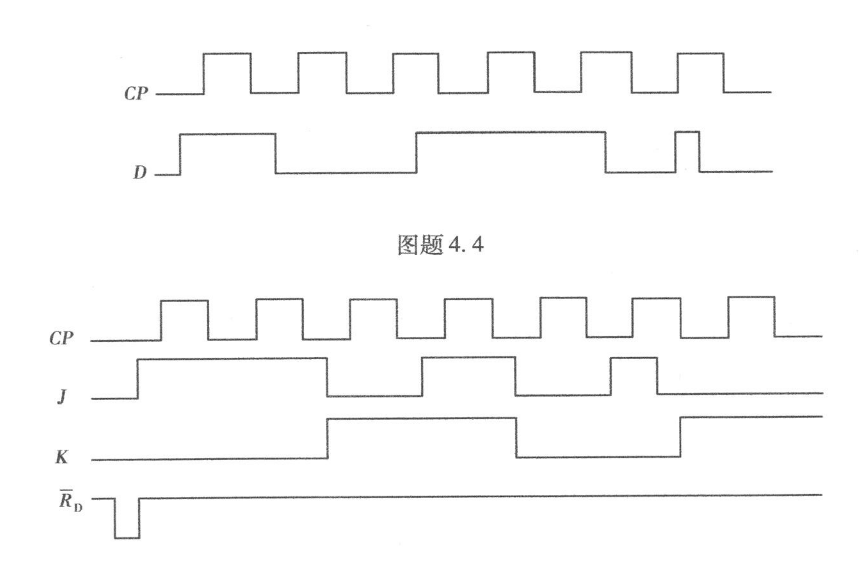

图题4.4

图题4.5

4.6　图题4.6中各触发器的初始状态为0，在 CP 脉冲作用下，试画出各触发器 Q 和 $\overline{Q}$ 端的波形。图中悬空的输入端相当于接高电平。

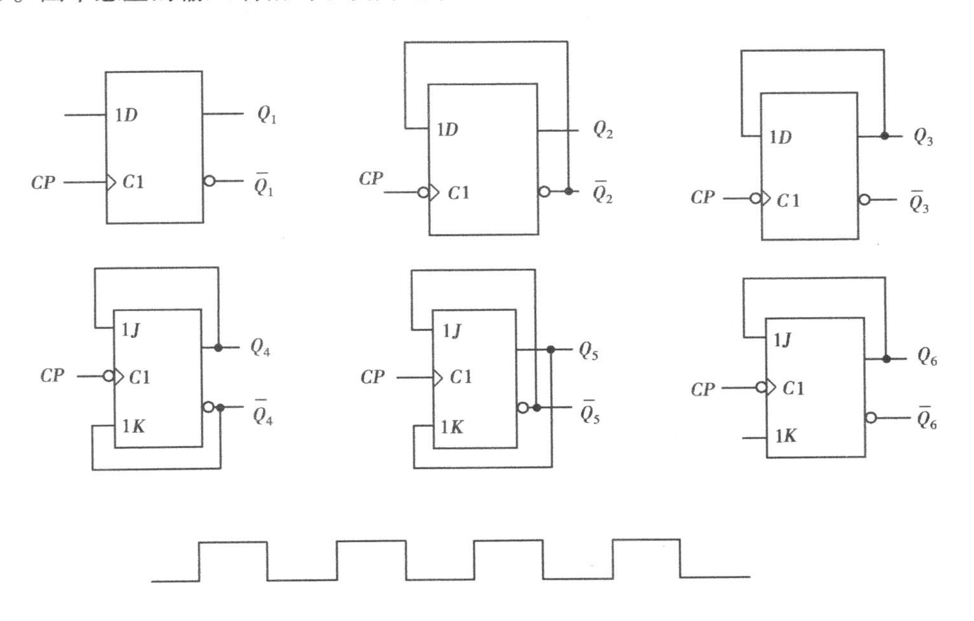

图题4.6

4.7　JK触发器接成如图题4.7所示电路，CP、A、B 端的输入波形如图所示，画出 Q 和 $\overline{Q}$ 端的输出波形，设初始状态为0。

4.8　试将JK触发器分别转换成D触发器和T触发器，并画出转换电路图。

4.9　试将D触发器转换成T触发器，并画出转换电路图。

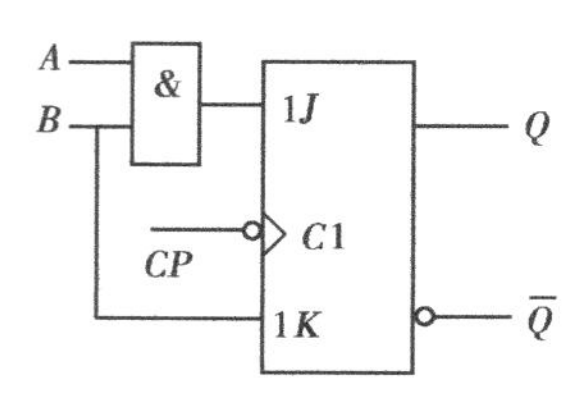

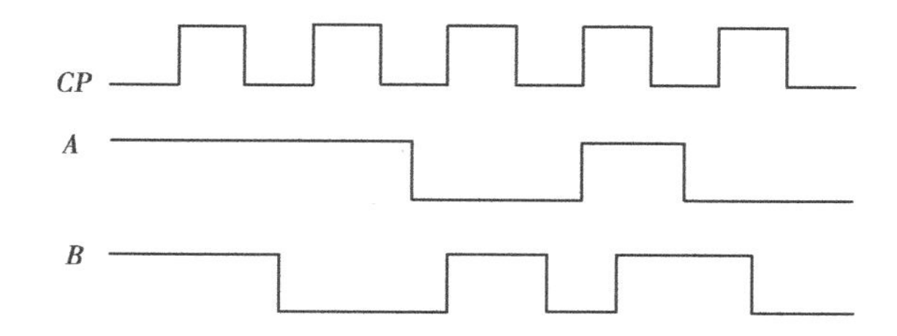

图题 4.7

第 5 章 时序逻辑电路

本章系统地介绍了时序逻辑电路的结构、工作原理以及分析方法、设计方法。首先，简要介绍了时序电路的结构特点、功能的描述方法和时序电路的分类；然后介绍了时序逻辑电路的分析步骤和方法，并以寄存器、同步（异步）计数器、移位寄存器为例进一步加以说明；接着介绍了时序逻辑电路设计的一般步骤和方法，并以同步（异步）计数器设计为例进行了详细说明；最后就有关集成计数器的特性和应用做了简要介绍。时序逻辑电路的分析和设计方法是本章的核心和重点。

5.1 时序逻辑电路简述

按照数字逻辑电路组成的不同特点，通常将数字逻辑电路分为两大类：一类为组合逻辑电路，这类电路在前面的章节中已经介绍；另一类就是本章所介绍的时序逻辑电路。

5.1.1 时序逻辑电路的结构特点

在前面的章节中已经学过，在组合逻辑电路中，任一时刻电路的输出取决于当时的输入。这是由组合逻辑电路的结构特点所决定的，因为组合电路中并没有类似于触发器之类的记忆存储元件存储过去的信息，也就是说，组合电路是无记忆的。而在下面将要学习的时序逻辑电路中，任一时刻电路的输出不仅取决于当时的输入，而且还取决于电路原来的状态，也就是说，原来的输入对现在的输出是有影响的。显然，和组合逻辑电路不同的是，时序逻辑电路应该有类似于触发器之类的存储元件，才能存储以往的信息，这样才能对当前的电路的输出产生影响，因此，时序逻辑电路是有记忆的。

为了进一步说明时序逻辑电路的特点，下面先来分析如图 5.1 所示的简单的时序逻辑电路。

从图 5.1 中可见，该时序逻辑电路主要由两部分组成：一是由三个与非门组成的组合逻辑电路（见图中虚线框所示）；二是由 T 触发器构成的存储电路。图中 X 是输入，Y 是输出，而 CP 是外部时钟输入信号，用于控制 T 触发器的状态变化。显然，整体电路的输出 Y 是由三个

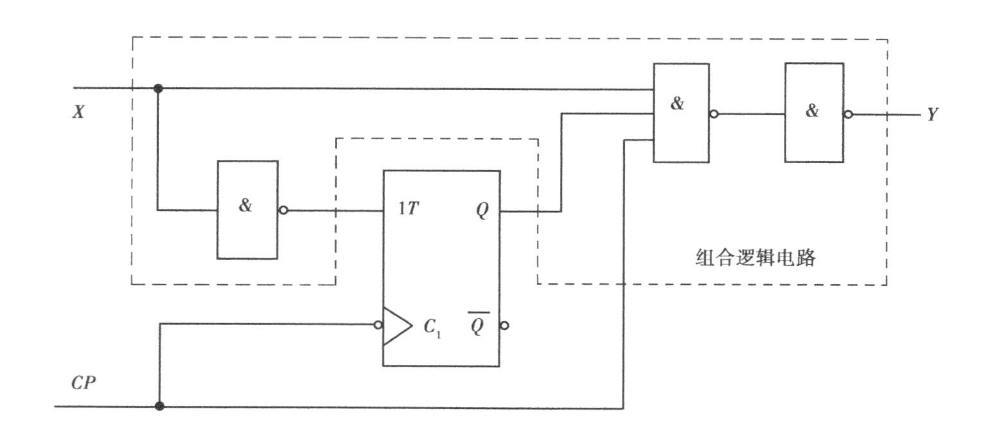

图 5.1　简单时序逻辑电路图

输入决定的，一个是 X，一个是 CP，这两个输入均为外部输入，而另一个输入 Q 则取决于原来 T 触发器的状态，因此，电路的输出 Y 不仅与当时的输入 X、CP 有关，而且还与原来的状态 Q 有关。

上述例子的电路结构实际上反映了一般时序逻辑电路的结构特点。那就是：时序逻辑电路在结构上包含了组合逻辑电路和存储电路两个部分，其中，存储电路通常由触发器构成，是时序逻辑电路中不可或缺的部分。时序电路中的组合电路的一部分输出反馈到存储电路的输入端，而存储电路的输出则反馈到组合电路的输入端，与其他输入信号共同决定整个电路的输出。因此，时序逻辑电路的输出不仅取决于当时的输入信号，而且还取决于电路原来的状态。

时序逻辑电路的结构框图如图 5.2 所示。

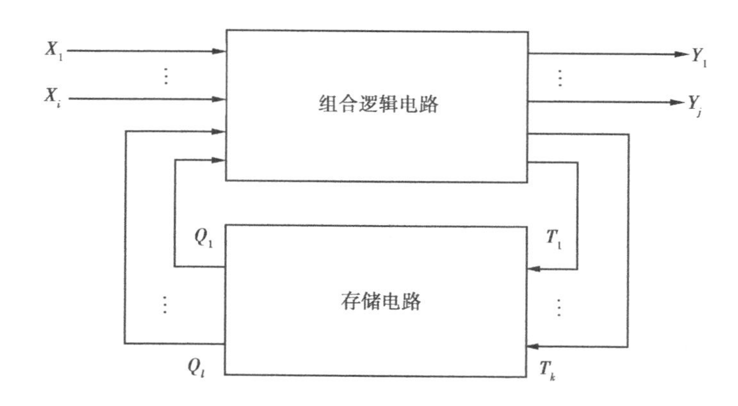

图 5.2　时序逻辑电路结构框图

其中：X_1、…、X_i 为整个电路的外部输入；Y_1、…、Y_j 为整个电路的输出；T_1、…、T_k 为电路中组合电路的部分输出（即为存储电路的输入，也称为整个电路的内部输出）；Q_1、…、Q_l 为电路中存储电路的输出（即为组合电路的部分输入，也称为整个电路的内部输入）。注意，上述结构图中并没有画出外部的时钟输入 CP。

5.1.2　时序逻辑电路的功能描述方法

我们知道，对于组合逻辑电路的功能，通常描述的方法有：真值表、逻辑表达式、逻辑图和用于化简的卡诺图等。而对于时序逻辑电路的功能，也有不同的描述方法，常用的方法有：逻辑表达式、状态转换表、状态转换图、时序图等。

(1)逻辑表达式

逻辑关系表达式是描述时序逻辑电路的重要的方法之一。根据图5.2所示的时序逻辑电路结构，可以用下列的方程组来描述逻辑关系表达式。

1)对于电路中的组合电路，电路的输出方程组为：

$$\left.\begin{aligned} Y_1 &= f_1(X_1,X_2,\cdots,X_i,Q_1,Q_2,\cdots,Q_l) \\ Y_2 &= f_2(X_1,X_2,\cdots,X_i,Q_1,Q_2,\cdots,Q_l) \\ &\vdots \\ Y_j &= f_j(X_1,X_2,\cdots,X_i,Q_1,Q_2,\cdots,Q_l) \end{aligned}\right\} \tag{5.1}$$

式(5.1)称为时序逻辑电路的**输出方程**。该式反映了整个电路的输出与组合电路当时的输入(其中包括由存储电路存储的原来的电路状态)之间的逻辑关系。

2)对于电路中的存储电路，其两端的输入、输出方程组分别为：

$$\left.\begin{aligned} T_1 &= g_1(X_1,X_2,\cdots,X_i,Q_1,Q_2,\cdots,Q_l) \\ T_2 &= g_2(X_1,X_2,\cdots,X_i,Q_1,Q_2,\cdots,Q_l) \\ &\vdots \\ T_k &= g_k(X_1,X_2,\cdots,X_i,Q_1,Q_2,\cdots,Q_l) \end{aligned}\right\} \tag{5.2}$$

$$\left.\begin{aligned} Q_1^{n+1} &= h_1(T_1,T_2,\cdots,T_k,Q_1^n,Q_2^n,\cdots,Q_l^n) \\ Q_2^{n+1} &= h_2(T_1,T_2,\cdots,T_k,Q_1^n,Q_2^n,\cdots,Q_l^n) \\ &\vdots \\ Q_l^{n+1} &= h_l(T_1,T_2,\cdots,T_k,Q_1^n,Q_2^n,\cdots,Q_l^n) \end{aligned}\right\} \tag{5.3}$$

式(5.2)称为整个时序逻辑电路的**驱动方程**或**激励方程**，它反映了构成存储电路的触发器的输入与组合电路的外部输入和存储电路的触发器原来的状态之间的逻辑关系(也就是对存储电路的触发器的输入驱动或激励关系)。

而式(5.3)则称为整个时序逻辑电路的**状态方程**，它是存储电路中触发器的输出，实际上反映了在输入的驱动或激励下触发器的状态。由于触发器的状态变化(即触发器的输出Q^{l+1})不仅取决于触发器的输入T_1、…、T_k，而且还取决于触发器原来的状态Q_1^n、…、Q_l^n，因此，在上述状态方程中Q^{n+1}称为**次态**，即**下一个状态**，而Q^n称为**现态**，也就是**原来的状态**。

根据上述逻辑表达式，可以对图5.1所示的时序逻辑电路的输出方程、驱动方程和状态方程分别描述如下：

$$Y = \overline{\overline{XQ^nCP}} = XQ^nCP$$

$$T = \overline{X}$$

$$Q^{n+1} = \overline{X}\cdot\overline{Q^n} + X\cdot Q^n$$

对于初学者来说，需要提醒的是：对于时序逻辑电路的输出方程、驱动方程和状态方程等这些逻辑表达式，是今后分析和设计时序逻辑电路的前提和条件。不管时序电路结构如何复杂，只要把握其逻辑表达式，就可以说把握住了时序电路的本质。

(2)状态转换表

状态转换表是描述时序逻辑电路功能的另一种常用的方法。所谓状态转换表（或简称状态表），就是将时序逻辑电路中的所有外部输入和存储电路中的各级触发器的现态的全部组合取值，分别代入电路的输出方程和各级触发器的状态方程中。计算出电路的输出值和各级触发器的次态值，并将这些结果列成真值表形式，这样的真值表就称为时序逻辑电路的状态转换表。

例如，对于图5.1所示的时序电路，根据其外部输入 X 和T触发器的原有状态的组合取值，分别代入输出方程和状态方程，就可以得到其相应的状态转换表，如表5.1所示。

表5.1　图5.1时序电路的状态表

X	CP	Q^n	Q^{n+1}	Y
0	↓	0	1	0
0	↓	1	0	0
1	↓	0	0	0
1	↓	1	1	1

上述状态转换表中，外部时钟输入 CP 的↓表示触发器在时钟下跳沿时有效。有时时序电路的 CP 可以不列出来，因此，对于一个时序电路而言，状态转换表可能不止一个。有些书对状态转换表的格式要求也可能不一样，但不管怎样，在每个状态表中，电路的外部输入、存储电路的各级触发器的现态（原来状态）和次态（下一个变化状态）、电路输出这4个基本要素是必须要列出的。而且电路的外部输入、各级触发器的现态通常列在状态表的左边，而各级触发器的次态和电路的输出则列在表的右边。

状态转换表是时序电路的分析和设计的一个很有利的工具。有关状态转换表的格式和应用将在后面的学习中通过具体的例子再深入地介绍，这里暂不详述。

(3)状态转换图

根据状态转换表就可以画出对应的**状态转换图**（或简称状态图）。状态转换图直观地反映了时序逻辑电路的状态的转换规律和相应的输入、输出取值的关系。如根据上述的状态转换表5.1，可画出图5.1所示的时序电路的状态转换图（见图5.3所示）。

在状态转换图中，圆圈及圈内的字母或数字表示时序电路的各级触发器的状态，连线与箭头表示状态的转换方向（由现态到次态），当箭头的起点和终点都在同一个圆圈上时，则表示状态不变。标在箭头连线边上的数字则表示状态转换的输入条件和输出结果，通常将输入条件写在斜线的上方，而将输出结果写在斜线的下方。连线边上的这些数字清楚地表明，在该输入条件下，时序电路将产生相应的输出，同时，电路的触发器将发生如箭头所指向的状态转换。

(4)时序图

时序图就是时序逻辑电路的各个信号的工作波形图。它也可以直观地描述时序电路的输入、时钟信号、输出以及各级触发器的状态转换在时间上的对应关系。时序图一般是根据状态

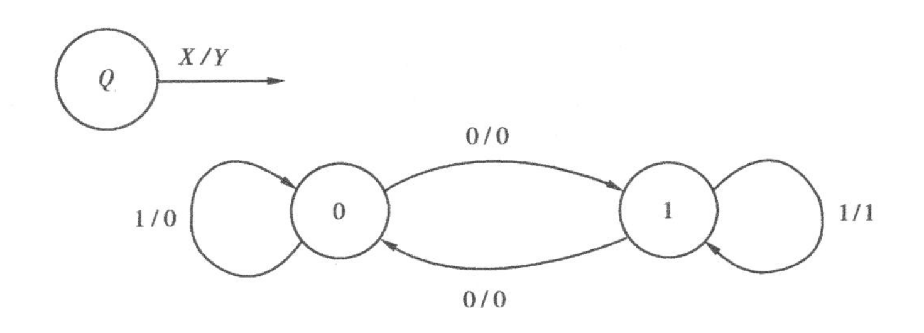

图5.3　图5.1所示时序电路的状态转换图

转换图所指明的状态变化而画出来的。通常，有了时序电路的逻辑表达式、状态转换表和状态转换图，基本上可以说明该电路的特点和功能，而时序图则可以不画出来，但在特殊情况下，需要画出相应的时序图。

对于上述图5.1的时序电路，可以不画出时序图，但为了让读者掌握时序图的特点和画法，这里将该电路的时序图画出，如图5.4所示。

其中，图5.4(a)是触发器初始状态 Q 为0时的时序图，而图5.4(b)则是初始状态 Q 为1时的时序图。

由图5.4可以看到，对于两个时序图，在输入信号 X 不变的情况下，如果电路的初态不同，则输出 Y 的波形也不同。这就说明了时序逻辑电路的特点，即任一时刻电路的输出不仅取决于当时的输入，而且还取决于当时电路的原来状态。

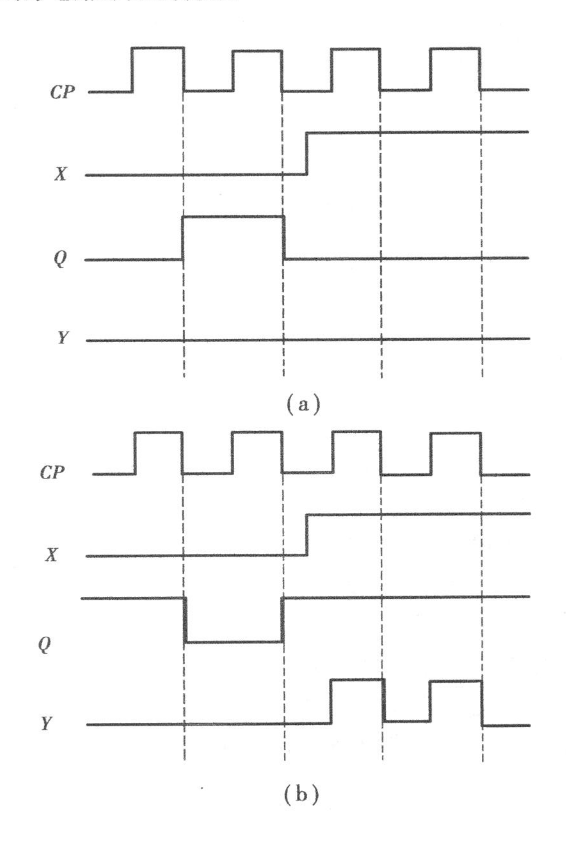

图5.4　图5.1时序电路的时序图

以上介绍了有关时序逻辑电路功能的4种主要的描述方法。这4种方法分别从不同的方面来描述电路的特点和功能，各有特点，在实际应用中，往往要求按这4种方法写出相应的方程式和图表。而这4种方法是可以相互转换的。读者在下面的学习过程中将频繁地使用这些方法，对这些方法将会有更深入的了解。

5.1.3　时序逻辑电路的分类

时序逻辑电路可分为同步时序逻辑电路和异步时序逻辑电路两大类。

所谓同步时序逻辑电路，就是在时序逻辑电路中，存储电路的各级触发器的时钟输入CP都连接在一起，具有同一时钟脉冲源，因而使得所有的触发器的状态(也就是时序逻辑电路的状态)变化均与输入的时钟脉冲同步。

而异步时序逻辑电路，就是电路中存储部分的各级触发器的时钟输入没有连接在一起，各级触发器具有自己独立的时钟脉冲，因此，触发器的状态变化不一定与输入的时钟脉冲同步。

从电路结构来看，异步时序逻辑电路比同步时序逻辑电路复杂，但同步时序逻辑电路的执行速度要比异步时序电路要高。有关这两类时序逻辑电路的详细特点将在后面的章节中再做介绍，这里不再详述。

5.2 时序逻辑电路的分析

时序逻辑电路的分析，就是根据给定的时序逻辑电路图，找出电路在输入变量和时钟信号的作用下电路的状态和输出的变化规律，从而确定电路的功能。具体地说，就是根据电路图，分别求出电路的输出方程、驱动方程和状态方程，列出电路的状态转换表，画出电路的状态转换图和时序图，最后分析确定电路具有的逻辑功能。

5.2.1 时序逻辑电路的分析步骤

时序逻辑电路的分析过程一般按如下步骤进行：

①根据给定的电路图，分别写出电路的输出方程、存储电路的各级触发器的驱动方程，然后将驱动方程代入各级触发器的特性方程中，得到各自的状态方程（即次态方程），这些状态方程就是电路的状态方程。

②将输入变量和各级触发器的初态（即原来状态或者现态）的所有可能取值进行组合，并代入各自的状态方程和电路的输出方程，计算得到状态转换表。

③根据状态转换表的状态变化规律，画出对应的状态转换图或时序图。

④根据状态转换图或时序图说明整个电路的逻辑功能和特性。

在时序逻辑电路的分析中，时钟脉冲输入信号对电路的影响是不能忽视的。由于在同步时序逻辑电路中，各级触发器的时钟信号是一样的，因此，对于同步时序逻辑电路的分析，时钟信号可以省略不写。但对于异步时序逻辑电路，由于各级触发器的时钟信号不同步，因此，在列写上述各方程时必须考虑时钟信号的作用。这也就是说，对于同步时序逻辑电路分析和异步时序逻辑电路的分析虽然在步骤上是一样的，但具体到列写方程时，则存在一定的差别。

5.2.2 时序逻辑电路的分析举例

为了让读者进一步了解时序逻辑电路的分析过程和步骤，下面通过举例加以说明。

例 5.1 分析下列图 5.5 所示的时序逻辑电路功能。

解： 根据图 5.5 的电路图，分析如下：

①由图所示，可以判断出该电路为同步时序逻辑电路，然后分别列出电路的输出方程、驱动方程：

输出方程为： $Y = Q_1^n Q_0^n$

驱动方程为： $J_0 = K_0 = 1 \qquad J_1 = K_1 = X \oplus Q_0^n$

由于存储电路的触发器为 JK 触发器，因此 JK 触发器的特性方程为：

$$Q^{n+1} = J\overline{Q^n} + \overline{K}Q^n$$

将上述的驱动方程代入上式，从而得到触发器 FF_0、FF_1 的状态方程：

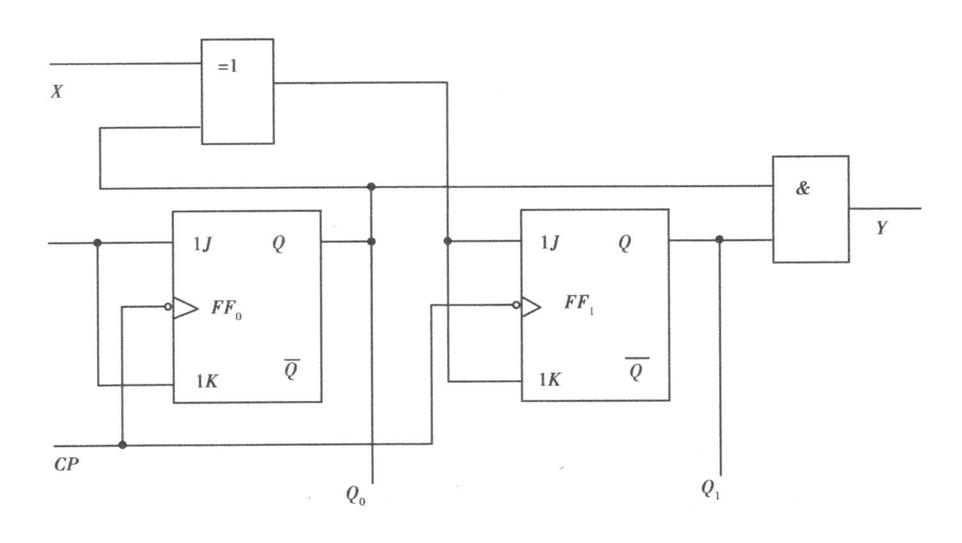

图 5.5　例 5.1 的时序逻辑电路图

FF_0的状态方程：　　$Q_0^{n+1} = J_0\overline{Q_0^n} + \overline{K_0}Q_0^n = \overline{Q_0^n}$

FF_1的状态方程：

$$
\begin{aligned}
Q_1^{n+1} &= J_1\overline{Q_1^n} + \overline{K_1}Q_1^n \\
&= (X\oplus Q^n)\overline{Q_1^n} + \overline{(X\oplus Q_0^n)}Q_1^n \\
&= X\oplus Q_0^n\oplus Q_1^n
\end{aligned}
$$

需要注意的是，FF_0、FF_1的状态方程实际上就是它们的次态方程。

②根据状态方程和输出方程，列出状态转换表。

列出状态转换表是分析时序逻辑电路很重要的一步，其具体做法是：画出状态转换表的表格（见表 5.1 形式），将输入变量 X 和电路的现态 Q^n（本例具体为 Q_1^n、Q_0^n）分别列在表格的左边，而将电路的次态 Q^{n+1}（本例具体为 Q_1^{n+1}、Q_0^{n+1}）和输出变量 Y 列在表格的右边。由于是同步时序电路，因此时钟信号 CP 可以省略；然后将输入变量 X 和电路的现态 Q^n 的所有可能的取值组合状态值在表格左边的对应项下列出；之后根据每行的取值组合状态值，依据步骤①中列出的输出方程和状态方程，求出对应行的当前输出 Y 的相应值以及次态 Q^{n+1} 的相应值。按照此方法，本例的状态转换表如表 5.2 所示。

表 5.2　图 5.5 时序电路的状态表

X	Q_1^n	Q_0^n	Q_1^{n+1}	Q_0^{n+1}	Y
0	0	0	0	1	0
0	0	1	1	0	0
0	1	0	1	1	0
0	1	1	0	0	1
1	0	0	1	1	0
1	0	1	0	0	0
1	1	0	0	1	0
1	1	1	1	0	1

具体在列写上述转换表的过程中,先在左边的 X、Q_1^n、Q_0^n 对应项下面列出所有的组合状态值,即 000 ~ 111(最好按值的递增顺序写),然后依据输出方程和状态方程分别求出对应行的 Q_1^{n+1}、Q_0^{n+1}、Y 的值。如在表的第 4 行中,已知的 X、Q_1^n、Q_0^n 对应项下的取值分别为 0、1、1,则将这些值分别代入状态方程和输出方程中,即:

$$Q_1^{n+1} = X \oplus Q_0^n \oplus Q_1^n = 0 \oplus 1 \oplus 1 = 0$$

$$Q_0^{n+1} = \overline{Q_0^n} = \overline{1} = 0$$

$$Y = Q_1^n Q_0^n = 1 \times 1 = 1$$

因此,第 4 行的 Q_1^{n+1}、Q_0^{n+1}、Y 的值即为 0、0、1。依此类推,可以求出其他行的 Q_1^{n+1}、Q_0^{n+1}、Y 的值。

③画状态转换图或时序图。

根据状态转换表可画出相应的状态转换图。如根据上述表 5.2 即可画出图 5.5 所示电路的状态转换图,见图 5.6。注意:图中的圆圈和圆圈内的数字、符号,以及带箭头的线条旁的数字的含义见 5.1.2 节中状态转换图的有关规定。这些规定是统一的,以后不再提示。

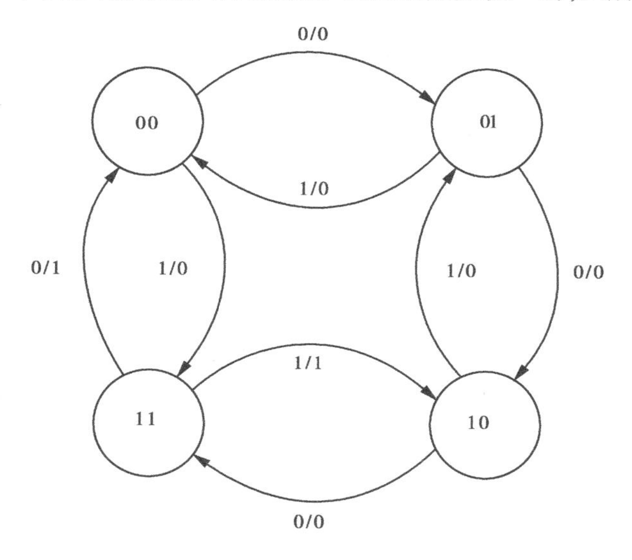

图 5.6 例 5.1 的电路状态转换图

由图 5.6 所示的状态转换图可以直观形象地揭示电路状态变化的情况:

若假设输入 $X=0$,那么当触发器的现态为 $Q_1^nQ_0^n=00$ 时,则当前的输出 $Y=0$,电路的次态在一个 CP 脉冲的作用下为 $Q_1^{n+1}Q_0^{n+1}=01$;当触发器的现态为 $Q_1^nQ_0^n=01$ 时,则 $Y=0$,电路的次态在一个 CP 脉冲的作用下为 $Q_1^{n+1}Q_0^{n+1}=10$;当 $Q_1^nQ_0^n=10$ 时,则 $Y=0$,电路的次态在一个 CP 脉冲的作用下为 $Q_1^{n+1}Q_0^{n+1}=11$;当 $Q_1^nQ_0^n=11$ 时,则 $Y=1$,电路的次态在一个 CP 脉冲的作用下为 $Q_1^{n+1}Q_0^{n+1}=00$。

若假设输入 $X=1$,那么电路的当前输出 Y 和次态 $Q_1^{n+1}Q_0^{n+1}$ 的转换方向与上述的方向正好相反。

根据状态转换表和状态转换图,如果需要,可以画出相应的时序图。不妨假设电路的初态为 $Q_1^nQ_0^n=00$,则在一系列 CP 脉冲信号作用下,电路的时序图如图 5.7 所示。

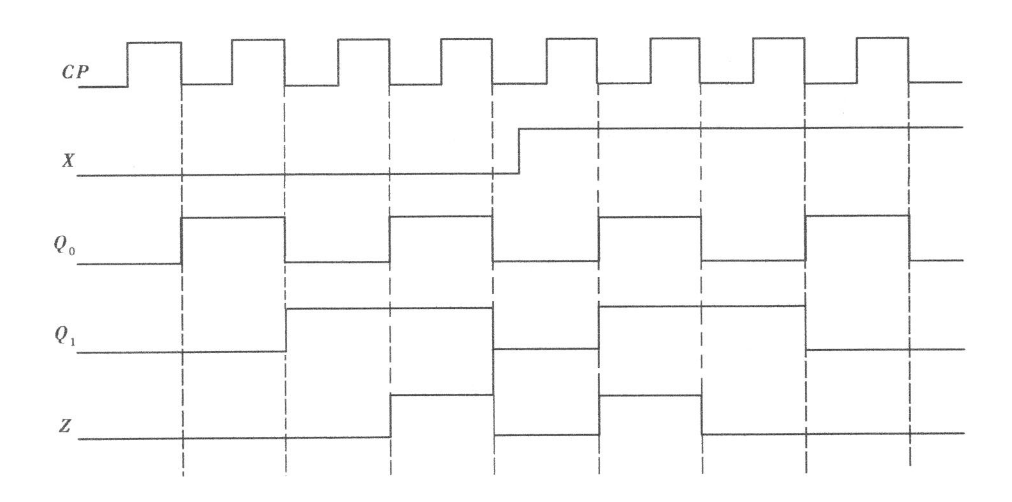

图5.7　例5.1的电路时序图

④电路的逻辑功能分析

由得到的状态表和状态图分析，可以知道，该时序逻辑电路是一个模为4的可控计数器。当$X=0$时，电路为模4的加法计数器，即在CP的作用下Q_1Q_0的状态由00→01→10→11递增变化，每经过4个CP作用后，电路的状态Q_1Q_0回到00，完成一次循环，这时输出$Y=1$，表示计数器产生一次进位脉冲；而当$X=1$时，电路为模4的减法计数器，即在CP的作用下，Q_1Q_0的状态由10→01→00→11递减变化，每经过4个CP作用后，电路的状态Q_1Q_0回到10，完成一次循环，这时输出$Y=1$，表示计数器产生一次借位脉冲。

例5.2　分析下图5.8所示的时序逻辑电路功能。

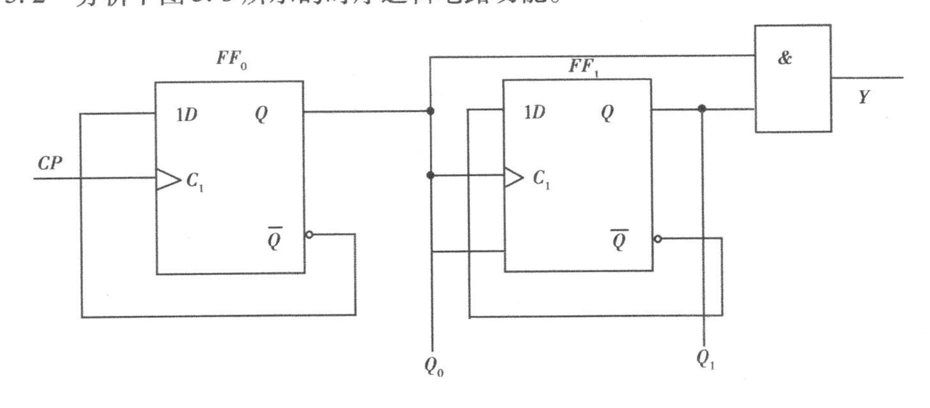

图5.8　例5.2所示的时序逻辑电路图

解：　根据图5.8的电路图，分析如下：

①由图所示，电路中的触发器FF_0的触发信号是时钟脉冲CP，而触发器FF_1的触发信号为Q_0，因此两者的触发信号未连在一起，由此可以判断出该电路为异步时序逻辑电路。对于异步时序逻辑电路的分析，要注意触发器中在加到其CP触发端上的信号是否有效，也就是说，要根据作用在它们各自CP触发端的触发信号是上升沿有效（即CP端的触发信号从0变到1），还是下降沿有效（即CP端的触发信号从1变到0）。只有当这些触发信号有效时，触发

器的状态才能转换，否则，将保持原来状态不变。因此在列触发器的状态方程时，要考虑其各自 CP 触发端的触发信号，这是与同步时序逻辑电路分析时不同之处。

下面根据电路图分别列出电路的输出方程、驱动方程：

输出方程为： $Y = Q_1^n Q_0^n$

驱动方程为： $D_0 = \overline{Q_0^n}$ $D_1 = \overline{Q_1^n}$

由于存储电路的触发器为 D 触发器，因此 D 触发器的特性方程为：

$$Q^{n+1} = D \cdot CP\uparrow \text{（}CP \text{ 上升沿有效）}$$

将上述的驱动方程代入上式，从而得到触发器 FF_0、FF_1 的状态方程：

FF_0的状态方程： $Q_0^{n+1} = D_0 \cdot CP\uparrow = \overline{Q_0^n} \cdot CP\uparrow$

FF_1的状态方程： $Q_1^{n+1} = D_1 \cdot CP\uparrow = \overline{Q_1^n} \cdot Q_1^n\uparrow$

在上述 FF_0、FF_1 的状态方程中，需要列出各自对应的触发信号。其中含有↑符号的部分表示触发器的触发信号的有效形态是上升沿有效。

②根据状态方程和输出方程，列出状态转换表。

列出状态转换表的方法大致与例 5.1 中列写状态表的方法相似，只是在这里还要列出各触发器的 CP 端的触发信号状态。因此根据上述 FF_0、FF_1 的状态方程，可列出对应的状态转换表如表 5.3 所示，注意在表 5.3 中，要增加各触发器中 CP 端的有效触发信号。

表 5.3 图 5.8 时序电路的状态表

Q_1^n	Q_0^n	CP_0	CP_1	Q_1^{n+1}	Q_0^{n+1}	Y
0	0	_┌	_┌	1	1	0
0	1	_┌	×	0	0	0
1	0	_┌	_┌	0	1	0
1	1	_┌	×	1	0	1

表中的 CP_0、CP_1 分别是 FF_0、FF_1 的触发信号，其中，$CP_0 = CP\uparrow$，而 $CP_1 = Q_0^n\uparrow$，表中的图形_┌即表示上升沿有效。对于 CP_0，其上升沿是由外部时钟 CP 确定的，因此只要 CP 有一个上升沿，FF_0的状态就按状态方程进行转换（见图 5.10）。但对于 CP_1，其上升沿则由 Q_0^n 现态确定，只有当 Q_0^n 出现上升沿（即在表中每行的 $Q_0^n \to Q_0^{n+1}$ 从 $0 \to 1$）时，FF_1 的状态就按状态方程进行转换（见图 5.10），否则，FF_1状态保持不变（在表中对应行的 CP_1用×表示）。

③画出状态转换图和时序图

根据表 5.3 可画出相应的状态转换图（图 5.9）和时序图（图 5.10）。

④电路的逻辑功能分析

由画出的电路的状态图和时序图可知，该电路是一个模为 4 的异步减法计数器（即异步 4 进制减法计数器），输出 Y 为借位信号。

另外，该电路也可以认为是一个序列信号发生器，输出 Y 即为序列信号为 1 时的脉冲输出，从图 5.10 可知，序列信号的重复周期为 4 T_{CP}，而脉冲宽度为 1 T_{CP}。

以上已经对时序逻辑电路的分析方法和步骤进行了详细的说明。为不失一般性，读者在

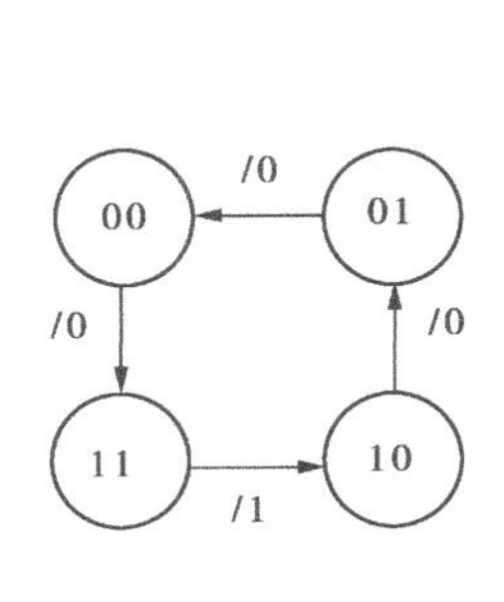

图 5.9　例 5.2 的状态转换图

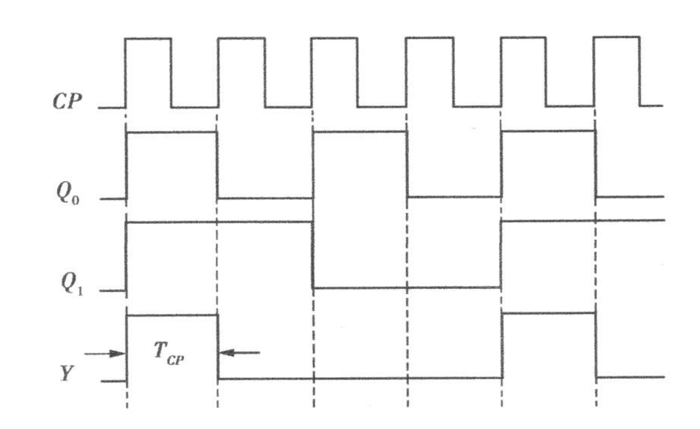

图 5.10　例 5.2 电路的时序图

对其他时序逻辑电路分析时可以按上述步骤和方法进行分析解答。

从例 5.1、5.2 可以看到，在具体分析时序电路的过程中，要注意分清电路是同步时序电路，还是异步时序电路。由于异步时序电路中，各触发器的时序触发信号不是一样的，因此，要根据各自的触发信号确定状态的变化。通常，异步时序电路要比同步时序电路复杂。

5.3　常用的时序逻辑电路

常用的时序逻辑电路有：寄存器、计数器和移位寄存型计数器等。这些典型的时序逻辑电路在许多数字系统或数字计算机系统中广泛使用，因此，学习这些常用时序电路，不仅可以了解它们的逻辑功能特性和应用，而且对于读者来说，还可以进一步加深对时序电路分析方法的理解。

5.3.1　寄存器

寄存器是一种用来暂时存储二进制数码的逻辑功能部件，这里所谓的暂时是指存储的二进制数码可以改变，而一旦掉电则数码将丢失。寄存器大致分为数码寄存器和移位寄存器两大类。这两类寄存器的共同之处就是具有暂时保存二进制数码的记忆功能，但两者的差别是移位寄存器还具有移位功能，而数码寄存器则没有这项功能。

下面分别介绍数码寄存器和移位寄存器。

(1) 数码寄存器

数码寄存器也简称为寄存器，它能够接收、存放和传送二进制数码。由于各种类型的触发器都具有置 0、置 1（即接收）、保持（即记忆）和输入输出（即传送或读写）的功能，因此，它们都可以用来构成数码寄存器。

数码寄存器既然由若干个触发器构成，而一个触发器能存储 1 位二进制值代码（0 或 1），因此 N 个触发器组成的数码寄存器就可以存储 N 位二进制代码。

图 5.11 所示的是一个由 4 个D触发器构成的 4 位数码寄存器的逻辑电路图。图中的 4 个 D 触发器的输入 $D_0D_1D_2D_3$ 构成了 4 位数码寄存器的输入，4 个 D 触发器的输出 $Q_0Q_1Q_2Q_3$ 构成 4 位数码寄存器的输出，而 4 个触发器的时钟触发信号连在一起，作为整个数码寄存器的时钟输入端 CP，4 个触发器的异步置 0 端也连在一起，作为整个寄存器的复位输入端$\overline{R_D}$。

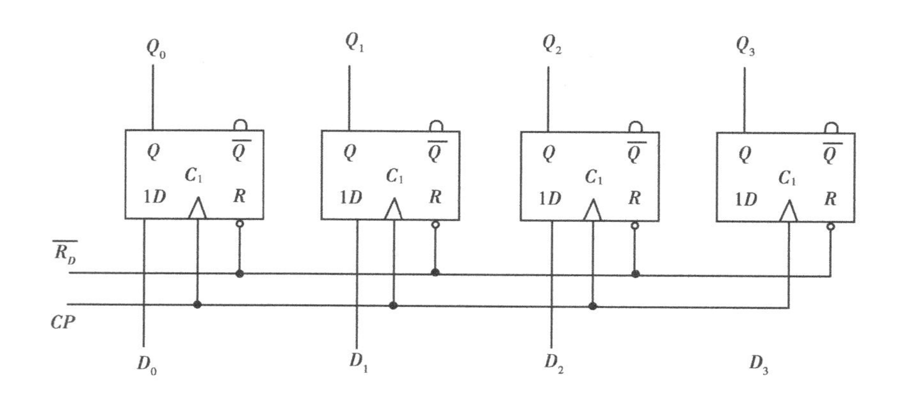

图 5.11　4 个 D 触发器构成的数码寄存器

从图 5.11 的电路结构可以看出，当数码寄存器的复位端$\overline{R_D}=0$时，触发器被复位，$Q_0Q_1Q_2Q_3=0000$；当$\overline{R_D}=1$时，触发器保持原有状态；在$\overline{R_D}=1$的条件下，若时钟 CP 的上升沿到来时，将 $D_0D_1D_2D_3$ 的数码锁存，同时锁存的数码从输出端 $Q_0Q_1Q_2Q_3$ 读出。

实际上，图 5.11 所示的数码寄存器电路图的典型产品为 74LS175。在实际的集成电路中，寄存器的种类很多，如：CT(74LS173)、CT74175(74LS175)均为 4 位的数码寄存器，而 CT74273　(74LS273)、CT74373(74LS373)为 8 位由 D 触发器构成的数码寄存器。对于 8 位由 D 触发器构成的数码寄存器的内部结构原理基本上与 4 位由 D 触发器构成的寄存器一样，只不过是 8 位的寄存器内比 4 位寄存器多出了 4 个 D 触发器而已。

注意，上述介绍的 4 位寄存器中，在接收数码时，4 位数码 $D_0D_1D_2D_3$ 是同时并行输入接收的，而触发器的输出也是 $Q_0Q_1Q_2Q_3$ 同时并行输出的，因此这类输入、输出方式称为并行输入、并行输出方式，简称并入并出方式。

(2)移位寄存器

移位寄存器除了具有存储数码的功能外，还具有移位功能。所谓移位功能，就是指寄存器存储的数码能在移位脉冲的触发作用下依次左移或者右移。因此移位寄存器不仅可以存放数码，而且可以实现数码的串行-并行转换、数码的运算和处理等等。

在移位寄存器中，在移位脉冲的作用下，如果寄存器使数码向左移动，则该寄存器称为左移移位寄存器；如果使数码向右移动，则该寄存器称为右移移位寄存器；如果数码既可以向左移，也可以向右移，则该寄存器称为双向移位寄存器。

移位寄存器的信息输入有两种方式：串行输入方式和并行输入方式。对于右移移位寄存器而言，其串行输入方式就是在同一时钟的控制下，将新的一位信息输入到移位寄存器的最左端，同时将原存在的信息整体右移一位，原来信息的最右端的一位二进制数值将输出或做别的处理。而对于左移一位寄存器，其串行输入的方式则是在同一时钟作用下，将新的一位信息输入到移位寄存器的最右端，然后再将原存在的信息整体左移一位，原有信息的最左端的一位二进制数值将输出或做别的处理。至于并行输入方式就是在同一时钟作用下，同时将所有位的信息输入移位寄存器中。

移位寄存器的信息输出方式也有两种：串行输出和并行输出方式。对于右移移位寄存器，其串行输出方式就是将移位寄存器的最右边的触发器的输出作为整个寄存器的输出，在同一时钟作用下,将存在寄存器内的数据一位一位地右移输出。而左移移位寄存器的串行输出方式则是将寄存器的最左边的触发器的输出作为整个寄存器的输出,在同一时钟作用下,将存放在寄存器内的数据一位一位地左移输出。对于移位寄存器的并行输出方式,是指将构成移位寄存器的所有触发器的输出作为整个寄存器的输出,数据在时钟信号的作用下同时输出。

移位寄存器可以由各种类型的触发器构成。如图5.12所示的就是一个由4个D触发器构成的右移移位寄存器;而图5.13所示的则为一个由4个D触发器构成的左移移位寄存器。在图5.12、图5.13中,D_{IN}是串行输入端,D_{OUT}是串行输出端,$Q_0Q_1Q_2Q_3$为并行输出端,$\overline{R}_D$为移位寄存器的复位端,CP为时钟触发信号端。下面不妨以图5.12所示的右移移位寄存器为例来说明其工作原理。

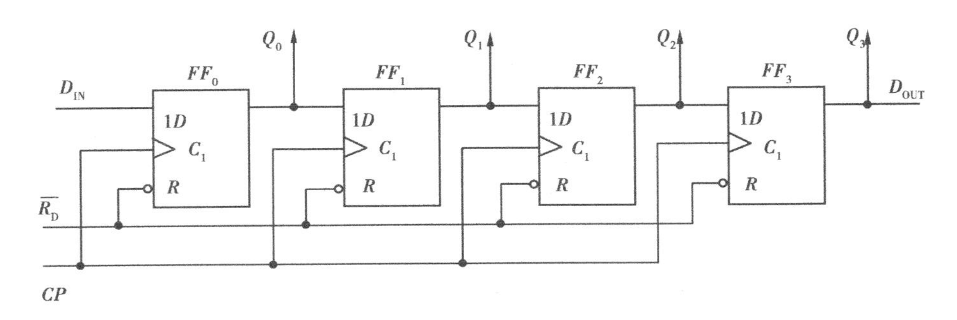

图5.12　4位右移移位寄存器电路图

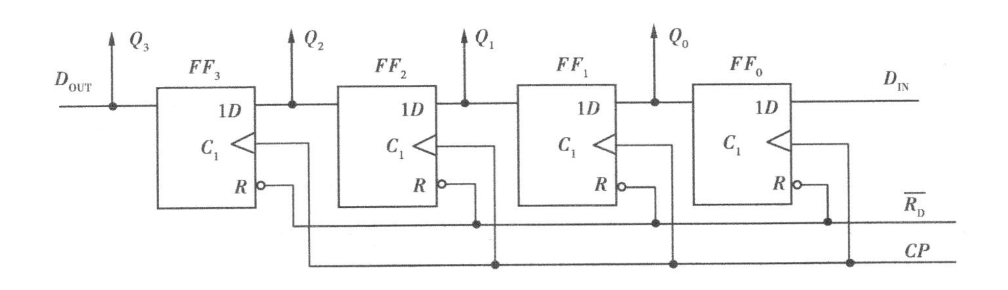

图5.13　4位左移移位寄存器电路图

从图5.12中可知,4位D触发器组成的右移移位寄存器是一个同步的时序逻辑电路。因此,可以列出相应的方程:

$$\begin{cases} Q_0^{n+1}=D_0=D_{IN} \\ Q_1^{n+1}=D_1=D_0^n \\ Q_2^{n+1}=D_2=D_1^n \\ Q_3^{n+1}=D_3=Q_2^n=D_{OUT} \end{cases}$$

上述方程即为电路的状态方程。从方程可以看出,当CP信号的上升沿同时作用于所有的触发器时,FF_0则接收输入D_{IN}的信号,而FF_1接收FF_0的原来状态,FF_2接收FF_1的原来状态,FF_3接收FF_2的原来状态,这样的结果,将使得移位寄存器原来的数码依次向右移动了一位,最右边的数码将由D_{OUT}输出,而输入的数据则存放在寄存器的最左端。

不妨假设移位寄存器的初始状态(即原来的数码值)为0000,而现在要从D_{IN}端依次输入数码1011。由于在一个时钟 CP 上升沿作用下,移位寄存器右移一位,从 D_{IN} 接收一位数码,因此要输入1011,则需要4个时钟脉冲上升沿的作用。移位寄存器的数码右移情况如表5.4所示。各级触发器在移位过程中的输出波形如图5.14所示。

表5.4　移位寄存器中数码的移动状态

CP 的顺序	D_{IN}	Q_0　Q_1　Q_2　Q_3
0(初态)	0	0　0　0　0
1	1	1　0　0　0
2	0	0　1　0　0
3	1	1　0　1　0
4	1	1　1　0　1

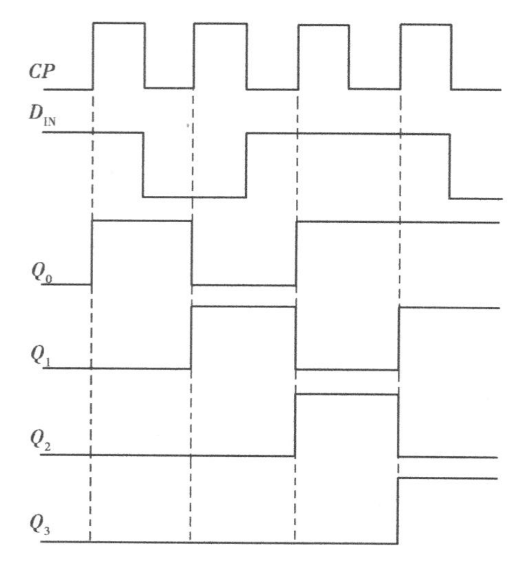

图5.14　图5.13电路的输出波形

由此可以看出,经过4个 CP 脉冲后,串行输入的4位数码(即为1011)全部移入到了移位寄存器中,同时在4个触发器的输出端得到并行输出 $Q_0Q_1Q_2Q_3=1101$。因此,利用移位寄存器可以实现数码的串行输入/并行输出的转换。

假如事先将4位数码(如1011)0并行输入到移位寄存器的4个触发器中(图5.12未画出并行输入端),然后连续加入4个时钟脉冲,那么移位寄存器里的4位数码将从串行输出端 D_{OUT} 依次输出,从而实现了数码的并行输入/串行输出的转换。

以上介绍的是图5.12所示的右移移位寄存器的工作原理,而图5.13所示的左移移位寄存器的工作原理与右移的情况基本相同,只是移位的方向是向左移动而已,请读者自己分析说明。

(3)集成移位寄存器

利用集成电路技术制造而成的集成移位寄存器的种类和型号很多。根据移位寄存器的输入、输出方式的不同,集成移位寄存器大致可以分为5类:

①串入-并出单向移位寄存器;

②串入-串出单向移位寄存器;

③串入、并入-串出单向移位寄存器;

④串入、并入-并出单向移位寄存器;

⑤串入、并入-并出双向移位寄存器。

下面以74LS194(CT74194)双向移位寄存器为例,介绍集成移位寄存器的功能及使用方法。

双向移位寄存器74LS194主要由4级RS触发器构成。74LS194的逻辑符号如图5.15所示,其功能如表5.5所示。其中,$Q_0Q_1Q_2Q_3$是移位寄存器的输出端;$D_0D_1D_2D_3$是并行数据输入端；D_{IR}是右移串行数据输入（相当于 D_{IN}）；D_{IL}是左移串行数据输入端（相当于 D_{OUT}）；CP 是时钟信号输入端，$\overline{R}_D$是复位端；S_1和 S_0是功能控制输入端。

由表 5.5 可见，当$\overline{R_D}=0$ 有效时，构成移位寄存器的全部触发器被复位，这时 $Q_0Q_1Q_2Q_3=0000$。当$\overline{R}_D=1$ 时，移位寄存器正常工作，这时由功能控制输入端 S_1、S_0决定移位寄存器的工作状态。当 $S_1S_0=00$ 时，移位寄存器中的各级触发器的状态保持不变；当 $S_1S_0=01$ 时，寄存器完成右移功能；当 $S_1S_0=10$ 时，完成左移功能；当 $S_1S_0=11$ 时，执行并行数据输入操作。通过改变功能控制输入端 S_1S_0的控制信号，可以使 74LS194 构成下列各种不同的数据输入、输出方式。

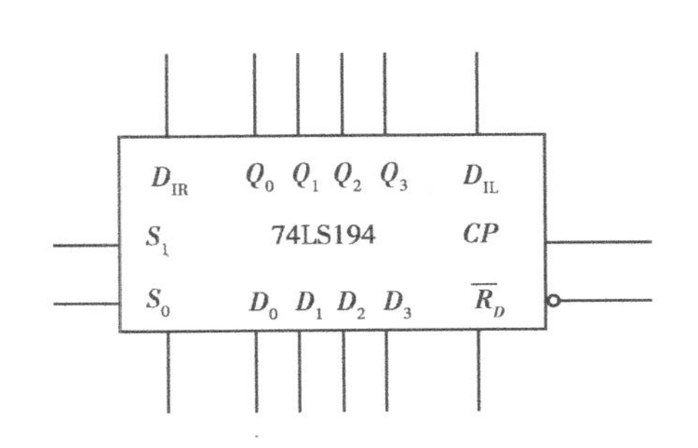

图 5.15　74LS194 的逻辑符号

表 5.5　74LS194 的功能表

$\overline{R_D}$	S_1	S_0	功能
0	×	×	置零
1	0	0	保持
1	0	1	右移
1	1	0	左移
1	1	1	并行输入

1）并入-并出方式

并入-并出方式是在功能控制输入端 $S_1S_0=11$ 时实现的。在这种方式下，只要 CP 的上升沿到来，移位寄存器就把并行数据输入端 $D_0D_1D_2D_3$的数据同时接收过来，使得 $Q_0Q_1Q_2Q_3=D_0D_1D_2D_3$，从而实现并行输入。之后可以从 $Q_0Q_1Q_2Q_3$将数据输出，实现并行输出，并入-并出方式常用于数据锁存。

2）并入-串出方式

并入-串出方式是在 $S_1S_0=11$ 时，先执行数据并入功能，将数据存入后，再改变 S_1S_0信号使寄存器执行右移（即 $S_1S_0=01$）或左移（即 $S_1S_0=10$）功能，然后把最右边（右移时）的触发器输出端 Q_3端或最左边（左移时）的触发器输出端 Q_0作为输出。在 CP 脉冲的控制下，使存入寄存器的数据一位一位地输出，实现串行输出。并入-串出方式可以把并行数据转换为串行数据（即并/串转换），这是实现计算机串行通信的重要操作过程。

3）串入-并出方式

串入-并出方式的工作原理在前面分析图 5.12 电路时已介绍过。对于 74LS194 来说，只要执行右移或左移功能，就能实现这种工作方式。如果执行右移功能，则串行数据从 D_{IR}端输入，经过 4 个时钟周期，可以将 4 位串行数据输入到寄存器中，然后从 $Q_0Q_1Q_2Q_3$并行输出。串入-并出方式可以把串行数据转换为并行数据（即串/并转换），这也是实现计算机串行通信的重要操作过程。

4）串入-串出方式

串入-串出方式是寄存器执行右移或左移功能时实现的。如果执行右移功能，则串行数据依次从 D_{IR}端输入，在 CP 的控制下，输入数据一位一位地存入寄存器，完成串行输入。然后再执行右移，寄存器里的数据又一位一位地从 D_{IL} 端输出，从而实现串入-串出方式。

从前面图 5.14 所示的右移位寄存器的波形图可以看出，从每个触发器 Q 端输出的波形是相同的，区别在于后级触发器 Q 输出波形比前级触发器 Q 输出波形滞后一个 CP 周期，因此工作于串入-串出方式的移位寄存器也称为“延迟线”。

一片集成电路在实际应用中往往不够用，达不到设计要求，所以经常需要将若干片集成电路连接起来，实现一个较大的集成电路系统。例如，用两片 74LS194 进行级联，就可以构成 8 位双向移位寄存器，其级联电路图如图 5.16 所示。

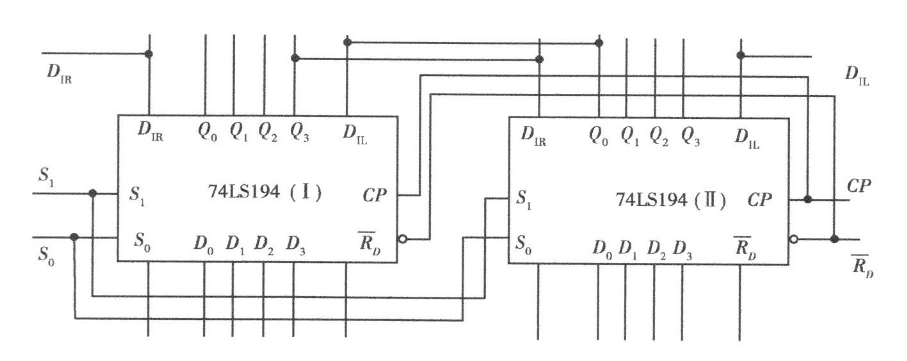

图 5.16　用两片 74LS194 接成 8 位双向移位寄存器电路

具体连接方法是：将片（Ⅰ）的 Q_3 接至片（Ⅱ）的 D_{IR}，而将片（Ⅱ）的 Q_0 接至片（Ⅰ）的 D_{IL}，同时把两片的 S_1、S_0、CP 和 $\overline{R_D}$ 分别并联。依此类推，采用相同的方法，可以用 4 片 74LS194 构成 16 位的双向移位寄存器。

5.3.2　计数器

在数字系统中，计数器是使用最多的时序逻辑电路。计数器不仅可以统计输入脉冲的个数和实现计时、计数系统，还可以用于分频、定时、产生节拍脉冲和序列脉冲以及进行数字运算等。

计数器的种类非常繁多。如果根据计数器中触发器时钟端的连接方式，可分为同步计数器和异步计数器；如果根据计数器中数字的编码方式可分为二进制计数器、二-十进制计数器、循环码计数器；如果根据计数器中计数容量可分为十进制计数器、十二进制计数器、六十进制计数器和任意进制计数器；如果根据计数器中的状态变化规律则可分为加法计数器、减法计数器和可逆计数器（或称为加/减计数器）。

（1）同步计数器的分析

在同步计数器中，全部触发器的时钟端是并联在一起的，在时钟脉冲的控制下，各级触发器的状态变化是同时发生的。通过计数器的分析，可以让读者加深对计数器特性的理解。

例 5.3　分析图 5.17 所示的计数器电路，并说明电路的特点。

解：　按照前面所介绍的有关同步时序逻辑电路的分析方法和步骤，解答如下：

1）根据图 5.17 给定的逻辑图可写出电路的驱动方程。

$$J_0 = K_0 = 1 \qquad J_1 = \overline{Q_3^n} Q_0^n \qquad K_1 = Q_0^n$$

$$J_2 = K_2 = Q_1^n Q_0^n \qquad J_3 = Q_2^n Q_1^n Q_0^n \qquad K_3 = Q_0^n$$

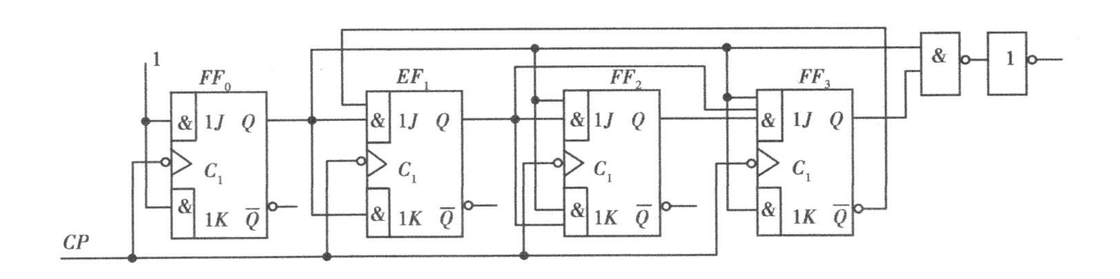

图 5.17　例 5.2 计数器电路图

将上述驱动方程分别代入 JK 触发器的特性方程 $Q^{n+1}=J\bar{Q}^n+\bar{K}Q^n$ 中,得到各自电路的状态方程

$$Q_0^{n+1}=\overline{Q_0^n} \qquad Q_1^{n+1}=\overline{Q_3^n}\cdot\overline{Q_1^n}Q_0^n+Q_1^n\overline{Q_0^n}$$

$$Q_2^{n+1}=\overline{Q_2^n}Q_1^nQ_0^n+Q_2^n\overline{Q_1^nQ_0^n} \qquad Q_3^{n+1}=\overline{Q_3^n}Q_2^nQ_1^nQ_0^n+Q_2^n\overline{Q_0^n}$$

而电路的输出方程为

$$C=\overline{\overline{Q_3^nQ_0^n}}=Q_3^nQ_0^n$$

2)计算并列出状态转换表。将 4 级触发器的全部初态 0000～1111 代入上述状态方程和输出方程,计算得出的状态转换表如表 5.6 所示。

表 5.6　例 5.3 电路状态转换表

$Q_3^n\ Q_2^n\ Q_1^n\ Q_0^n$	$Q_3^{n+1}\ Q_2^{n+1}\ Q_1^{n+1}\ Q_0^{n+1}$	C
0 0 0 0	0 0 0 1	0
0 0 0 1	0 0 1 0	0
0 0 1 0	0 0 1 1	0
0 0 1 1	0 1 0 0	0
0 1 0 0	0 1 0 1	0
0 1 0 1	0 1 1 0	0
0 1 1 0	0 1 1 1	0
0 1 1 1	1 0 0 0	0
1 0 0 0	1 0 0 1	0
1 0 0 1	0 0 0 0	1
1 0 1 0	1 0 1 1	0
1 0 1 1	0 1 0 0	1
1 1 0 0	1 1 0 1	0
1 1 0 1	0 1 0 0	1
1 1 1 0	1 1 1 1	0
1 1 1 1	0 0 0 0	1

3）画状态转换图或时序图。由状态表可知，当计数器的4级*JK*触发器的初态为$Q_3^nQ_2^nQ_1^nQ_0^n=0000$时，在*CP*时钟脉冲的控制下，各级触发器的次态$Q_3^{n+1}Q_2^{n+1}Q_1^{n+1}Q_0^{n+1}=0001$；若触发器的现态为$Q_3^nQ_2^nQ_1^nQ_0^n=0001$时，则在*CP*时钟作用下，次态为$Q_3^{n+1}Q_2^{n+1}Q_1^{n+1}Q_0^{n+1}=0010$；依此类推，可以逐步画出电路的全部状态变化的图形，即状态转换图，如图5.18所示。在图中，以斜线上、下方标出的数据状态变化的输入条件和输出结果，本例电路没有输入，只有进位输出*C*，因此以“/*C*”表示输出结果。

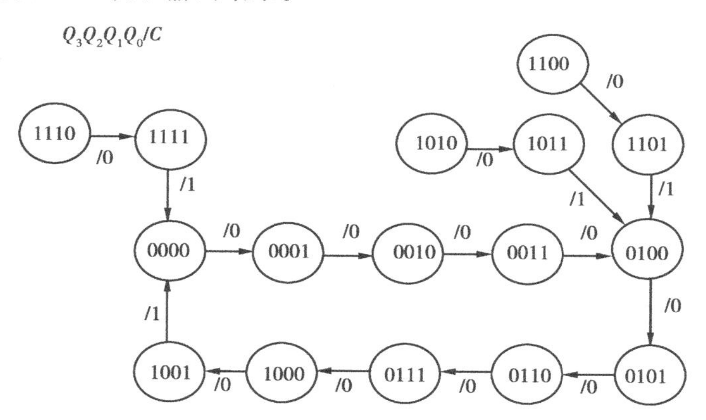

图5.18　例5.3电路状态转换图

电路的时序图可以从状态转换表或者从状态转换图中推导画出，一般由状态转换图推导比较直观。由状态图可知，当电路的初态为0000时，先转换到0001，再转换到0010，一直转换到1001后又回到0000状态，构成一个计数循环，时序图就是按照这种状态变化规律画出来的。但在画时序图时，要注意触发器的时钟特性，本例电路使用下降沿触发的*JK*触发器，因此时序图中各触发器的状态变化一定要对准*CP*的下降沿，如图5.19所示。

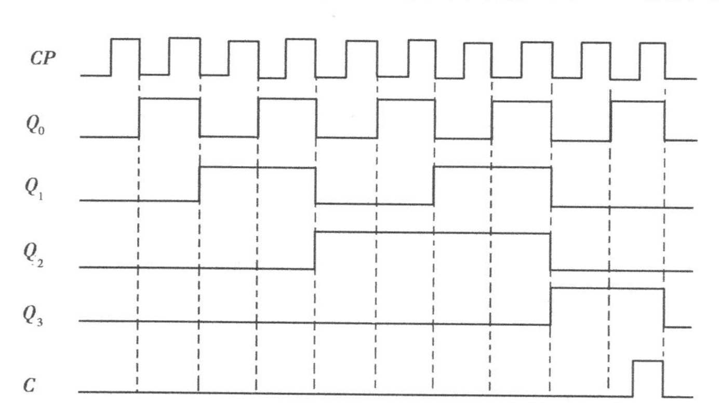

图5.19　例5.3电路的时序图

4）分析说明电路的逻辑功能。根据状态转换图或时序图，可以分析知道该电路是同步十进制加法计数器，而且具有自启动能力。

一般地，对于时序逻辑电路的功能特点进行分析时，通常根据下述理由归纳得到：

①根据电路中各级触发器的*CP*时钟触发端的连接方式，可以知道该电路是同步时序逻辑电路。如果电路各级触发器的*CP*不是连在一起的，那么它们的触发信号不同步，因此可以

判断是异步电路。

②如果电路的状态转换图是由若干个状态构成一个循环（即计数循环），则可以说明该电路是一个计数器，这是计数器电路的一大特点。

③根据构成计数循环的状态个数是多少（如这里的电路的状态个数为10），可以说明该电路是一个几进制计数器（如这里为十进制计数器），或者说计数器的模值是多少（如这里的计数器的模值为10）。

④根据状态转换表和状态转换图中计数循环状态变化的递增规律，可以说明该电路是加法计数器。如果今后分析电路的计数循环状态变化为递减，则电路为减法计数器。

⑤另外，由状态转换图可以看到，计数循环以外的状态，都能回到计数循环里来，这就说明该计数器具有自启动特性。

这里所谓的自启动特性，主要是针对计数器而言的。由上面分析可知，本电路为十进制计数器，而要设计十进制计数器，则需要4级触发器来记录输入脉冲的个数。4级触发器共有 $2^4=16$ 个状态组合，而十进制计数器只需要其中的10种组合来构成一个计数循环。因此选中进入计数循环的状态称为编码状态（或称为有效状态），未选中进入计数循环的状态称为非编码状态（或称为无效状态）。在例5.3中，0000～1001等10个状态是编码状态，而1010～1111等6个状态是非编码状态。由编码状态构成的循环称为有效循环（即计数循环），由非编码状态构成的循环称为无效循环（或称为死循环）。

在设计计数器时，一般不允许存在死循环。这是因为计数器之所以是几进制计数，其依据就是计数循环的状态个数，而如果一个计数器存在死循环，那么在计数器工作时，由于外界干扰等因素的影响，计数器可能会跳到死循环中，计数的模值就会改变，这样就会产生错误的计数结果。因此没有死循环的计数器即认为其具有自启动特性。一个计数器如果具有自启动特性，那么即使计数器的计数状态因故跳到无效状态时，也能在几个时钟脉冲的作用下自己回到计数循环中继续进行正常的计数。在例5.3中，1010 ～ 1111等6个无效状态就具有这样的特性（见图5.18）。

例5.4　分析图5.20所示的计数器电路，并说明电路的特点。

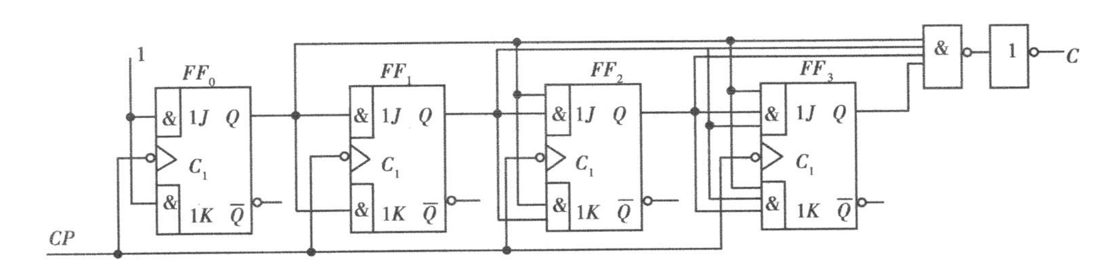

图5.20　例5.3计数器电路图

解：　①根据图5.20给定的逻辑图可写出电路的驱动方程为：

$$J_0=K_0=1 \qquad J_1=K_1=Q_0^n$$

$$J_2=K_2=Q_1^nQ_0^n \qquad J_3=K_3=Q_2^nQ_1^nQ_0^n$$

将上式代入JK触发器的特性方程 $Q_0^{n+1}=J\overline{Q}^n+\overline{K}Q^n$ 中，得到电路的状态方程为：

$$Q_0^{n+1}=\overline{Q_0^n} \qquad Q_1^{n+1}=\overline{Q_1^n}Q_0^n+Q_1^n\overline{Q_0^n}$$

$$Q_2^{n+1} = \overline{Q_2^n} Q_1^n Q_0^n + Q_2^n \overline{Q_1^n Q_0^n}$$

$$Q_3^{n+1} = \overline{Q_3^n} Q_2^n Q_1^n Q_0^n + Q_3^n \overline{Q_2^n Q_1^n Q_0^n}$$

同时根据逻辑图可写出输出方程为：

$$C = \overline{\overline{Q_3^n Q_2^n Q_1^n Q_0^n}} = Q_3^n Q_2^n Q_1^n Q_0^n$$

②由状态方程可计算并列出状态转换表。即把 4 级触发器的全部初态 0000 ~ 1111 代入状态方程和输出方程中，计算得出的状态转换表如表 5.5 所示。

③画状态转换图或时序图。根据表 5.7 的状态变化画出相应的状态转换图（如图 5.21 所示）和时序图（如图 5.22 所示）。

表 5.7　例 5.4 电路的状态转换表

Q_3^n Q_2^n Q_1^n Q_0^n	Q_3^{n+1} Q_2^{n+1} Q_1^{n+1} Q_0^{n+1}	C
0 0 0 0	0 0 0 1	0
0 0 0 1	0 0 1 0	0
0 0 1 0	0 0 1 1	0
0 0 1 1	0 1 0 0	0
0 1 0 0	0 1 0 1	0
0 1 0 1	0 1 1 0	0
0 1 1 0	0 1 1 1	0
0 1 1 1	1 0 0 0	0
1 0 0 0	1 0 0 1	0
1 0 0 1	1 0 1 0	0
1 0 1 0	1 0 1 1	0
1 0 1 1	1 1 0 0	0
1 1 0 0	1 1 0 1	0
1 1 0 1	1 1 1 0	0
1 1 1 0	1 1 1 1	0
1 1 1 1	0 0 0 0	1

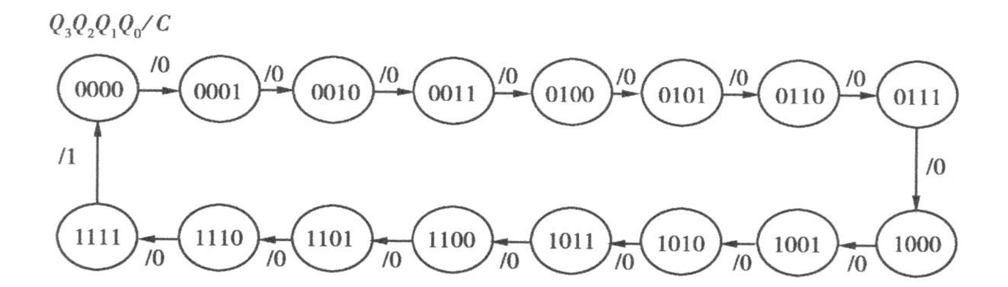

图 5.21　例 5.4 电路状态转换图

④分析说明电路的逻辑功能。由状态转换图或时序图可知，电路是同步二进制（模 16）加法计数器。

值得强调的是，二进制计数器中的触发器的状态是按照二进制数的规律变化的，而且其模值为 2^N（N 是触发器的级数）。例 5.4 中的触发器级数为 4，其模值就是 16（即 2^4）。由于二进

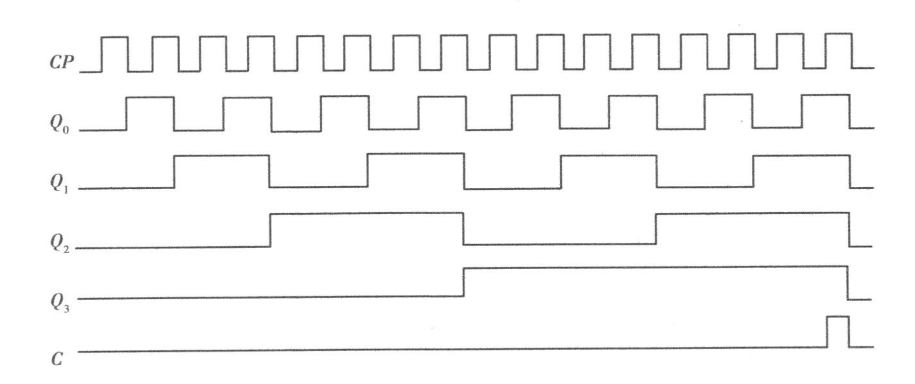

图5.22　例5.4电路的时序图

制计数器所有状态均为有效状态，没有无效状态，因此不存在自启动问题。这也就是说，只有出现无效状态时，讨论自启动问题才有意义。

另外，由图5.22所示的时序图可以看出，二进制计数器的 Q_0 输出波形是时钟 CP 波形的2分频、Q_1 是4分频、Q_2 是8分频、Q_3 是16分频输出，因此计数器也称为分频器。

(2)异步计数器的分析

所谓异步计数器就是计数器中各级触发器的 CP 时钟不同一，而且外部输入的 CP 时钟脉冲只作用于计数器电路中的最低位触发器。高位触发器的时钟端受低位触发器 Q 输出端控制，所以前级（低位）触发器的状态变化是后级（高位）触发器状态变化的条件，只有低位触发器状态变化或翻转之后，才能使高位触发器得到时钟脉冲触发而发生状态变化。

由于每一级触发器都存在传输延迟时间，因此异步计数器这种前级驱动后级的串生结构，与同步计数器比较，它的计数速度比较慢，但电路结构相对比较简单。

1)异步二进制计数器

如前所述，异步二进制计数器是由若干级触发器级联而成，除了第1级触发器的时钟与外部输入的系统 CP 时钟相连外，其他各级触发器的时钟都是接在前级触发器的 Q 或 $\overline{Q}$ 端。下面通过举例说明异步计数器是如何工作的。

例5.5　分析图5.23所示的计数器电路，并说明电路的特点。

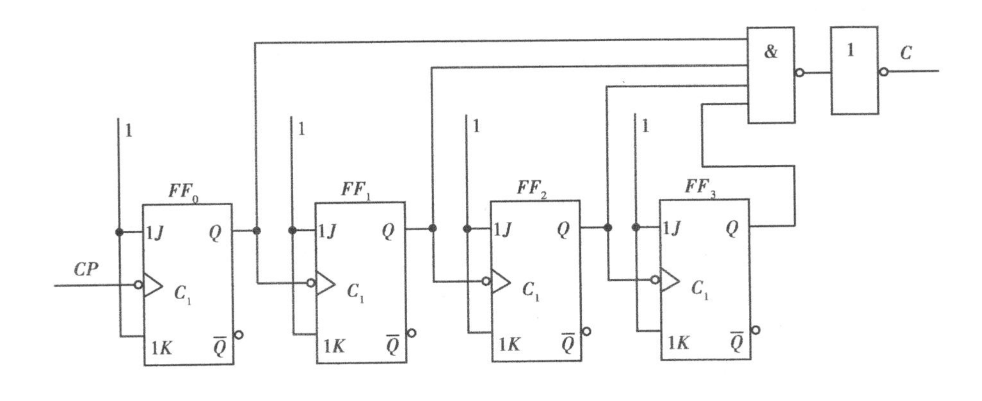

图5.23　例5.5计数器电路图

解： 从电路中可以看出，电路中各级 JK 触发器的输入 $J=K=1$，从而构成了 T' 触发器，因此，电路中的 JK 触发器均可视为 T' 触发器。根据 T' 触发器的特性方程和时钟的连接方式，电路的输出方程和各级触发器的状态方程为：

输出方程：
$$C=\overline{\overline{Q_3^nQ_2^nQ_1^nQ_0^n}}=Q_3^nQ_2^nQ_1^nQ_0^n$$

状态方程为：
$$Q_0^{n+1}=\overline{Q_0^n}\cdot CP\downarrow$$
$$Q_1^{n+1}=\overline{Q_1^n}\cdot Q_0^n\downarrow$$
$$Q_2^{n+1}=\overline{Q_2^n}\cdot Q_1^n\downarrow$$
$$Q_3^{n+1}=\overline{Q_3^n}\cdot Q_2^n\downarrow$$

由状态方程可知，当外部输入时钟 CP 的下降沿到来时，FF_0 翻转一次；当 FF_0 的输出 Q_0^n 有下降沿时，FF_1 翻转一次；当 FF_1 的输出 Q_1^n 有下降沿时，FF_2 翻转一次；当 FF_2 的输出 Q_2^n 有下降沿时，FF_3 翻转一次。

根据上述分析，即可画出电路的状态图和时序图，而画出的状态图和时序图与例 5.4 同步二进制计数器的状态图和时序图完全相同（见图 5.21、5.22 所示）。由此可知，图 5.23 所示电路是异步二进制（模为 16）加法计数器。

由于电路是异步二进制加法计数器，对于图 5.23 中各级触发器的 CP 触发信号的产生可以这样来理解：由于每级触发器只能存放一位二进制数码（即 0 或 1）而计数器是按"加 1"计数的，因此，每级触发器在由 0 变 1 时，输出一个上升沿，不对上一级触发器触发。但由 1 变 0 时，输出一个下降沿，即相当于产生一个进位，这个下降沿（进位）就是作为上一级触发器的触发时钟信号，驱动上一级触发器计数。

如果将图 5.23 电路中的 FF_1、FF_2、FF_3 的 CP 端分别连接到它们前级触发器的 $\overline{Q}$ 端，这就得到一个异步二进制减法计数器电路，如图 5.24 所示。读者可以按照上述例 5.5 的方法分析出该电路的特点。

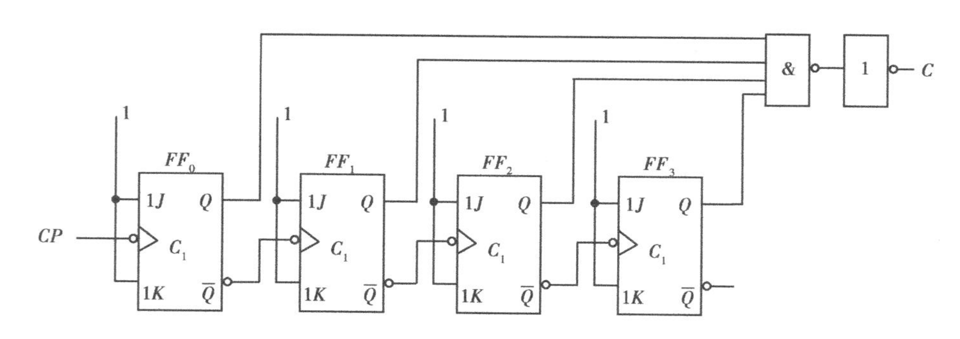

图 5.24　4 位异步二进制减法计数器电路

从图 5.23 和图 5.24 可以看出，异步二进制计数器的电路结构是比较简单的。但异步二进制计数器的模值只能是 2^N（N 为计数器中触发器的级数或个数），因此如果要得到一个模值为 M（$M<2^N$）的计数器，显然是不能利用异步二进制计数器得到的。

现在的问题是，能不能利用模值为 2^N 的异步二进制计数器的电路得到一个模值为 M（$M<2^N$）的计数器呢？回答是肯定的。我们知道，异步二进制计数器在计数过程中，有效状态总共有 2^N 个（即模值为 2^N）。如果要得到一个模值为 M 的计数器，就要使计数器的有效状

态由原来的 2^N 个变为 M 个。假设原异步二进制计数器从状态值为 0000 的状态 S_0 开始计数，在接收了 M 个 CP 时钟脉冲后，状态变化到值为 M 的状态 S_M。这时如果将 S_M 的状态值 M 通过一个电路进行译码，产生一个置 0 信号并加到原二进制计数器的各级触发器的异步置 0 端（即 $\overline{R_D}$ 端），就可以使得各级触发器复位。这样计数器的状态立即就返回到值为 0000 的状态 S_0，从而完成一次状态个数为 M 的计数循环而得到 M 进制计数器。这种方法就是所谓反馈复位法。可以利用反馈复位法在不根本改变原有异步二进制计数器的电路结构的基础上，来改变计数器的模值，从而得到任意模值的计数器。

具体的反馈复位法可以按照下列基本步骤进行：

①根据设计电路的模值求反馈复位代码 S_M，S_M 是计数器模值的二进制代码。

②求反馈复位逻辑：

$$\overline{R_D} = \overline{\Pi Q^1}$$

上式等号的右边表达式表示，当计数器计数到规定的模值 M 时，把输出为 1 的触发器的 Q 端信号进行逻辑乘后取反，作为反馈复位信号。

③画逻辑图。在画逻辑图时，首先根据设计需要，画出 N 级异步二进制加法计数器，然后把反馈复位电路的输出连接到各级触发器的复位端 $\overline{R_D}$ 即可。

例 5.6　根据异步二进制加法计数器，用反馈复位法实现十进制加法计数器。

解：　由于十进制计数器的模值 $M = 10$，因此反馈复位代码 $S_M = (10)_{10} = (1010)_2$。由反馈复位代码可知，该计数器至少要用 4 级触发器 $Q_3Q_2Q_1Q_0$ 实现。当计数器记录到规定的模值 $Q_3Q_2Q_1Q_0 = 1010$ 时，由此推算出反馈复位逻辑

$$\overline{R_D} = \overline{\Pi Q^1} = \overline{Q_3^n Q_1^n}$$

很显然，这个逻辑表达式可以用组合电路实现，因此可根据反馈复位逻辑画出十进制计数器电路，如图 5.25 所示。图中的电路结构基本与图 5.23 相同（图 5.25 没有输出电路 C），且图中各触发器的 S 为异步置 1 端（即为 JK 触发器的 $\overline{S_D}$ 端），该输入端为低电平有效。

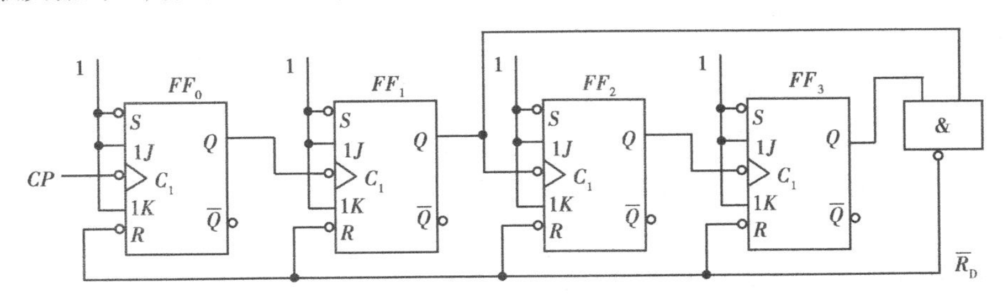

图 5.25　例 5.6 计数器电路图

图 5.25 所示的电路的时序图如图 5.26 所示。由于计数器从 0000 状态开始计数，在输入 9 个时钟脉冲后，到达 1001 状态，期间由于反馈逻辑表达式决定的条件没有满足，因此 $\overline{R_D} = 1$ 保持不变。但当第 10 个 CP 脉冲到来时，计数器进入 1010 状态，正好满足反馈逻辑的条件，这时 $\overline{R_D} = 0$。由于 $\overline{R_D}$ 是与各触发器的 $\overline{R_D}$ 端相连，因此在 $\overline{R_D} = 0$ 的作用下，全部触发器被复位，计数器回到 0000 状态，完成一次计数循环。这样每输入 10 个 CP 脉冲就完成一个计数循环，且状态是按值递增的，所以此电路是十进制加法计数器。

这里要提醒读者注意时序图中在计数器进入 1010 状态时的变化情况：当 $Q_3Q_1 = 11$ 时，

$\overline{R_D}=0$,使得各触发器的 Q 端输出均为 0,这样反过来使得$\overline{R_D}=0$,从而又使得 $Q_3Q_1=00$;当 $Q_3Q_1=00$时,反馈电路使得$\overline{R_D}=1$,计数器进入下一个稳定的计数循环。因此 1010 状态和 $\overline{R_D}=0$只出现了瞬间,电路的状态转换图如图 5.26 所示。由于 1010 状态是瞬间出现的(称为过渡状态,见图 5.27 中箭头所指处),它与 0000 状态占用一个时钟周期,所以把它们合并在一起(见图 5.26 中状态为 0000 和 1010 的圆圈)。

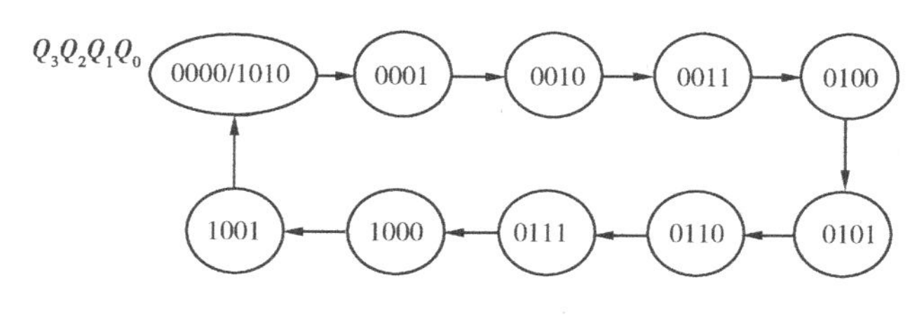

图 5.26　例 5.6 电路状态转换图

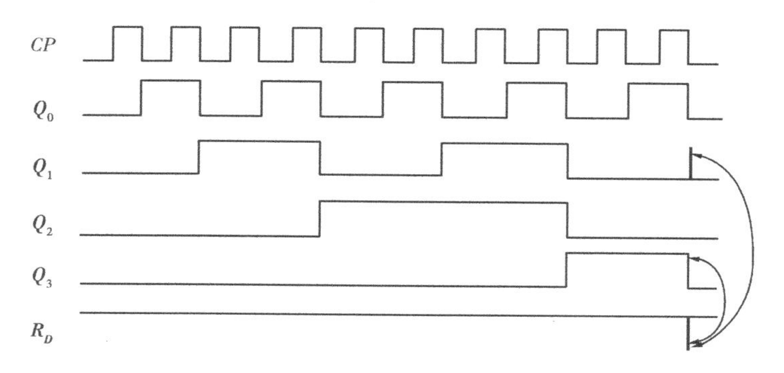

图 5.27　例 5.6 电路的时序图

2)一般异步计数器的分析

除了异步二进制计数器外,还有其他类型的异步计数器。对于一般异步计数器的分析方法,基本上与同步计数器的分析方法相同。只是在同步计数器中,由于全部触发器的时钟端连接在一起统一受系统时钟的控制,因此分析时不需要考虑每级触发器的时钟是否有效。而在异步计数器中,触发器时钟端的连接方式是不同的,分析时则需要考虑每级触发器的时钟是否有效。

下面再举例说明异步计数器的分析方法。

例 5.7　分析图 5.22 所示的计数器电路,并说明电路的特点。

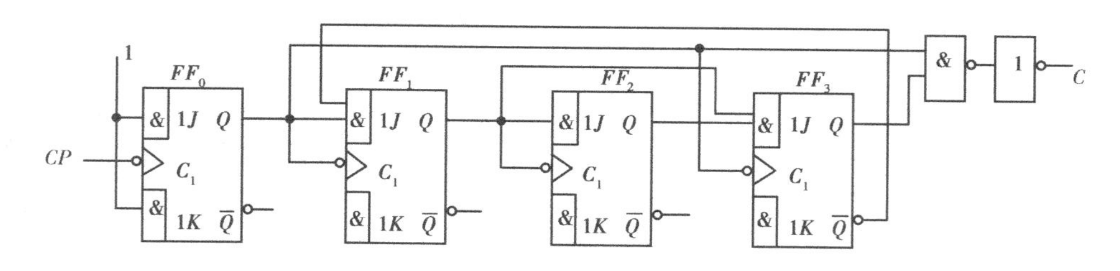

图 5.28　例 5.7 计数器电路图

解： ①根据电路写出时钟方程、驱动方程和输出方程：

$$\left.\begin{aligned}&CP_0 = CP\downarrow\\&CP_1 = CP_3 = Q_0^n\downarrow\\&CP_2 = Q_1^n\downarrow\end{aligned}\right\}\text{时钟方程}$$

$$\left.\begin{aligned}&J_0 = K_0 = 1\\&J_1 = \overline{Q_3^n}\qquad K_1 = 1\\&J_2 = K_2 = 1\\&J_3 = Q_2^nQ_1^n\qquad K_3 = 1\end{aligned}\right\}\text{驱动方程}$$

$$C = Q_3^nQ_2^n\qquad\text{输出方程}$$

将上述所得的时钟方程和驱动方程分别代入计数器电路中各级 JK 触发器的特性方程 $Q^{n+1} = J\overline{Q^n} + \overline{K}Q^n$ 中，得到各级触发器的状态方程为

$$Q_0^{n+1} = \overline{Q_0^n}\cdot CP_0\downarrow = \overline{Q_0^n}\cdot CP\downarrow$$

$$Q_1^{n+1} = \overline{Q_3^n}\cdot\overline{Q_1^n}\cdot CP_1\downarrow = \overline{Q_3^n}\cdot\overline{Q_1^n}\cdot Q_0^n\downarrow$$

$$Q_2^{n+1} = \overline{Q_2^n}\cdot CP_2\downarrow = \overline{Q_2^n}\cdot Q_1^n\downarrow$$

$$Q_3^{n+1} = Q_2^nQ_1^n\overline{Q_3^n}\cdot CP_3\downarrow = Q_2^nQ_1^n\overline{Q_3^n}\cdot Q_0^n\downarrow$$

②计算并列出状态转换表。由于构成异步计数器的触发器的时钟端的连接方式是不同的，因此在计算列出状态转换表时，应考虑每级触发器的时钟是否有效。如果时钟有效（即出现下降沿），则将触发器原态的值代入上面的状态方程中计算出各级触发器的次态；如果时钟无效，则触发器的状态保持不变。按照这个规则，得出的状态转换表如表 5.8 所示。

表 5.8　例 5.7 状态转换表

$Q_3^n\ Q_2^n\ Q_1^n\ Q_0^n$	$Q_3^{n+1}\ Q_2^{n+1}\ Q_1^{n+1}\ Q_0^{n+1}$	$CP_3\ CP_2\ CP_1\ CP_0$	C
0 0 0 0	0 0 0 1	× × × √	0
0 0 0 1	0 0 1 0	√ × √ √	0
0 0 1 0	0 0 1 1	× × × √	0
0 0 1 1	0 1 0 0	√ √ √ √	0
0 1 0 0	0 1 0 1	× × × √	0
0 1 0 1	0 1 1 0	√ × √ √	0
0 1 1 0	0 1 1 1	× × × √	0
0 1 1 1	1 0 0 0	√ √ √ √	0
1 0 0 0	1 0 0 1	× × × √	0
1 0 0 1	0 0 0 0	√ × √ √	1
1 0 1 0	1 0 1 1	× × × √	0
1 0 1 1	0 1 0 0	√ √ √ √	1
1 1 0 0	1 1 0 1	× × × √	0
1 1 0 1	0 1 0 0	√ × √ √	1
1 1 1 0	1 1 1 1	× × × √	0
1 1 1 1	0 0 0 0	√ √ √ √	1

在表中，列出了各级触发器的时钟状态，其中，在时钟状态中用“×”表示没有时钟的有效边沿(在此例中，时钟的下降沿是有效边沿)，用“√”表示有时钟的有效边沿。由于触发器 FF_0 的 CP_0 是接在系统时钟 CP 上，每个状态变化都有有效时钟边沿，因此 FF_0 的全部次态都是由其对应的状态方程计算得到。而触发器 FF_1 的 CP_1 和触发器 FF_3 的 CP_3 是连接在 FF_0 的输出 Q_0^n 上，当 Q_0^n 从高电平(1)到低电平(0)跳变时，CP_1 和 CP_3 才有有效边沿。因此只有计数器原来状态为0001、0011、0101、0111、1001、1011、1101、1111时，在一个 CP 时钟作用下，计数器的次态分别变为0010、0100、0110、1000、0000、0100、0100、0000，这样 CP_1 和 CP_3 才有有效边沿。FF_1 和 FF_3 的对应的次态由各自的状态方程计算得出，而它们各自其余的8个次态与它们的原态相同，即保持不变。触发器 FF_2 的 CP_2 是连接在 Q_1^n 上，只有当 Q_1^n 从高电平到低电平跳变时，CP_2 才有有效边沿，因此只有计数器当前状态为0011、0111、1011、1111这4个原态时，在 Q_1^n 时钟作用下，CP_2 才有有效边沿，FF_1 的次态各自的状态计算得出，而其余的12个次态与原态则相同。

③画状态转换图或时序图。根据表5.8的状态变化画出的状态转换图如图5.29所示，至于时序图，请读者自己画出。

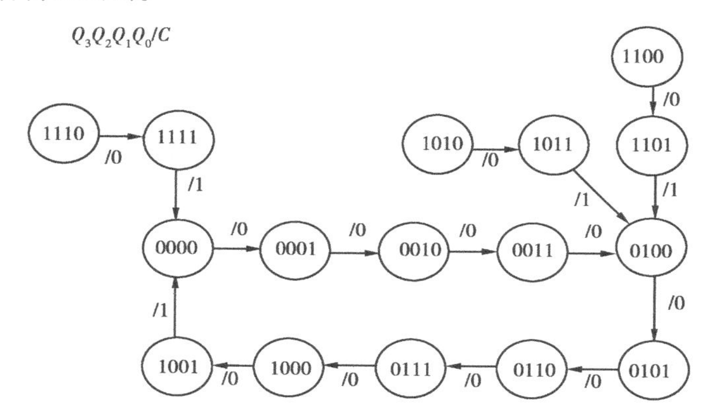

图5.29　例5.7电路状态转换图

④说明电路功能。根据图5.29的状态转换图，可以看出电路是异步十进制加法计数器，且有自启动特性。

(3)移存型计数器

移存型计数器的结构如图5.30所示，它是由移位寄存器和反馈网络组成的。在图5.30中，将构成移位寄存器的各触发器的输出 $Q_0Q_1\cdots Q_{N-1}$ 作为反馈网络的输入，而将反馈网络的输出 F 作为移位寄存的串行输入即可形成移存型计数器。

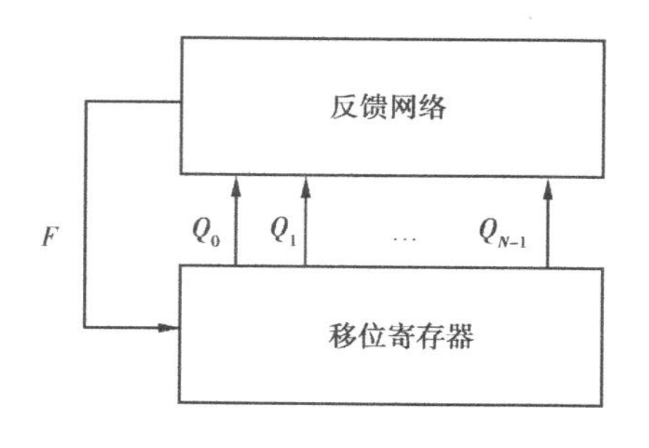

图5.30　移存型计数器结构图

根据不同的反馈网络，移存型计数器分为环形成计数器、扭环型计数器和最长的线性序列移存型计数据器等类型。

1)环形计数器

环形计数器是把 N 位移位寄存器中的最末级(或最高级)触发器的输出 Q 作为反馈信号 F，连接加到移位寄存器中的最初级(或最低级)触发器的输入端(即串行输入端)而构成的。例如,由 4 级右移移位寄存器构成环形计数器电路,如图 5.31 所示。

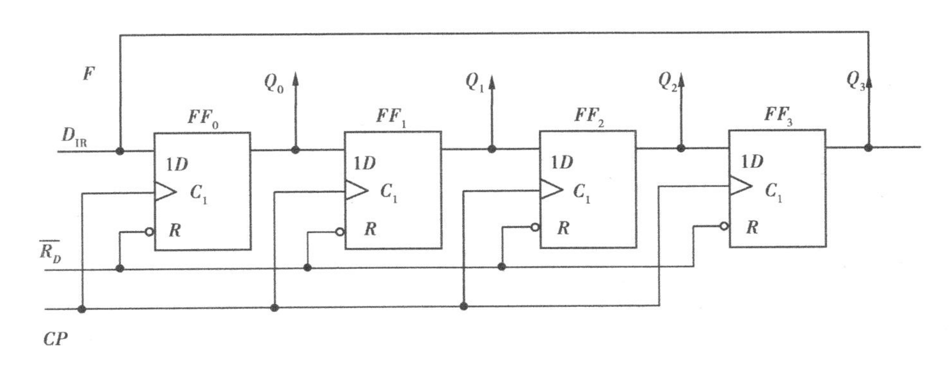

图 5.31　4 位扭环形计数器电路图

由图中可见,最末级触发器 FF_3 的输出 Q_3 连接到最初级的触发器 FF_0 的输入端 D_{IR} 上,从而形成一个首尾相连的环形计数器。细心的读者可以将图 5.31 的电路与图 5.12 所示的 4 位右移移位寄存器电路进行比较,就可以发现,其实环形计数器是由移位寄存器演变而来的,只不过是环形计数器多了一个反馈网络。

在图 5.31 的电路中,反馈网络其实很简单,就是一根连线,将触发器 FF_3 的输出 Q_3 连接到最初级的触发器 FF_0 的输入端 D_{IR} 上。但要注意的是,这种连法简单是很简单,但往往不实用,因为这样构成的环形计数器可能不具备自启动特性。下面我们通过分析图 5.31 所示的电路状态变化,来具体分析这种连法所带来的问题。

由图 5.31 所示的电路结构很容易分析出该环形计数器的状态变化,即将前 3 级触发器 $Q_0Q_1Q_2$ 的状态各自向右移动一位,末级触发器 FF_3 的输出 Q_3 状态反馈到最左边的触发器 FF_0 的输入端 D_{IR} 上,就得到电路某一组初态的次态结果。按照此规律推导出的状态转换图如图 5.32 所示。

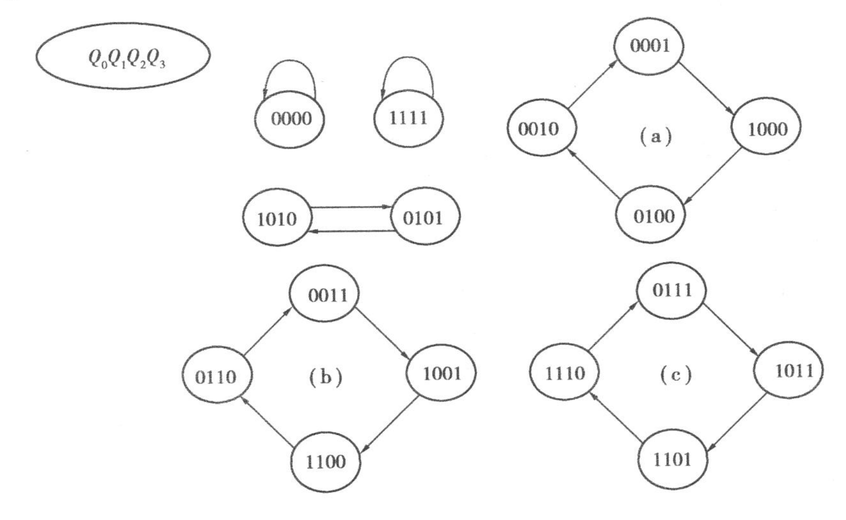

图 5.32　4 级环形计数器的状态转换图

由状态图可见,4 级环形计数器的模值为 4(即触发器的级数),但不具有自启动特性。不妨假设图 5.32(a)是有效循环(也可以选择图 5.32(b)或 5.32(c)作为有效循环),则其他的循环都是死循环。这就使得计数器的计数模值可能为 4,也可能为 2 或 1,而且由于外界因素的干扰,这种计数模值是不可控的。因此,这样的计数器显然是不实用的。

要使环形计数器实用,计数器应该具备自启动特性。对于图 5.31 所示的环形计数器,虽然不具备自启动特性,但我们可以通过改进,使它具备自启动特性。而若要使计数器具有自启动特性,就必须打破那些无效的死循环。

使计数器具有自启动特性的方法是:首先选择打破某个死循环,通过修改反馈函数,让它能进入有效循环;然后检查其他循环是否存在,如果还有死循环,则继续用此方法打破,直至不存在死循环为止。一般情况下,只需要一次性打破所有死循环,就可以使全部无效状态具有自启动特性。例如,选择“0000”状态打破,让它进入有效循环的“1000”状态,如图 5.33 所示。同理,在其他死循环中选择一个状态并打破,使之进入有效循环,这样所有的死循环均被打破。

由于移位寄存器内部的状态变化是通过移位来实现的,反馈函数只能改变最左边触发器 Q_0 的状态,因此只需要得出 Q_0^{n+1} 的状态方程,就可以推出新的反馈函数。

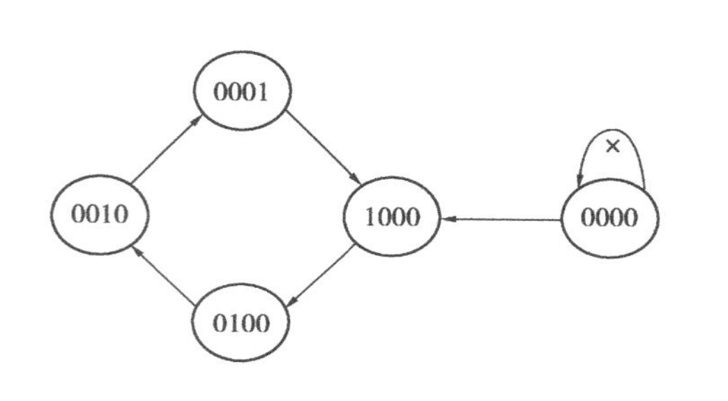

图 5.33　打破死循环示意图

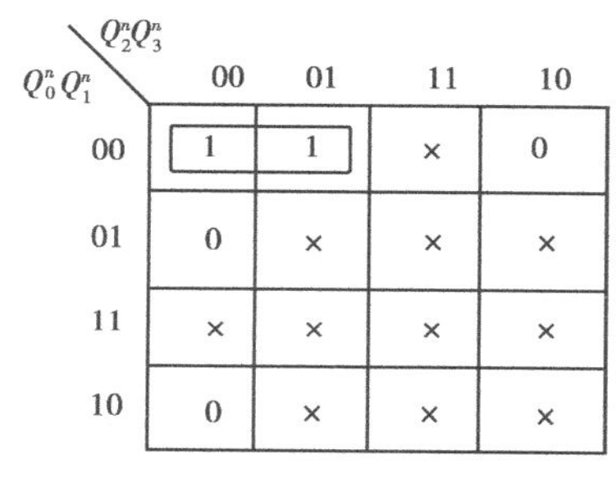

图 5.34　状态转换卡诺图

例如,图 5.34 是触发器 FF_0 的状态转换卡诺图(图中方格内的 1 或 0 表示 Q_0^{n+1} 的状态值,×表示任意状态),化简后得出状态方程:

$$Q_0^{n+1} = \overline{Q_0^n} \cdot \overline{Q_1^n} \cdot \overline{Q_2^n}$$

由式(5.37)得到反馈函数 F 为:

$$F = D_0 = \overline{Q_0^n} \cdot \overline{Q_1^n} \cdot \overline{Q_2^n}$$

根据新的反馈函数得到的 4 级环形计数器电路图(如图 5.35 所示),由此电路可推导出新的状态转换图(如图 5.36 所示)。由图可见,死循环已不存在,电路因而具的自启动特性。

对比图 5.31 和图 5.35 所示的电路图可见,在图 5.35 中除了没有画出置 0 信号外(之所以没画,主要是为了简化电路图),根本的区别在于反馈网络改变了,不再是如图 5.31 那样简单的一根连线。虽然反馈电路复杂了,但却使得计数器具备了自启动特性。

环形计数器当然具有计数器功能,其模值与构成电路的触发器级数相同。但另外,它还是一个顺序脉冲发生器。所谓顺序脉冲发生器,是指电路的输出端周期性地输出一系列脉冲序列信号。根据图 5.35 所示的环形计数器状态发生变化,可画出其时序图,如图 5.37 所示。可见在时钟脉冲 CP 的控制下,触发器的输出 $Q_0 \sim Q_3$ 周期性分别顺序输出脉冲信号(如图中 Q_0 的输出脉冲 1、2)。

环形计数器的突出优点是电路结构简单。但它的缺点也比较明显的,那就是没有充分利

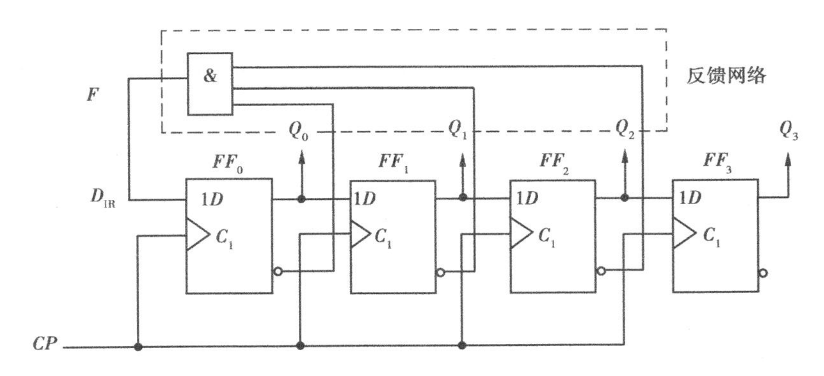

图5.35　具有自启动的4位环形计数器电路图

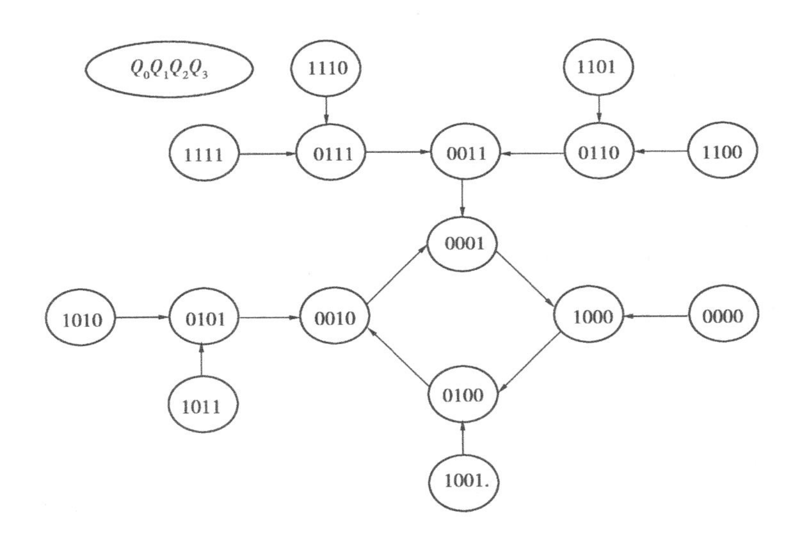

图5.36　具有自启的4级环形计数器的状态转换图

图5.37　4级环形计数器的序图

用电路的状态。如果用 n 位移位寄存器组成环形计数器，那么环形计数器只用了 n 个状态，而电路的状态总共可有 2^n 个，这显然是一种浪费。

2)扭环形计数器

扭环形计数器是把其内部的 N 位移寄存器的末级触发器的 $\overline{Q}$ 输出作为反馈信号,连接到移位存器的串行输入端而构成的。例如,由 4 级右移移位寄存构成的扭环器电路图 5. 38 所示。与图 5. 31 相比,图 5. 38 的电路中反馈信号由原来触发器 FF_3 的输出 Q_3 改为反相输出 $\overline{Q}_3$,并连接到最初级的触发器 FF_0 的输入端 D_{IR} 上。

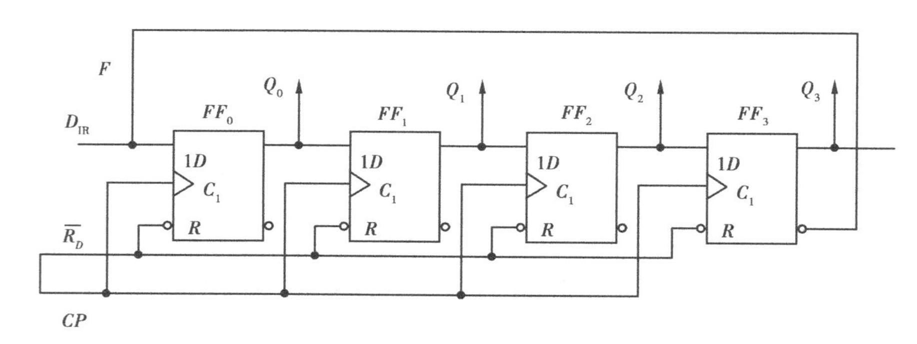

图 5. 38　4 位扭环形计数器电路图

根据图 5. 38 所示的电路结构,很容易分析出扭环形计数器的状态变化,即前 3 级触发器 FF_0、FF_1、FF_2 的状态 $Q_0Q_1Q_2$ 各自向右移 1 位,末级触发器 FF_3 的反相输出端 $\overline{Q}_3$ 状态反馈到最左边的触发器 Q_0,就得到了一组初态下的次态结果。按照此规律可推导出电路状态变化,如图 5. 39 所示。

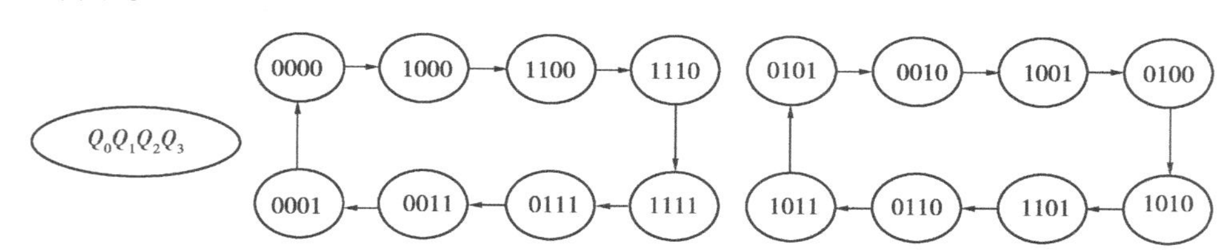

图 5. 39　4 位扭环形计数器的状态转换图

由状态转换图可以看出,4 级扭环形计数器的模值为 8(即构成计数器的触发器级数的 2 倍),但不具有自启动特性。为了使扭环形计数器具有自启动特性,也可以按上述打破死循环方法来实现,这里不再详述。

3)最长线性序列移存型计数器

最长线性序列移存型计数器的反馈网络是由异或电路构成的,其反馈函数为:

$F = C_0Q_0 \oplus C_1Q_1 \oplus \cdots \oplus C_iQ_i \oplus \cdots \oplus C_{n-1}Q_{n-1}$

式中的 $Q_0 \sim Q_{n-1}$ 是构成 N 位移位寄存器的触发器的输出,$C_0 \sim C_{n-1}$ 是表示触发器和输出是否参与反馈。当 $C_i = 0$ 时,表示 Q_i 不参加反馈,$C_i = 1$ 时,表示 Q_i 参与反馈。1 ~ 50 级最长线性序列移存型计数器的反馈函数如表 5.9 所示,表中所示的 N 表示计数器中触发器的级数,F 则表示反馈函数,而表中的数字表示计数器中第几级触发器。

下面以 4 级最长线性序列移存型计数器为例,介绍它们的结构及工作原理。由表 5. 9 查得 4 级最长线性序列移存型数器的反函数:

$$F = Q_3 \oplus Q_2$$

表5.9　最长线性序列反馈函数

N	F	N	F
1	0	26	25,24,23,19
2	1,0	27	26,25,24,21
3	2,1	28	27,24
4	3,2	29	28,26
5	4,2	30	29,28,25,23
6	5,4	31	30,27
7	6,5	32	31,30,29,28,26,24
8	7,5,4,3	33	32,31,28,26
9	8,4	34	33,32,31,28,27,26
10	9,6	35	34,32
11	10,8	36	35,34,33,31,30,29
12	11,10,7,5	37	36,35,34,33,32,31
13	12,11,9,8	38	37,36,32,31
14	13,12,10,8	39	38,34
15	14,13	40	39,36,35,34
16	15,13,12,10	41	40,37
17	16,13	42	41,40,39,38,37,36
18	17,16,15,12	43	42,39,38,37
19	18,17,16,13	44	43,41,38,40
20	19,16	45	44,43,41,40
21	20,18	46	45,44,43,42,40,35
22	21,20	47	46,41
23	22,17	48	47,46,45,43,40
24	23,22,20,19	49	48,44,43,32
25	24,21	50	49,48,46,45

式中的 C_3 和 C_2 显然为1,其他 C_0 和 C_1 为0。根据反馈函数得到4级最长线性序列移存型计数器电路,如图5.40所示。由电路结构很容易分析出4级最长线性序列存型计数器和状态变化,即前3级触发器 $Q_0Q_1Q_2$ 的状态各自向右移1位,然后把 Q_3 和 Q_2 的输出逻辑异或的结果反馈到最左边触发器 Q_0,就可以得到一组初态下的次态结果。按照此规律推导出电出电路的状态变化如图5.41所示。

由状态图可见,4级最长线性序列移存型计数模值为15(即 2^4-1),但不具有自启动特性。最长线性序移存型计数器只有当全部触发器的状态为0时才构成死循环。为了使其具有自启动特性,只需要把反馈函数修改为:

$$F=C_0Q_0\oplus C_1Q_1\oplus\cdots\oplus C_iQ_i\oplus\cdots\oplus C_{n-1}Q_{n-1}+\overline{Q_{n-1}}\cdot\overline{Q_{n-2}}\cdots\overline{Q_1}\cdot\overline{Q_0}$$

例如,4级最长线性序列移存型计数器,其反馈函数可修改为:

$$F=Q_3\oplus Q_2+\overline{Q_3}\cdot\overline{Q_2}\cdot\overline{Q_1}\cdot\overline{Q_0}$$

最长线性序列移存型计数器具有计数功能,其模值 $M=2^N-1$,其中 N 为构成电路图的触发器级数。另外,它还是一个序列信号发生器。如果以图5.40所示电路图的 Q_0 作为输出,则其输出为010011010111100,010011010111100,…。这是序列信号(时间顺序为自左向右),序

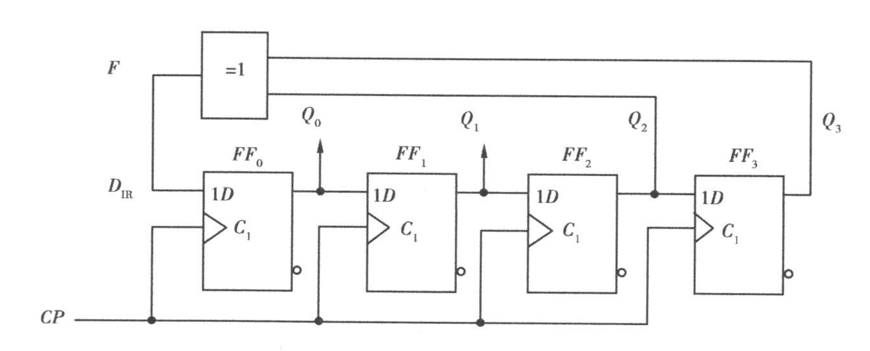

图 5.40　4 级最长线性序列移存型计数器电路图

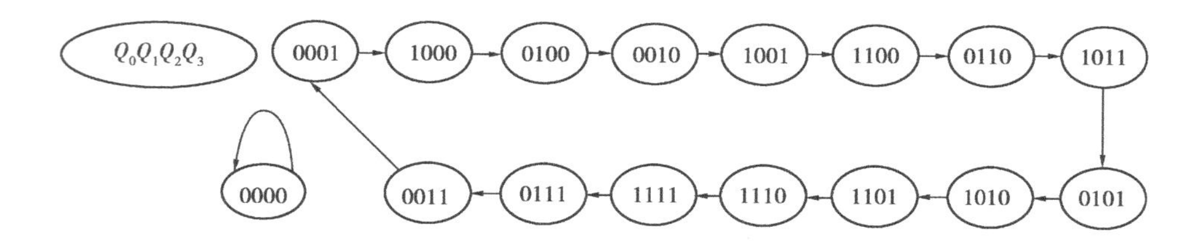

图 5.41　4 级最长线性序列移型计数器

列长度为计数器的模值,即 $M=2^4-1=15$。当触发器的级数 $N\geqslant15$ 时,序列信号发生器输出的序列长度 $M\geqslant2^{15}-1$,这种信号的变化比较复杂,被称为伪随机信号。

5.4　时序逻辑电路的设计

前面 5.2 节介绍的是时序逻辑电路的分析,下面介绍时序逻辑电路的设计。由时序逻辑电路的分析过程知道,对于一个时序电路,只要求出其时钟方程(对于同步时序电路,则时钟方程可省略)、驱动方程和输出方程,画出其电路逻辑图其实是很容易的。实际上,设计是分析的逆过程,时序电路的设计就是根据设计要求,求出满足要求的时序逻辑电路。

因此,所谓时序逻辑电路的设计就是根据给出的具体逻辑问题,求出实现其功能的电路,所得到的结果应力求简单。当选用小规模集成电路设计时,电路简单的标准是所用的触发器和门电路的数目最少,而且触发器和门电路的输入端数目也最少。而使用中、大规模集成电路时,电路简单的标准是使用的集成电路数目、种类最少,而且互相间的连线也最少。

传统的时序逻辑电路设计的过程如图 5.42 所示。设计过程包括:

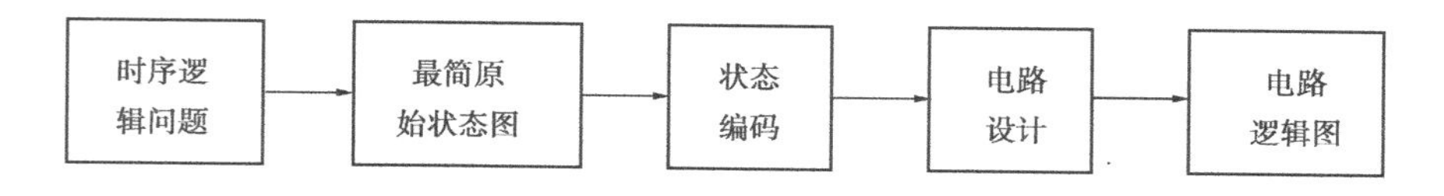

图 5.42　时序逻辑电路设计过程

①建立最简原始状态转换图。状态转换图是分析时序逻辑电路的重要工具,也是时序逻辑电路设计中的重要工具。在时序逻辑电路设计时,必须对逻辑问题进行抽象,用原始状态转

图的形式表现出来。建立原始状态转换图有多种方法,但用某些方法建立的原始状态转换图,存在一些多余或无效的状态,还须要经过状态化简才能得到最简原始状态转换图。下面将要介绍一种直接建立最简原始状态转换图的方法,可以把状态化简的过程省去。

②进行状态编码。触发器是时序逻辑电路中的主要存储元件,在建立了最简原始状态转换图的条件下,需要用一些触发器来记忆这些状态。用触发器的某种组合来表示某个原始状态的过程,称为状态编码。

③电路设计。在电路设计中,根据输入条件和状态编码,求出各触发器的驱动方程以及电路的输出方程。

④画出电路逻辑图。逻辑图是时序逻辑电路设计的最后图纸。根据电路设计得到的触发器的驱动方程和输出方程,就可以容易地画出符合设计要求的逻辑图。

在设计时序电路时,根据时序电路的分类将设计分为同步时序逻辑电路设计和异步时序逻辑电路设计两大类。下面将以计数器为例,重点介绍同步计数器的设计方法和一般同步时序逻辑电路的设计方法,简要介绍异步计数器的设计方法。

需要说明的是,我们之所以重点介绍计数器的设计,而对于一般时序电路的设计只作简要的说明,是因为:尽管计数器是结构相对比较简单且典型的时序电路。但对其进行设计的方法具有普遍性,因此,从简单的电路入手学习时序电路的设计方法有利于读者理解和掌握。

5.4.1　同步计数器的设计

根据上面介绍的时序逻辑电路总的设计过程,具体到同步计数器的设计可以细化成下列步骤:

①建立最简原始状态图。

②确定触发器级数,进行状态编码。

③用状态转换卡诺图化简,求状态方程和输出方程。

④查自启动特性。

⑤确定触发器类型,求驱动方程。

⑥画电路的逻辑图。

下面举例说明以上设计的具体步骤和方法。

例5.8　设计一个同步十进制加法计数器。

解:　①建立十进制计数器最简原始状态转换图。计数器设计示意图如图5.43所示,CP是计数脉冲输入端,C是进位输出端。计数器的特点比较明显,即由若干状态构成一个计数循环,因此十进制计数器的最简原始状态图就是由10个状态构成的循环,如图5.44所示。

②确定触发器级数,进行状态编码。在计数器电路设计时,需要根据原始状态的个数,确定触发器的级数,来记忆计数器的状态。设M为计数器的模值,N是触发器的级数,则要求$N \geqslant \mathrm{Log}_2 M$。在本例中,$M=10$,因此$N \geqslant 4$。这就是说,至少需要4级触发器才能表示十进制计数器的10个状态。触发器的级数多,电路越复杂,本例确定触发器级数$N=4$。4级触发器$Q_3Q_2Q_1Q_0$有16种状态组合,选出其中的10种组合来表示十进制计数器的10个状态,进行

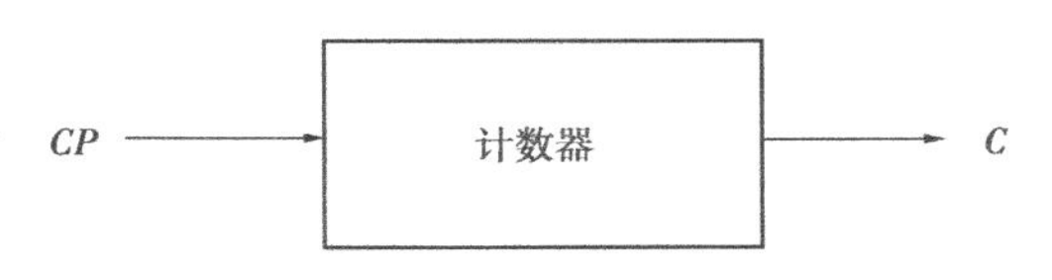

图5.43　计数器设计示意图

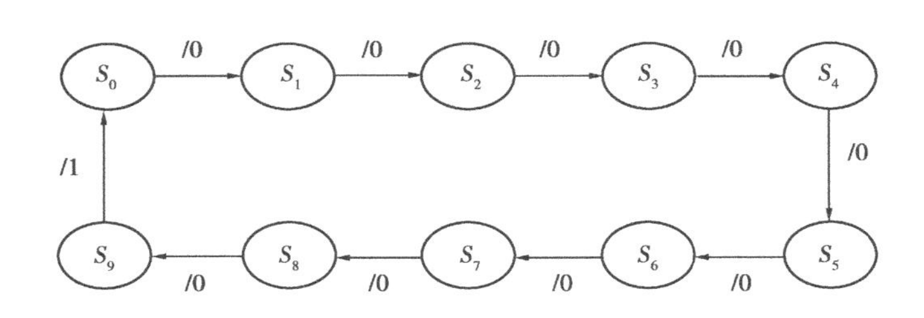

图 5.44　例 5.8 的原始状态转换图

状态编码。十进制计数器的状态编码也称为二十进制编码，即 BCD 码。BCD 码有很多种，通常采用 8421BCD 码，编码结果如图 5.45 所示。

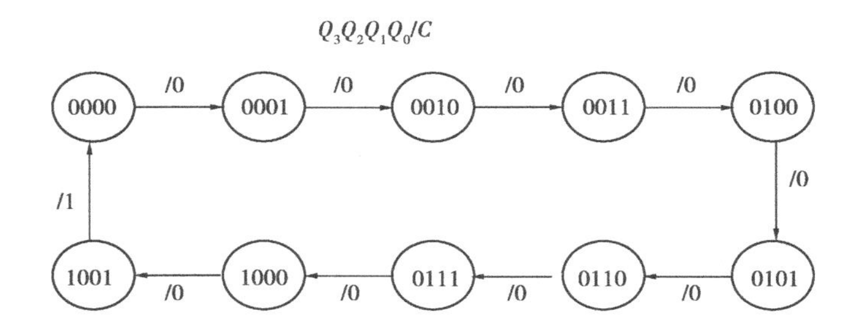

图 5.45　例 5.8 的状态编码转换图

③画状态转换卡诺图，化简并求出状态方程和输出方程。根据状态编码，把 4 级触发器的原始状态作为卡诺图的变量，把次态作为卡诺图的函数，画出状态转换卡诺图，如图 5.46 所示。图中包括 Q_3^{n+1}、Q_2^{n+1}、Q_1^{n+1}、Q_0^{n+1} 和输出 C（在斜线下方）5 个卡诺图，编码时没有使用的状态在设计时当做约束项处理，并用"×"表示。化简时可以把 5 个卡诺图分别画出后，再在卡诺图上画圈化简，得出状态方程和输出方程（读者可自己试着画出）。另外，为了简便，也可以

$Q_3^nQ_2^n$ \ $Q_1^nQ_0^n$	00	01	11	10
00	0001/0	0010/0	0100/0	0011/0
01	0101/0	0110/0	1000/0	0111/0
11	××××/×	××××/×	××××/×	××××/×
10	1001/0	0000/1	××××/×	××××/×

$Q_3^{n+1}Q_2^{n+1}Q_1^{n+1}Q_0^{n+1}/C$

图 5.46　例 5.8 的状态转换卡诺图

直接将这 5 个卡诺图合并为一个卡诺图（如图 5.46），利用这个卡诺图通过观察得出化简结果，但要注意在这个合并的卡诺图中不要直接在图上画圈，以免画面模糊，分不清到底是哪个 Q^{n+1} 化简。通过观察得出的状态方程和输出方程

$$
\left.\begin{aligned}
Q_0^{n+1} &= \overline{Q_0^n}\\
Q_1^{n+1} &= \overline{Q_3^n}Q_0^n\overline{Q_1^n} + \overline{Q_0^n}Q_1^n\\
Q_2^{n+1} &= Q_1^nQ_0^n\overline{Q_2^n} + \overline{Q_1^nQ_0^n}Q_2^n\\
Q_3^{n+1} &= Q_2^nQ_1^nQ_0^n\overline{Q_3^n} + \overline{Q_0^n}Q_3^n\\
C &= Q_3^nQ_0^n = \overline{\overline{Q_3^nQ_0^n}}
\end{aligned}\right\}
$$

④查自启动特性。存在死循环的计数器在使用时可能造成计数系统的错误，因此在设计计数器时需要计数器具有自启动特性。查自启动特性的方法是将没有使用的编码状态(化简时当做约束项处理)代入上述的状态方程中，求出它们的次态结果，检查是否构成死循环。若存在死循环，还必须打破死循环，重新化简卡诺图，修改状态方程。

本例检查自启动特性的结果如表5.10所示，从表中可以看出，所有无效状态均能回到有效状态，说明由上述状态方程设计得到的计数器具有自启动能力。

表5.10　例5.8的查自启动结果表

Q_3^n	Q_2^n	Q_1^n	Q_0^n	Q_3^{n+1}	Q_2^{n+1}	Q_1^{n+1}	Q_0^{n+1}
1	0	1	0	1	0	1	1
1	0	1	1	0	1	0	0
1	1	0	0	1	1	0	1
1	1	0	1	0	1	0	0
1	1	1	0	1	1	1	1
1	1	1	1	0	0	0	0

⑤选择触发器的数型，求出驱动方程。通常计数器在设计时可以选择D或JK触发器作为存储元件，但选择JK触发器可以使电路设计结果比较简单，因此一般都选择JK触发器。

JK触发器的特性方程为：

$$Q^{n+1} = \overline{J}\cdot Q^n + \overline{K}Q^n$$

将JK触发器的特性方程与上述求得的状态方程比较，就可以得到4级触发器的驱动方程：

$$
\left.\begin{aligned}
&J_0 = K_0 = 1\\
&J_1 = \overline{Q_3^n}Q_0^n \qquad K_1 = Q_0^n\\
&J_2 = K_2 = Q_1^nQ_0^n\\
&J_3 = Q_2^nQ_1^nQ_0^n \qquad K_3 = Q_0^n
\end{aligned}\right\}
$$

⑥画电路逻辑图。根据驱动方程和输出方程，即可画出十进制同步加法计数器的逻辑图，如图5.47所示。

例5.9　设计一个模值可控的计数器，当控制端$K=0$时，是模值为6的计数器，$K=1$时是模值为3的计数器。

解： 根据题目要求，设计的可控计数器的示意图如图5.48所示，K是控制输入端，C_1是模值为6计数时的进位输出，C_2是模值为3计数时的进位输出。根据题意画出的原始状态转换图如图5.49所示，其中S_0、S_1、S_2是两种模值计数器的有效循环中的公用状态。

由图5.49中可知，原始状态有6个，因此可以用3级触发器来实现。状态编码的结果如图5.50所示，由状态编码得到的状态转换卡诺图如图5.51所示。

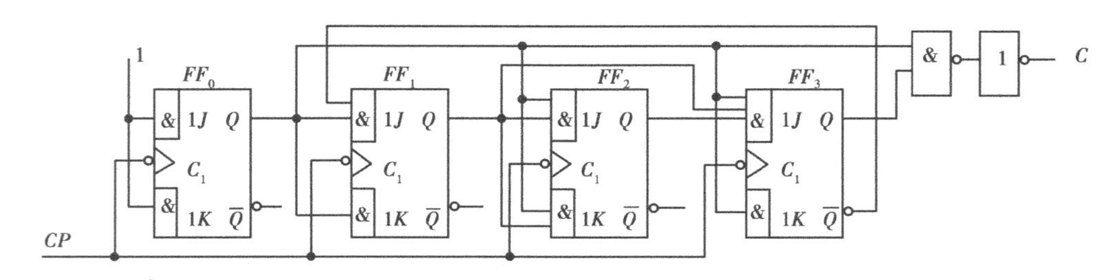

图 5.47　例 5.8 的电路逻辑图

图 5.48　例 5.9 要求设计的电路示意图

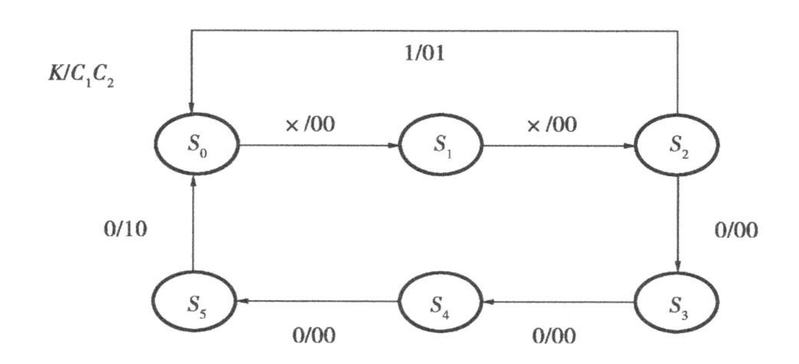

图 5.49　例 5.9 要求设计的原始状态转换图

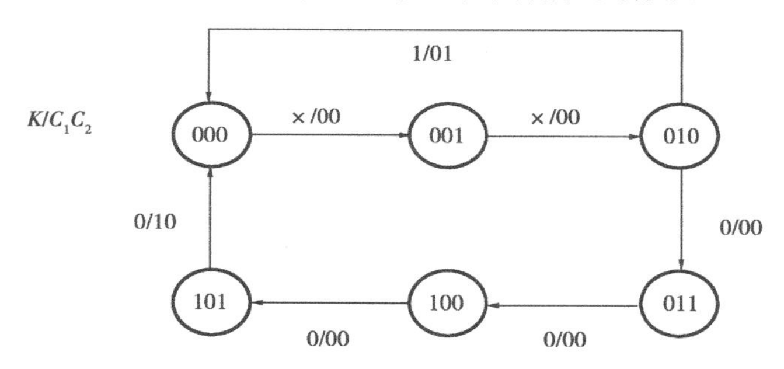

图 5.50　例 5.9 的状态编码转换图

根据状态转换卡诺图化简，分别得到如下 3 级触发器的状态方程和输出方程：

$$\left.\begin{aligned}Q_2^{n+1} &= Q_1^n Q_0^n \overline{Q_2^n} + \overline{Q_0^n} Q_2^n \\ Q_1^{n+1} &= \overline{Q_2^n} Q_0^n \overline{Q_1^n} + \overline{K Q_0^n} Q_1^n \\ Q_0^{n+1} &= \overline{K Q_1^n} \cdot \overline{Q_0^n}\end{aligned}\right\}$$

$$\left.\begin{aligned}C_1 &= Q_2^n Q_0^n = \overline{\overline{Q_2^n Q_0^n}} \\ C_2 &= K Q_1^n = \overline{\overline{K Q_1^n}}\end{aligned}\right\}$$

由于有 3 个触发器，因此总共有 $2^3=8$ 个状态。但在设计时有 7 个状态没有使用而作为任意项处理（见图 5.51）。把这 7 个状态代入上述的状态方程得到它们的状态转换如表 5.11 所示。由表可以看出，这些状态都能回到有效状态，因此不存在死循环，这说明设计的计数器具有自启动特性。

KQ_2^n \ $Q_1^nQ_0^n$	00	01	11	10
00	001/00	010/00	100/00	011/00
01	101/00	000/10	××× /××	××× /××
11	××× /××	××× /××	××× /××	××× /××
10	001/00	010/00	××× /××	000/01

$Q_2^{n+1}Q_1^{n+1}Q_0^{n+1}/C_1C_2$

图 5.51　例 5.9 的状态转换卡诺图

表 5.11　例 5.10 查自启动结果

K	Q_2^n	Q_1^n	Q_0^n	Q_2^{n+1}	Q_1^{n+1}	Q_0^{n+1}	C_1	C_2
0	1	1	0	1	1	1	0	0
0	1	1	1	0	0	0	1	0
1	0	1	1	1	0	0	0	1
1	1	0	0	1	0	1	0	0
1	1	0	1	0	0	0	0	0
1	1	1	0	1	0	0	0	1
1	1	1	1	0	0	0	0	1

仍然选择 JK 触发器，把 JK 触发器的特性方程 $Q^{n+1}=\overline{JQ^n}+\overline{K}Q^n$ 与上述的状态方程进行比较，从而得到 3 级 JK 触发器的驱动方程：

$$\left.\begin{array}{ll} J_0=\overline{KQ_1^n} & K_0=1 \\ J_1=\overline{Q_2^n}Q_2^n & K_1=\overline{\overline{K}\cdot\overline{Q_0^n}} \\ J_2=Q_1^nQ_0^n & K_2=Q_0^n \end{array}\right\}$$

由驱动方程和输出方程，得到可控计数器的逻辑图，如图 5.52 所示。

以上两个例子对同步计数器的设计步骤和方法进行了详细的说明，读者可以仔细品味，不能只是看懂，还要亲自动手去验证。从上述两个例子可以看到，同步计数器的设计最关键的一步就是如何根据一个实际的问题和要求，经过逻辑抽象把它转换为原始状态图。这个过程没有固定的模式可套用，需要读者细细品味和领会。

一旦建立了原始状态图后，后续的步骤和方法就比较具有套路了。这其中将状态转换图进行编码和化简比较关键，尤其是化简，需要借助于卡诺图，初学者要分清卡诺图中方格内外

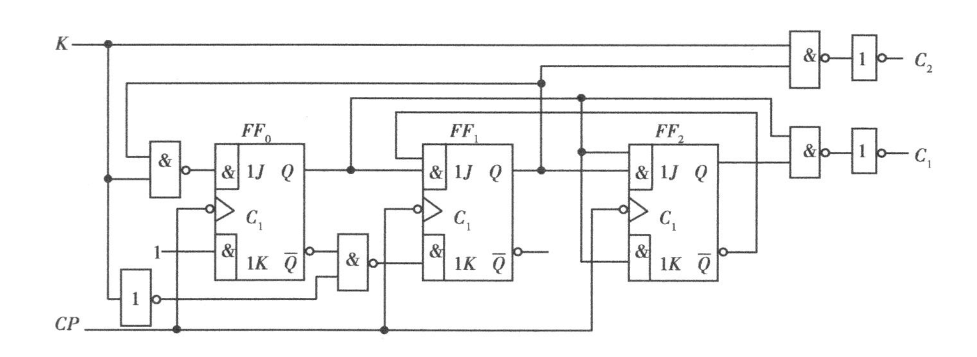

图 5.52　例 5.10 的电路逻辑图

数字和约束项的含义。如果合并的卡诺图不直观,建议读者可以将其分解成各个触发器对应的卡诺图(一个触发器的输出对应一个状态转换卡诺图),然后分别求出各个触发器化简后的次态方程 Q_i^{n+1}(其中,i 表示计数器中第 i 个触发器)。还要说明的是,如果选择 JK 触发器,那么在用卡诺图进行化简时,要注意不要将各触发器原有的状态化简掉,否则在与 JK 触发器的特性方程比较时,将找不到相应的驱动方程。

最后,需要强调的是,必须要检查计数器是否具有自启动特性。在上述两个例子中,均没有出现死循环状态,但这不意味着今后所有的同步计数器设计都是这种情况。如果出现了死循环,就要设法打破死循环。打破死循环的方法是将状态转换卡诺图中的约束项取为一个有效状态值,重新进行化简得到状态方程。例如在前面 5.3.3 节中讨论有关环形和扭环形计数器的自启动问题时就涉及到这个问题,读者可以回过头复习一下。限于篇幅,这里不再详细叙述了。

5.4.2　一般同步时序逻辑电路的设计

前面介绍了有关同步计数器的设计方法和过程。虽然只是针对同步计数器而言的,但由于同步计数器是典型的同步时序逻辑电路,因此,上述介绍的方法和过程对于一般同步时序逻辑电路的设计基本上也是适用的。总体上看,一般同步的序逻辑电路的设计步骤与同步计数器的设计步骤基本上没有什么区别,关键的过程还是如何实现对逻辑问题进行抽象,建立最简原始状态转换图。直接建立最简原始状态转换图时要注意:每设计一个新的原始状态时,一定要全面考虑它代表的意义和作用。

例 5.10　设计一个序列信号检测器,当检测器到正确序列信号 1011 时,输出 $Z=1$,其他情况下 $Z=0$。

序列信号检测器设计示意图如图 5.53 所示,其中 X 是序列信号输入端,Z 是输出端。

序列信号检测器的工作原理是:根据预先设置的待检测信号(如 1011),依次一一检测输入端 X 输入的信号,如果第一个信号输入的是 0,则跳过,继续检测下一个信号;如果第一个输入信号为 1,则存储记忆下来,并继续检测第二个信号;如果第二个信号为 1,则放弃第一个存储信号,将第二个信号作为第一个信号存储;如果第二个信号为 0,则存储第二个信号,并继续检测第三个信号;如果第三个信号为 1,则存储并继续检测第四个信号,而如果第三个信号为 0,则放弃前面所有的存储结果,从初始开始重新检测第一个信号。依此类推,直到检测到第四个信号为 1(即检测到输入信号序列为 1011 时)为止。

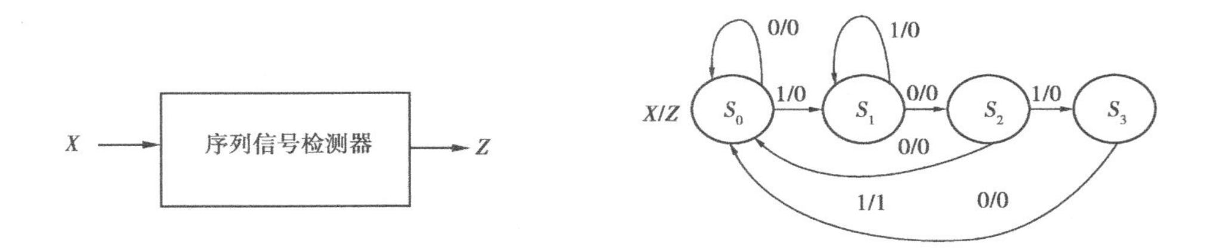

图 5.53　序列信号检测器设计示意图　　　　图 5.54　例 5.11 原始状态转换图

根据序列检测器的工作原理,可以依照同步计数器的设计步骤对其进行设计。

解:　①建立最简原始状态图。由题意可得到电路的原始状态,如图 5.54 所示。

因为电路图只有一个输入端,所以每个原始状态都有 X 端输入 0 和 1 时的两个不同走向。图中的 S_0状态表示电路的初态,它表示没有检测到序列信号中任何有效的信号。在 S_0状态下,当 X 输入 0 时,电路仍然没有接收到有效信号,因此保留在 S_0状态不变;当 X 端输入 1 时,电路检测到正确序列"1011"的第一个有效信号"1",因此用新状态 S_1表示(即相当于保存第一个有效信号)。在 S_1状态下,当 X 输入 0 端时,电路接收到了第 2 个有效信号"0",因此用新的状态 S_2表示,S_2表示检测到正确序列前的 2 个有效信号"10"(相当于保存第一、第二个有效信号)。在 S_2状态下,当 X 端输入 1 时,电路接收到了第 3 个有效信号"1",因此用新地状态 S_3表示(相当于保存第一、二、三个有效信号),S_3表示检测到正确序列的前 3 个有效信号"101"。在 S_3状态下,如果 X 端又输入 1,则表示已检测到一组正确的序列信号,于是输出 $Z=1$,同时返回到 S_0(初态)重新检测新的序列信号。

在整个转换过程中,有几个情况必须要考虑:一是在 S_1状态下,当 X 端输入 1 时,表示输入端输入"11"信号,"11"不是正确序列的前 2 个有效输入信号,但当前输入的"1"有可能是正确的序列信号第 1 个"1",因此 S_1保留在本状态不变(相当于去掉第一信号而保留第二个信号);二是在 S_2状态下,当 X 端输入 0 时,　由于"100"不是正确序列的前 3 个有用信号,使 S_2记录的时"10"已没有实用价值,因此返回 S_0状态重新检测输入信号(相当于去掉第一、二、三个信号);三是在 S_3状态下,当 X 端输入 0 时,由于"1010"不是正确的序列信号,使 S_3记录的"101"已没有实用价值,因此返回 S_0状态重新检测输入信号。

根据上述的分析可知,为电路设计建立的 4 个原始状态都有特定的意义和作用,不存在多余和或无效的状态。因此,由这些原始状态构成的转换图是最简的。之所以产生这样的结果,主要就是对这些原始状态的意义有了全面的分析,这个分析过程是必须的,将直接影响到原始状态图中有无多余和无效的状态。

②确定触发器级数,进行状态编码。由于原始状态数是 4 个,因此需要 2 级触发器来完成电路的设计,把 2 级触发器的 4 种状态组合代替 $S_0 \sim S_3$,得到状态编码结果,如图 5.55 所示。

③画状态转换卡诺图,化简求状态方程和输出方程。根据状态编码,画出的状态转换卡诺图如图 5.56 所示。化简得出状态方程和输出方程

$$Q_1^{n+1} = \overline{X} Q_2^n \overline{Q_1^n} + X \overline{Q_2^n} Q_1^n$$

$$Q_2^{n+1} = X \overline{Q_2^n} + X \overline{Q_1^n} Q_2^n$$

$$C = X Q_1^n Q_2^n = \overline{\overline{X Q_1^n Q_2^n}}$$

注意,在化简状态转换卡诺图得到状态方程时,要考虑后面的触发器类型选择。如果选择的是 JK 触发器,那么在化简时,不要将各触发器的原状态化简掉,否则,无法匹配得到驱动方

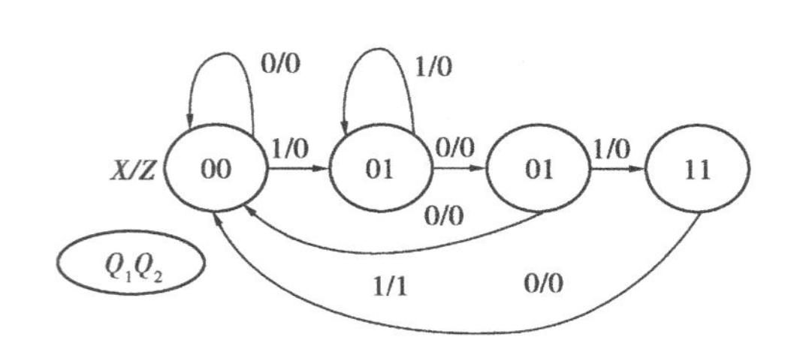

图 5.55　例 5.11 状态编码图

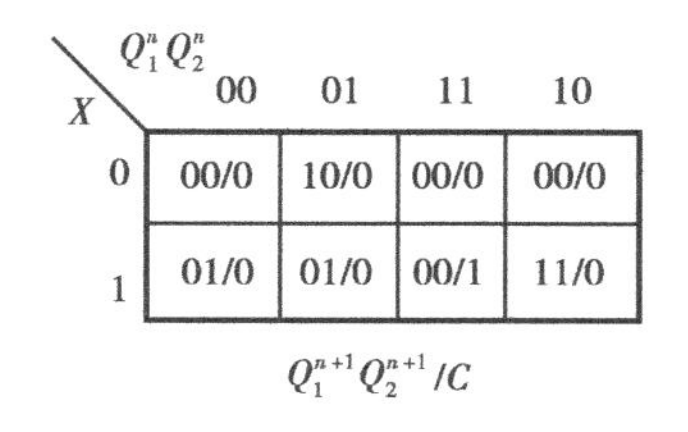

X \ $Q_1^nQ_2^n$	00	01	11	10
0	00/0	10/0	00/0	00/0
1	01/0	01/0	00/1	11/0

$Q_1^{n+1}Q_2^{n+1}/C$

图 5.56　例 5.11 状态转换卡诺图

程。比如,对于第 2 个触发器的次态 Q_2^{n+1},应保留其原态 Q_2^n 和 $\overline{Q_2^n}$,从而得到次态方程为 $Q_2^{n+1}=X\overline{Q_2^n}+X\overline{Q_1^n}Q_2^n$,而不是化简为 $Q_2^{n+1}=X\overline{Q_2^n}+X\overline{Q_1^n}$。

④选择触发器的类型,求驱动方程。本例设计选择 JK 触发器作为存储单元,将 JK 触发器的特性方程 $Q^{n+1}=J\overline{Q^n}+\overline{K}Q^n$ 与上面的状态方程比较,得到驱动方程为:

$$J_1=\overline{X}Q_2^n \qquad K_1=\overline{X\,\overline{Q_2^n}}$$

$$J_2=X \qquad K_2=\overline{X\,\overline{Q_1^n}}$$

⑤画逻辑图。根据驱动方程和输出方程,即可得到序列信号检测器的逻辑图,如图 5.57 所示。

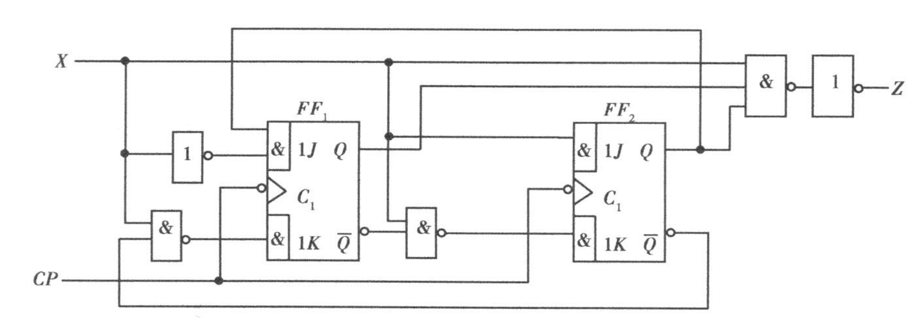

图 5.57　例 5.11 设计的序列信号检测器的逻辑图

由于序列信号检测器不是计数器,因此,不存在死循环问题,也就不用考虑检测自启动特性。

5.4.3　异步计数器的设计

异步计数器的设计步骤和方法与同步计数器的设计基本相同。两者最大的区别在于同步计数器设计时,不需要考虑每一级触发器时钟端的连接方式,而在异步计数器中,由于触发器的时钟端连接方式是不同的,因此设计时必须考虑触发器时钟端的连接方式,需要另列出时钟方程。

根据时序逻辑电路设计过程,异步计数器的设计过程可以具体细化成下列步骤:

①建立最简原始状态图,并对其中各个状态进行状态编码。

②画出时序图,求出各个触发器的时钟方程。

③根据时钟方程,用状态转换卡诺图表示各状态并化简,求出各触发器的状态方程和输出方程。

④查自启动特性。

⑤确定触发器类型,求出驱动方程。

⑥根据驱动方程,画出逻辑图。

上述步骤除了要另列出时钟方程外,与同步计数器的设计步骤在顺序上还是有些差别,下面通过一个例子来加以说明。

例 5.11　试设计一个异步十进制计数器。

解:　①建立最简原始状态图,进行状态编码。计数器设计示意图,如图 5.58 所示。依题意画出的原始状态转换图,如图 5.59 所示。并按 8421BCD 对状态进行编码,得到编码的结果,如图 5.60 所示。

图 5.58　异步计数器的设计示意图

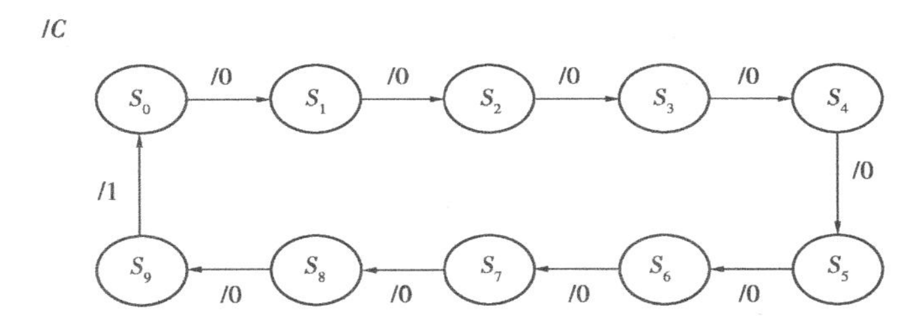

图 5.59　例 5.12 的原始状态转换图

②画出时序图,求触发器的时钟方程。求触发器的时钟方程是异步计数器设计时增加的步骤,也是很关键的一步。之所以在这里就画出时序图,目的就是要求出各级触发器的时钟方程,因为用时序图来确定各级触发器的时钟方程是比较直观的。

假设设计使用的是下降沿触发的触发器,则可以根据图 5.60 所示的状态编码图,分别画出各个触发器的次态输出在 CP 时钟下降沿触发下的时序图,如图 5.61 所示。

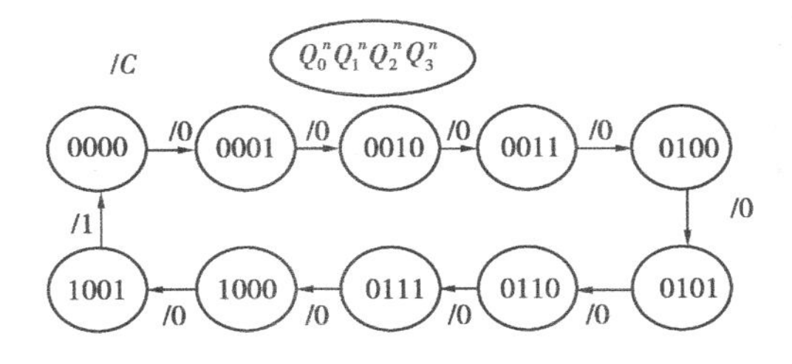

图 5.60　例 5.12 的状态编码转换图

在确定各级触发器的时钟方程时,应遵循以下规则:

A)最前面的一级触发器(即 Q_0)只能选择系统时钟 CP,后面各级触发器可以选择前级触发器的 Q 或 $\overline{Q}$ 作为触发脉冲,也可以选择系统时钟 CP。

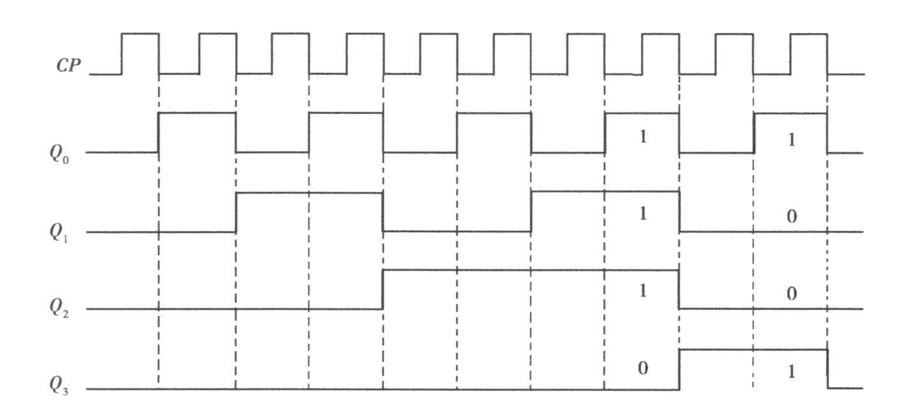

图 5.61　例 5.12 设计的电路时序图

B)所选的时钟必须保证本级触发器翻转时有相同的边沿。例如,第三级触发器(即 Q_3)在 0111 和 1001 两组初态下(见图 5.61)发生翻转(即 Q_3由 0→1 和由 1→0)时,Q_3前面只有系统时钟 CP 和 Q_0在这两次翻转时都提供了相同的下降沿(见图 5.61 中的粗虚线),虽然 Q_1、Q_2在 Q_3由 0→1 时提供了相同的下降沿,但在 Q_3由 1→0 没有提供下降沿,所以 CP_3只能选择 CP 或 Q_0。

C)所选择的时钟变化的次数越少越好。时钟变化的次数越少,可以使设计的电路越简单。例如,Q_0的变化次数比 CP 少,所以 CP_3应该选择 Q_0作为时钟。

根据以上规则,各级触发器的时钟方程确定如下(方程式中的符号↓表示下降沿有效):

$$CP_0 = CP\downarrow$$

$$CP_1 = Q_0\downarrow$$

$$CP_2 = Q_1\downarrow$$

$$CP_3 = Q_0\downarrow$$

③画状态转换卡诺图,化简求状态方程和输出方程。

根据状态编码,画出状态转换卡诺图,如图 5.62 所示。由于触发器的时钟不同,因此要把 Q_3^{n+1}、Q_2^{n+1}、Q_1^{n+1}、Q_0^{n+1} 状态转换卡诺图分别画出,如图 5.63 所示。在卡诺图中,"×"表示编码时没有使用的状态,作为约束项处理;"Φ"表示没有时钟的状态。由于触发器没有时钟就不能变化,因此把这些状态也作为约束项处理。

根据图 5.62 和图 5.63 化简得出的状态方程和输出方程如下(其中,Q_0^{n+1} 和输出 C 是从图 5.62 直接观察得到):

$$Q_0^{n+1} = \overline{Q_0^n}\cdot CP\downarrow$$

$$Q_1^{n+1} = \overline{Q_3^n}\cdot\overline{Q_1^n}\cdot Q_0\downarrow$$

$$Q_2^{n+1} = \overline{Q_2^n}\cdot Q_1\downarrow$$

$$Q_3^{n+1} = Q_2^n Q_1^n \overline{Q_3^n}\cdot Q_0\downarrow$$

$$C = \overline{\overline{Q_3^n Q_0^n}}$$

④检查自启动特性。异步计数器在设计时,有可能会出现无效状态构成的死循环,因此,

$Q_3^nQ_2^n$ \ $Q_1^nQ_0^n$	00	01	11	10
00	0001/0	0010/0	0100/0	0011/0
01	0101/0	0110/0	1000/0	0111/0
11	××××/	××××/	××××/	××××/
10	1001/0	0000/1	××××/	××××/

图5.62　例5.12的状态转换卡诺图

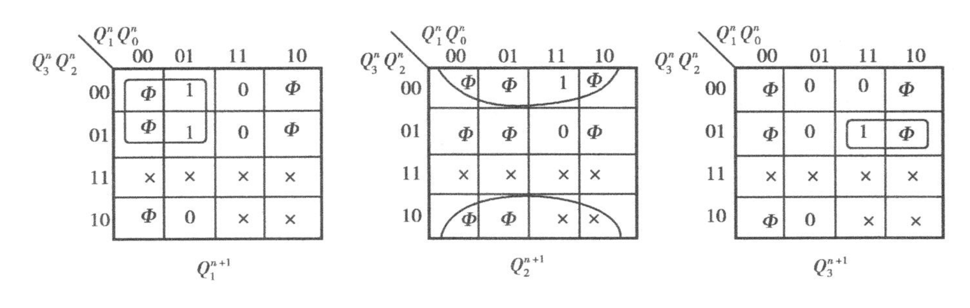

图5.63　将把 $Q_1^{n+1}Q_2^{n+1}Q_3^{n+1}$ 展开后画出的状态转换卡诺图

一般都要进行检查自启动特性。检查自启动特性的过程与其分析的方法相同，即需要首先确定触发器的时钟是否有效，若时钟有效，则将它们的原态代入状态方程中计算出其次态，若时钟无效，则次态与原态相同。按照此规则得到6个无效状态的状态转换情况，如表5.12所示。从表中看出该电路具有自启动特性。

表5.12　例5.12检查自启动结果

$Q_3^n\ Q_2^n\ Q_1^n\ Q_0^n$	$Q_3^{n+1}\ Q_2^{n+1}\ Q_1^{n+1}\ Q_0^{n+1}$	$CP_3\ CP_2\ CP_1\ CP_0$	C
1 0 1 0	1 0 1 1	× × × √	0
1 0 1 1	0 1 0 0	√ √ √ √	1
1 1 0 0	1 1 0 1	× × × √	0
1 1 0 1	0 1 0 0	√ × √ √	1
1 1 1 0	1 1 1 1	× × × √	0
1 1 1 1	0 0 0 0	√ √ √ √	1

⑤选择触发器的类型，求驱动方程。本例设计选择JK触发器作为存储元件，将其特性方程 $Q^{n+1}=J\overline{Q^n}+\overline{K}Q^n$ 与上述得到的状态方程比较（注意，这里既然选择JK触发器，那么在上述第3步求状态方程时，要注意不要将其中的触发器对应原态 Q^n 化简掉），得到驱动方程为：

$$J_0 = K_0 = 1$$

$$J_1 = \overline{Q_3^n} \qquad K_1 = 1$$

$$J_2 = K_2 = 1$$

$$J_3 = Q_1^n Q_0^N \qquad K_3 = 1$$

这里要说明的是,由于选择下降沿触发的 JK 触发器,与设计时确定的时钟方程的边沿相同,因此时钟方程不变。假如选择上升沿触发的触发器,则各级触发器的时钟方程要改为:

$$CP_0 = CP \uparrow$$

$$CP_1 = \overline{Q_0} \uparrow$$

$$CP_2 = \overline{Q_1} \uparrow$$

$$CP_3 = \overline{Q_0} \uparrow$$

根据这个时钟方程,可以修改上述图 5.61 的时序图,只要将下降沿有效改为上升沿有效即可,但这不影响整个时序电路的设计过程,其他步骤的推导过程仍然有效。

⑥画出逻辑图。根据得到的时钟方程、驱动方程和输出方程,即可得到异步十进制加法计数器的逻辑图,如图 5.64 所示。

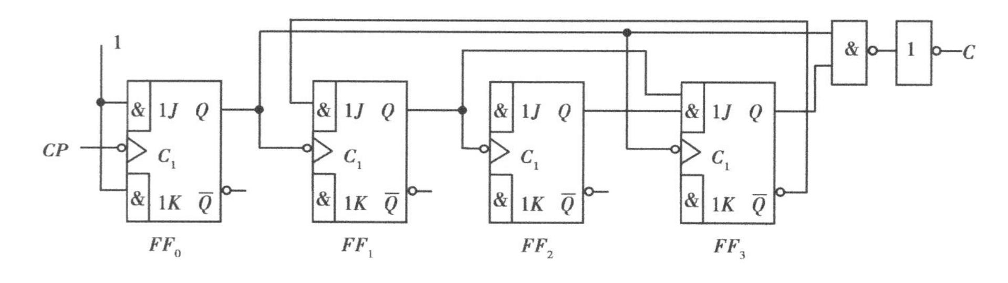

图 5.64　异步十进制计数器电路逻辑图

以上以设计异步十进制计数器为例,介绍了有关异步计数器设计的步骤和方法,这些步骤和方法可以推广到其他模值的异步计数器的设计。至于一般异步时序逻辑电路的设计,也可以参照上述步骤和方法,限于篇幅,这里不再详述。

5.5　中规模集成计数器的应用举例

前面分别介绍了同步和异步计数器的分析和设计方法,对计数器的电路结构和特点有了基本的认识。实际上,计数器在数字电路中应用非常普遍,是很重要和关键的部件。随着数字集成技术的不断发展,计数器目前基本上都被做成了集成芯片,而且价格比较低廉,因此,对于用户来说,往往面对或得到的是一块已经做好了的,并且具有一定模值得集成计数器产品。这就带来一个问题,就是如何根据这些集成计数器产品来分析和设计所需要的不同模值要求的计数器呢?

集成计数器产品的种类繁多,异步计数器包括十进制异步计数器、二进制异步计数器和可变进制计数器;同步计数器有二进制计数器和十进制计数器两种,在这两种计数器中又有加法计数器(也称为不加/减计数器)和加/减计数器(也称为可逆计数器)之分。另外,如果按照集成电路的规模来区分,集成计数器可以分为大、中、小规模集成计数器,它们的功能也因为集成技术和工艺的不同而有所区别。

下面以中规模的4位二进制同步计数器74LS161(CT74161)、十进制同步计数器74LS160(CT74160)和集成异步计数器74LS290为例,介绍集成计数器的功能和使用方法。需要说明的是,由于集成电路的内部电路结构一般都是比较复杂的,如果直接从其内部电路结构入手,按照上述介绍的分析和设计方法去理解芯片的逻辑功能和特性,不仅很麻烦,而且也不必要。因为芯片一经集成封装后,用户是看不到其内部电路结构的,而只能看到芯片的外部引脚,这些引脚功能清楚地表示了芯片的逻辑功能和特点,即用户可以直接根据这些引脚功能进行进一步的分析、设计和开发。这种模块化的分析、设计和开发的思想方法是非常有用的。

下面所示的图5.65和图5.66分别给出了同步的74LS161和74LS160的逻辑符号,它们的功能由表5.13列出。74LS161和74LS160均由4级触发器构成,其中$Q_3Q_2Q_1Q_0$是4级触发器的输出端,触发器的翻转(即状态变化)由时钟脉冲CP的上升沿触发或驱动来完成。当一个时钟CP的上升沿到来时,计数器的状态变化一次,即计数器加1。$\overline{R_D}$是计数器的复位端,当$\overline{R_D}=0$时,$Q_3Q_2Q_1Q_0=0000$,否则,计数器正常工作。$\overline{LD}$是计数器的预置端,$D_3D_2D_1D_0$是预置数据输入端。当$\overline{LD}=0$时,在CP的上升沿作用下,$Q_3Q_2Q_1Q_0=D_3D_2D_1D_0$。$EP$和$ET$是计数器的功能控制端,EP和ET均为高电平时计数器才能计数,它们中有任何一个为低电平时,计数器处于保持状态,其状态不会发生变化。C是计数器的进位输出,但74LS161的输出表达式为$C=\mathrm{ET}\cdot Q_3Q_2Q_1Q_0$,而74LS160的输出则为$C=\mathrm{ET}\cdot Q_3Q_0$。

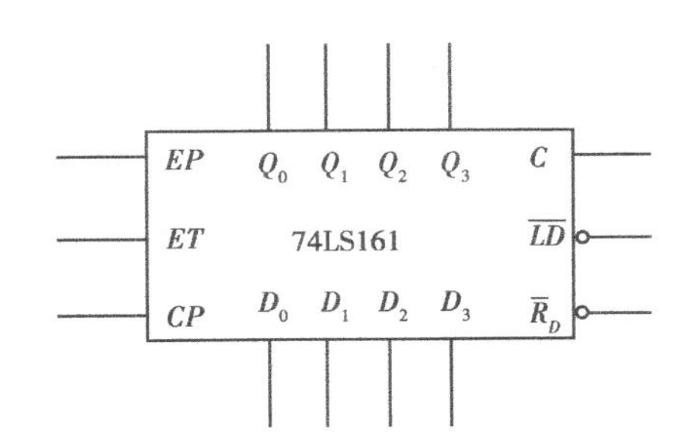

图5.65　4位同步二进制加法计数器74LS161逻辑符号

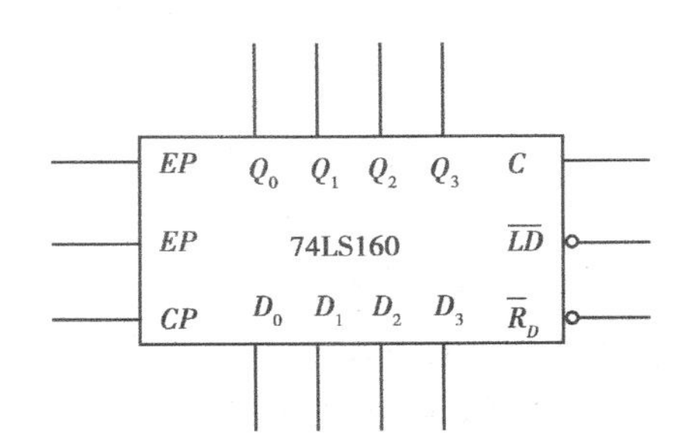

图5.66　4位同步十进制加法计数器74LS160逻辑符号

表5.13　74LS161和74LS160的功能

$\overline{R_D}$	$\overline{LD}$	EP	ET	CP	功能
0	×	×	×	×	复位
1	0	×	×	↑	预置
1	1	0	0	↑	保持
1	1	0	1	↑	保持
1	1	1	0	↑	保持
1	1	1	1	↑	计数

从表5.13可见,74LS161和74LS160的逻辑功能基本相同,虽然都是同步时序逻辑电路,但两者还是有区别的。74LS161是4位二进制计数器,单片74LS161的模值为16,而74LS160是4位十进制计数器,单片74LS160的模值为10。

在实际应用中,经常需要把若干片集成计数器级连起来,形成一个有较大模值的计数器系统。把两片74LS161级连起来构成的8位二进制同步计数器电路如图5.67所示。在电路中,把两片的CP、$\overline{LD}$和$\overline{R_D}$分别并联,把片(1)(低位片)的EP、ET都接至高电平,使之始终处于计数状态,把片(2)(高位片的)EP、ET接在片(1)的进位输出端C上,只有当片(1)的C有进位(高电平)时,片(2)才能计数。如果计数器从0000状态开始计数,输入了15个时钟脉冲后,片(1)计数器的状态由0000递增到1111,这时片(1)的进位输出$C=1$,在第16个时钟脉冲到来后,片(1)和片(2)计数器同时计数,片(1)计数器的状态由1111变为0000,而片(2)计数器的状态由0000递增到0001。片(2)计数器是每隔16个时钟脉冲到来后,才能完成一次计数操作。

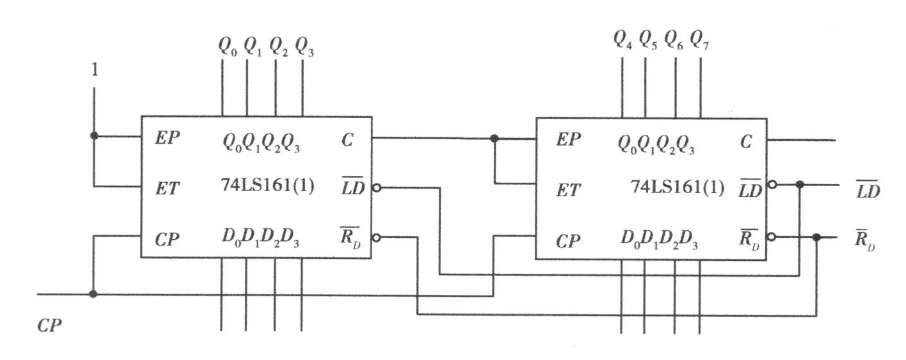

图5.67　用两片74LS161构成的8位二进制同步计数器电路

上述方法对于利用N片74LS161构造$2N$位二进制计数器同样是适用的,具有普遍性。读者可以采用上述相同的方法,用4片74LS161构成16位二进制同步计数器。另外,不失一般性,也可以利用上述方法,以多片74LS160构造多位十进制计数器。

一片74LS161得到4位二进制计数器,其模值是16,而把2片74LS161级联后,得到$2\times4=8$位二进制计数器,只能得到模值为256的计数器。如果由N片74LS161构成$4N$位计数器,其模值则只能为2^{4N},但现在要求在N片74LS161构成的计数器中得到一个模值为$M(M<2^{4N})$的计数器,利用上述方法显然是无法得到的。由此引出一个问题,就是在N片74LS161构成的计数器基础上,能否构成一个模值为$M(M<2^{4N})$的任意计数器呢?回答是肯定的,可以用反馈复位法或预置法,改变计数器的模值,得到任意进制计数器。

所谓反馈复位法,就是利用规定计数器的模值作为反馈复位信号,加载到已级联的集成计数器的$\overline{R_D}$段,强行将计数器复位归零。下面通过一个具体例子对反馈复位法进行说明。

例5.12　用反馈复位法将2片集成计数器74LS161构造成60进制计数器。

解:　60进制计数器的反馈复位代码(即模值数)为:

$$S_M=(60)_{10}=(111100)_2$$

由反馈复位代码即可推算出的反馈复位逻辑表达式为:

$$\overline{R_D}=\overline{\Pi Q^1}=\overline{Q_5Q_4Q_3Q_2}$$

将$\overline{R_D}$接到2片级联好的8位计数器的$\overline{R_D}$端（即其中各片74LS161的$\overline{R_D}$端），即可构成一个60进制的计数器。实现的60进制计数器的电路连接图如图5.68所示。

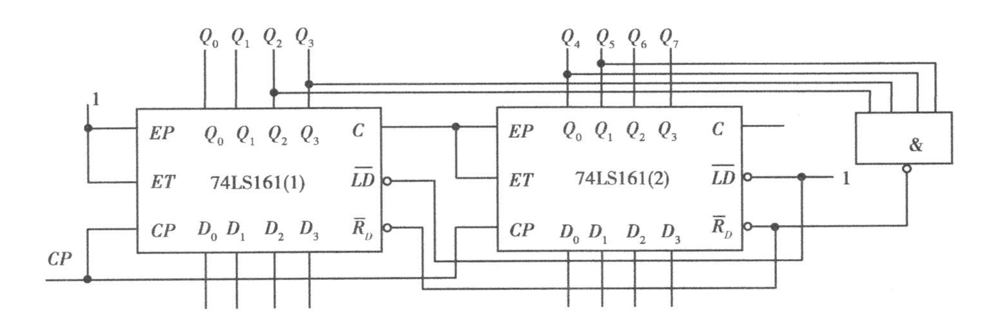

图5.68 用两片74LS161构成的60进制计数器电路

除了上述介绍的反馈复位法外，还可以利用集成计数器的预置功能来改变计数器的模值，从而得到任意进制计数器，这种方法称为预置法。预置法又分为用计数器进位输出C预置法和用Q输出预置法。

(1)输出C预置法

用进位输出C预置法得原理是：把进位输出C经反相后接到计数器的预置端$\overline{LD}$，将预先规定的计数器的预置数据由输入端$D_3D_2D_1D_0$强行置入计数器，使得计数器从预置数据开始重新计数。当计数器的计数未到达最大值（即规定的模值）时，其进位输出$C=0$，经反相加载后使$\overline{LD}=1$，这时计数器仍按计数方式正常工作。但当计数器计数到达最大值时，进位输出$C=1$，经反相加载后使$\overline{LD}=0$，于是计数器即处于预置方式。这时，若再来1个时钟脉冲，计数器即结束本次计数循环，以预置方式使计将预置数据值置入计数器，使得计数器从预置值开始下一轮得计数循环。

预置数据值可由下列公式得到：

(预置数据值)$_2$=(计数器的模值)-(改变后的模值)

下面通过举例来说明预置方法。

例5.13 用进位输出C预置法改变74LS161计数器的模值来实现一个十进制计数器。

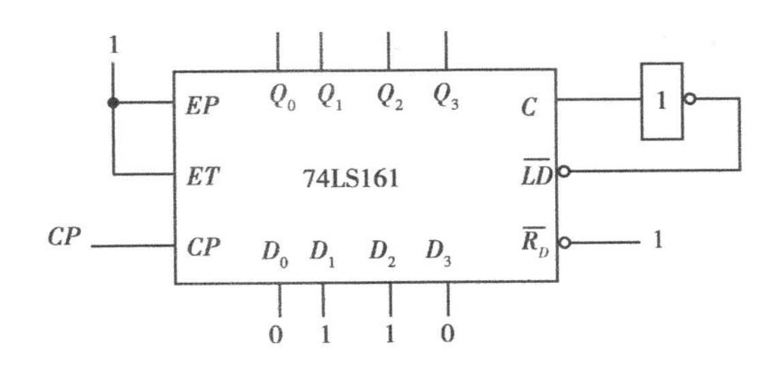

图5.69 用进位输出C预置法实现的模10计数器电路

解： 已知74LS161的模值是16，改变后的模值是10，由上述预置公式得到：(预置数据值)$=(16-10)_{10}=(6)_{10}=(0110)_2$

由此得出一个十进制计数器的电路，如图5.69所示。其状态转换图如图5.70所示。

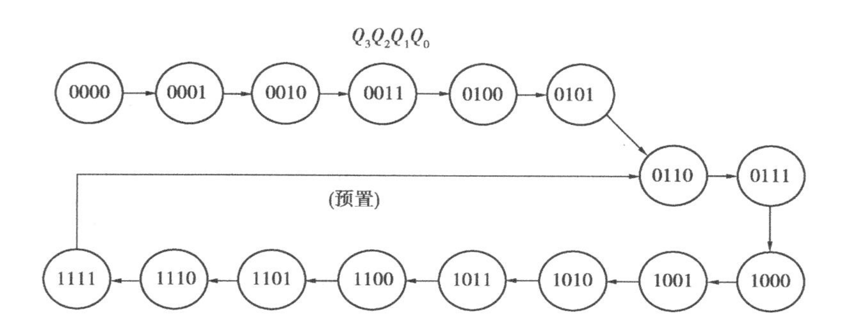

图 5.70　例 5.14 电路的状态转换图

(2)用 Q 输出预置法

用计数器的 Q 输出接至预置端也可以改变计数器的模值,但这种方法没有具体的规定步骤,只能通过观察,借助于状态转换标,分析给定电路的特点,找出它的模值。然后利用 Q 加载到$\overline{LD}$端使得计数器处于预置方式,从而构造得到计数器。如上述例 5.14 中,用 Q 输出预置法实现的电路如图 5.71 所示,在图中把计数器 74LS161 的 Q_2接至预置端$\overline{LD}$,当 $Q_2=1$ 时,计数器以计数方式工作;当 $Q_2=0$ 时,计数器以预置方式工作,由此得到电路的状态变化如表 5.14所示。从表中可以看出,计数器的模值是 10。

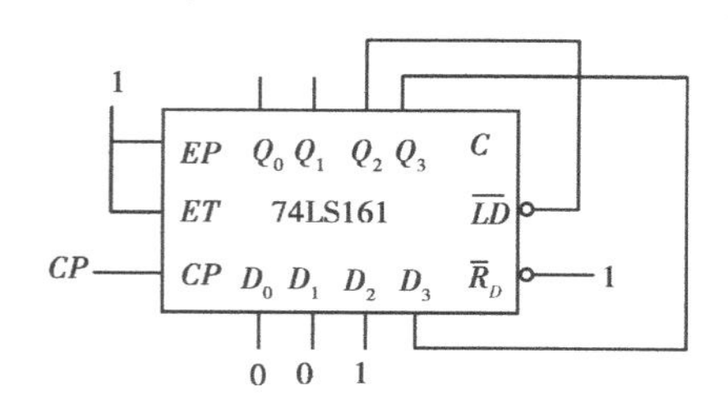

图 5.71　用 Q 输出预置法实现的十进制计数器电路

表 5.14　图 5.71 所示电路的状态转换表

CP	$Q_3Q_2Q_1Q_0$	$\overline{LD}(Q_2)$	工作方式
0	0 0 0 0	0	预置
1	0 1 0 0	1	计数
2	0 1 0 1	1	计数
3	0 1 1 0	1	计数
4	0 1 1 1	1	计数
5	1 0 0 0	0	计数
6	1 1 1 1	1	计数
7	1 1 0 1	1	计数
8	1 1 1 0	1	计数
9	1 1 1 1	1	计数

以上针对 74LS161 介绍的反馈复位法和预置法构造任意进制计数器的方法同样适用于 74LS160,限于篇幅,这里不再举例,读者可依据上述方法自己设计构造由 2 片 74LS160 级联构成的 M 进制计数器($M<100$)。

最后,我们简要介绍 74LS290:74LS290 是异步十进制集成计数器;其外部引脚的逻辑示意图如图 5.72 所示;其功能表如表 5.15 所示。

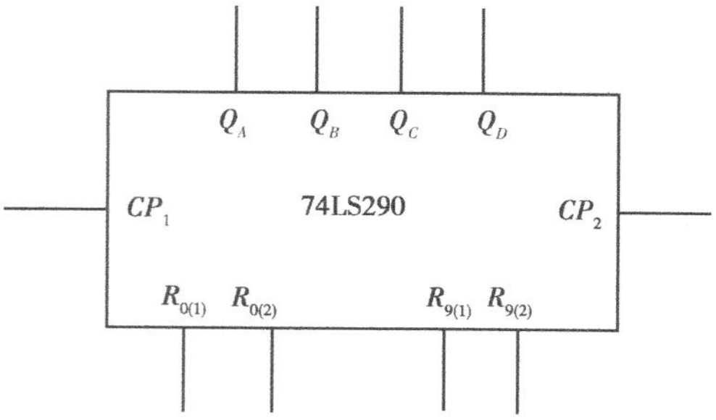

Q_A　Q_B　Q_C　Q_D

CP_1　74LS290　CP_2

$R_{0(1)}$　$R_{0(2)}$　$R_{9(1)}$　$R_{9(2)}$

图 5.72　74LS290 外部引脚逻辑示意图

表5.15　74LS290的功能表

$R_{0(1)}$	$R_{0(2)}$	$R_{9(1)}$	$R_{9(2)}$	CP	$Q_A\ Q_B\ Q_C\ Q_D$
1	1	0	×	×	0 0 0 0
1	1	×	0	×	0 0 0 0
×	×	1	1	×	1 0 0 1
0	×	0	×	↓	加1计数
0	×	×	0	↓	加1计数
×	0	0	×	↓	加1计数
×	0	×	0	↓	加1计数

根据图5.72所示，$R_{0(1)}$、$R_{0(2)}$为计数器置0端，$R_{9(1)}$、$R_{9(2)}$为计数器置9端，计数器可根据需要，通过置0或者置9端将0或9预置到计数器中。实际上74LS290是由一个1位二进制计数器和一个异步五进制计数器组成。其基本工作原理是：如果计数脉冲由CP_1端输入，则计数器在Q_A端输出而得到二进制计数器；如果计数脉冲由CP_2端输入，则计数器在Q_D端输出而得到五进制计数器；如果将Q_A与CP_2相连，计数脉冲由CP_1端输入，则计数器在$Q_A \sim Q_D$端输出而得到8421BCD码十进制计数器。因此，74LS290也称为二-五-十进制计数器。

由表5.15所示，当置0端输入$R_{0(1)} = R_{0(2)} = 1$时，且置9端输入$R_{9(1)}$或$R_{9(2)} = 0$时，74LS290的输出$Q_A \sim Q_D$端则被直接置0；当$R_{9(1)} = R_{9(2)} = 0$时，74LS290的输出$Q_A \sim Q_D$端则被直接置9，即$Q_AQ_BQ_CQ_D = 1001$；当置0端输入$R_{0(1)}$或$R_{0(2)} = 0$且置9端输入$R_{9(1)}$或$R_{9(2)} = 0$时，74LS290的输出$Q_A \sim Q_D$端则在计数脉冲下降沿的作用下实现二-五-十进制加法计数。

根据74LS290的功能，也可以利用以上介绍的反馈复位法和预置法对计数器进行改进而得到任意进制计数器。

本章小结

时序逻辑电路在组成结构、逻辑功能、描述方法及其分析和设计的步骤和方法上与组合逻辑电路有所不同。时序逻辑电路是由组合逻辑电路和存储电路构成，因此每一时刻的输出信号不仅是和当时的输入信号有关，而且还与电路的原来状态有关。触发器是时序电路中存储电路的基本元件，根据触发器的时钟端的连接方式，把时序逻辑电路分为同步时序逻辑电路和异步时序逻辑电路两大类。

通常用于描述时序电路逻辑功能的方法有方程组（包括驱动方程、输出方程、时钟方程和状态方程）、状态转换表、状态转换图和时序图等。这些功能的描述方法是分析和设计时序逻辑电路的重要工具。

具体的时序电路可谓是千差万别，而寄存器、计数器和移位寄存器是时序逻辑电路的典型代表，也是重要的数字电路元件。寄存器主要用来存放数据，而移位寄存器不仅可以构成移存型计数器，还可以实现并/串转换和串/并转换，移存型计数器包括环型计数器、扭环型计数器和最长线性序存型计数器，N 级环型计数器的模值是 N，N 级是扭环型计数器和模值是 $2N$。N 级长线性序列移存型计数器的模值是 2^N-1，计数器的用途非常广泛。计数器可以统计输入脉冲的个数，用于实现计时、计数系统，还可以用来分频、定时、产生节拍脉冲和序列脉冲。

计数器和分析方法是本章学习的重要内容，通过对同步和异步计数器的分析，可以使读者掌握同步和异步时序的逻辑电路的分析方法，同时也掌握计数器的功能、特点和使用方法。

时序电路的设计相对来说比较复杂些，读者应将重点放在有关一般同步时序逻辑电路中的设计方法上，尤其是同步计数器的设计。至于异步时序电路的设计从总体上讲与同步时序电路是基本相似的，区别在于两者的时钟方程上，异步时序电路必须考虑时钟方程的影响。不论是同步时序电路，还是异步时序电路，设计的步骤和方法还是有章可循的，读者在学习的过程中，不仅要看，更重要的是要亲自动手做一遍，只有通过亲身实践，才能更深入地掌握和理解其中的方法。

对于一般的时序逻辑电路，其分析和设计方法都是适用的。但时序电路的分析和设计方法不是一成不变的，读者在学习时不要千篇一律地机械照搬，要具体问题具体分析。比如，在分析环形计数器和扭环形计数器时，只要从物理概念入手去理解就比较容易。在利用集成计数器设计任意进制计数器时，也同样不要照搬原来的设计方法，那样反而使得问题复杂化。

总之，学习时序电路的分析和设计方法，不仅要模仿、实践，更重要的是理解和领悟其中的规律和实质。

习 题 5

5.1 试分析下图所示电路，说明电路的逻辑功能。

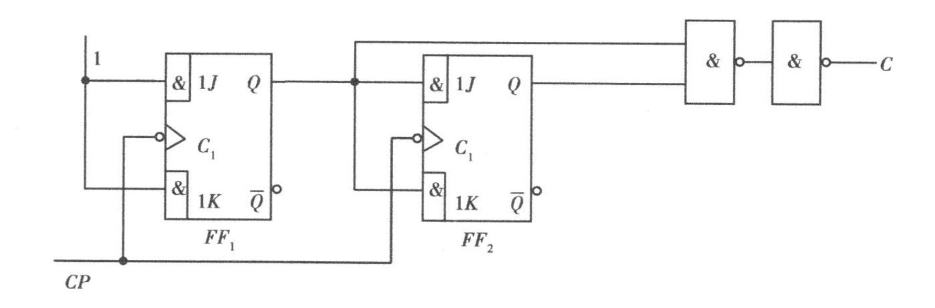

图题 5.1

5.2 试分析下图所示电路，说明电路逻辑功能。

5.3 试分析下图所示电路，说明电路逻辑功能以及各触发器 Q 输出的权值。

5.4 分析下图所示电路，要求：

①写出各级触发器的驱动方程和状态方程；

②画出状态转换表和状态转换图；

③说明电路特点。

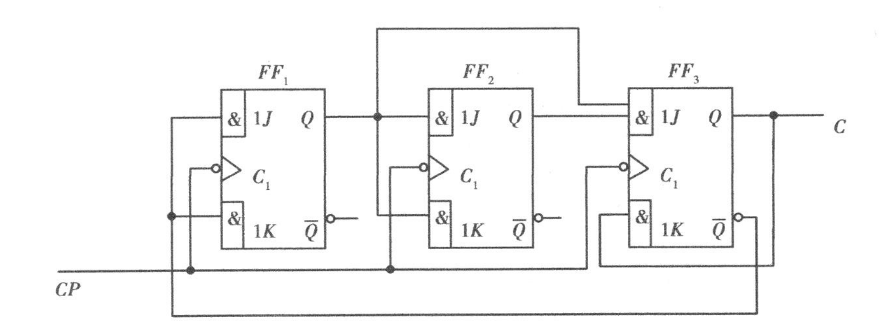

图题5.2

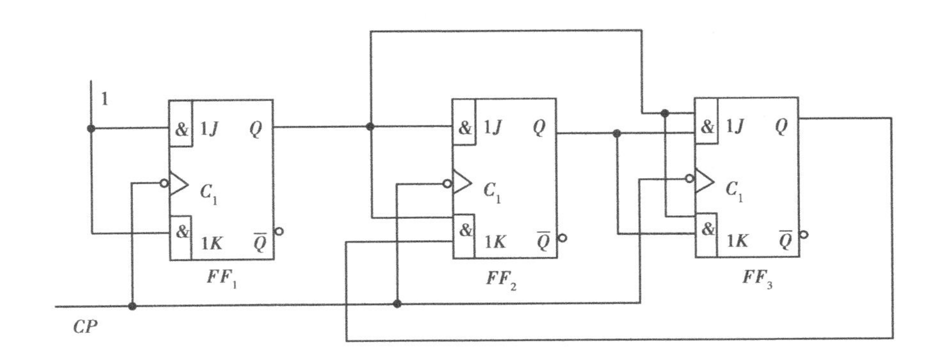

图题5.3

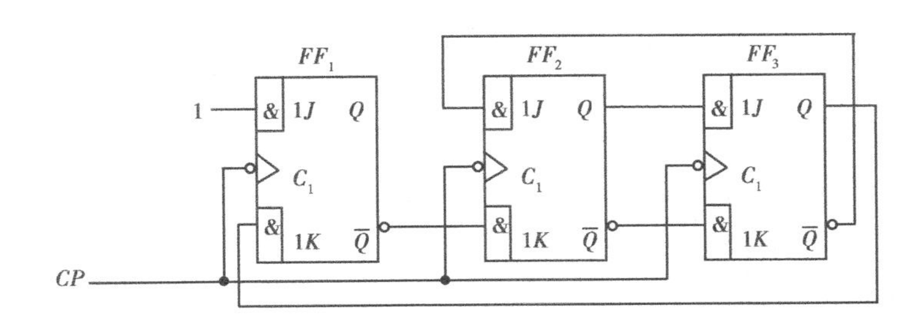

图题5.4

5.5 分析如下图所示的电路,要求:

①写出各级触发器的驱动方程和状态方程;

②画出状态转换表和状态转换图;

③说明电路特点。

5.6 试分析如图所示的同步时序电路。

5.7 试画出如下图所示电路中输出 B 的波形(设触发器初态为0)。A 是输入端,比较 A 和 B 的波形,说明此电路的功能。

5.8 集成4位二进制加法计数器的连接图如图所示,$\overline{LD}$是预置控制端;A、B、C、D 是预置

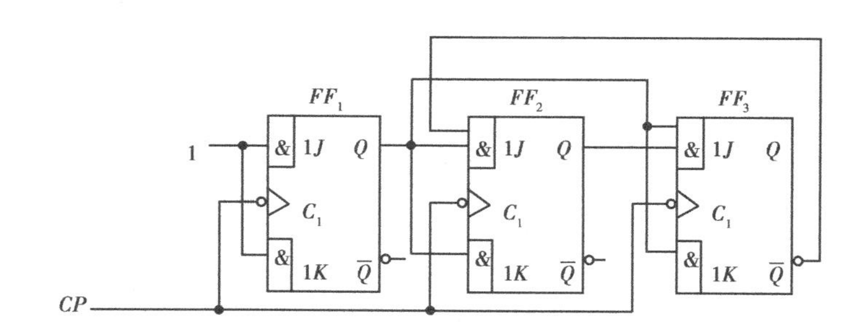

图题 5.5

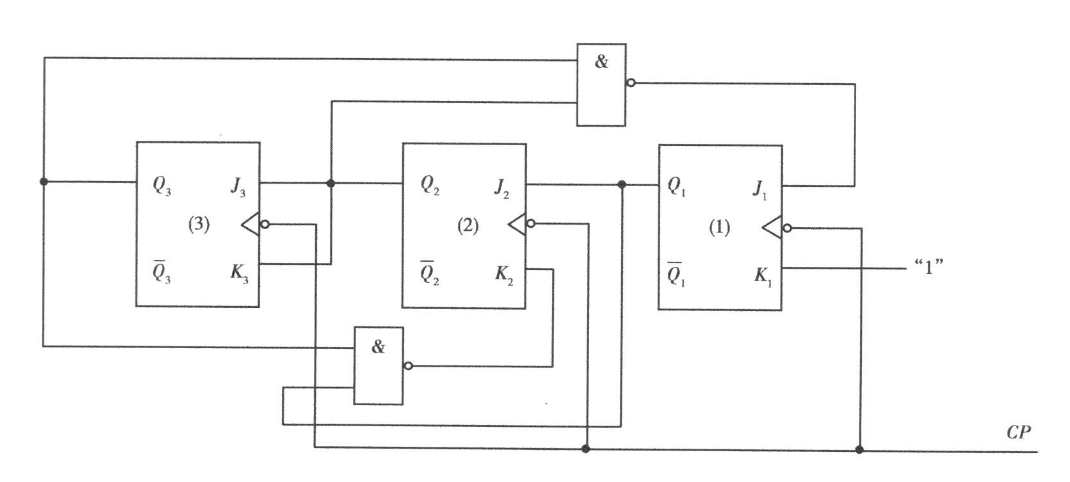

图题 5.6

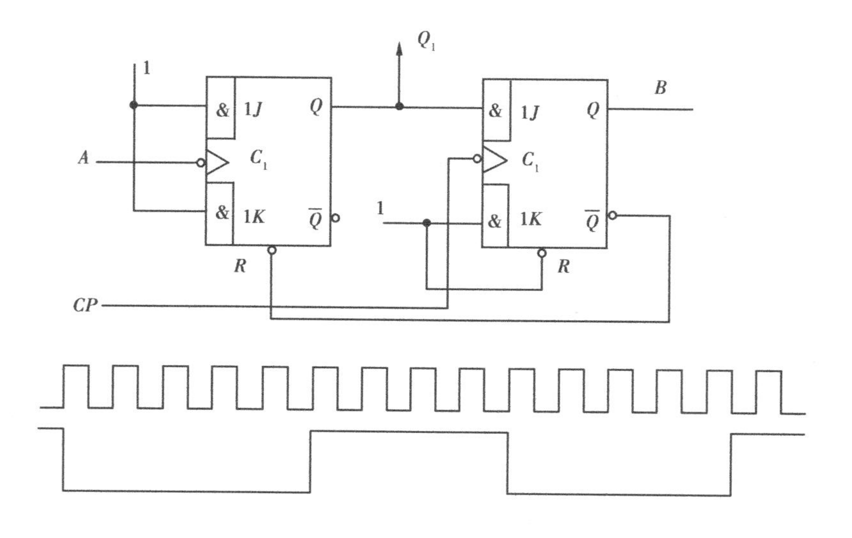

图题 5.7

数据输入端；$Q_3Q_2Q_1Q_0$是触发器的输出端，Q_0为最低位，Q_3为最高位。当$\overline{LD}=0$时，计数器处于预置功能；$\overline{LD}=1$时，处于计数功能，试分析该电路的功能。要求：

①列出状态转换表；

②检验自启动特性；

③画出完整的状态转换图；

④说明计数模值。

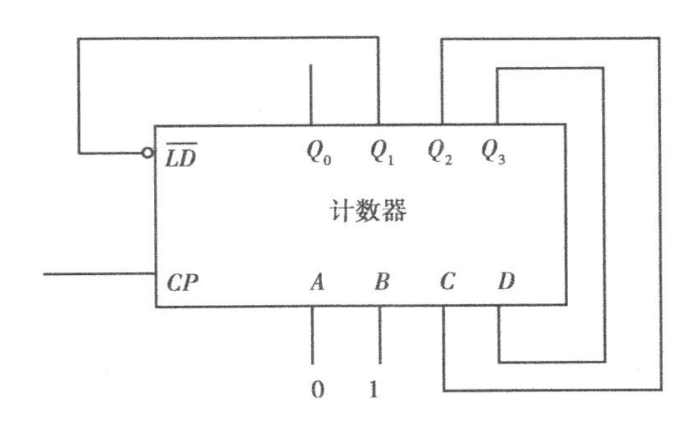

图题 5.8

5.9　用 CT74161 构成的电路如图题 5.9 所示，其功能表如下表所示，试分析该电路的模值。已知触发器输出高位到低位的次序是 Q_3至 Q_0；输出 $C=ETQ_3Q_2Q_1Q_0$。

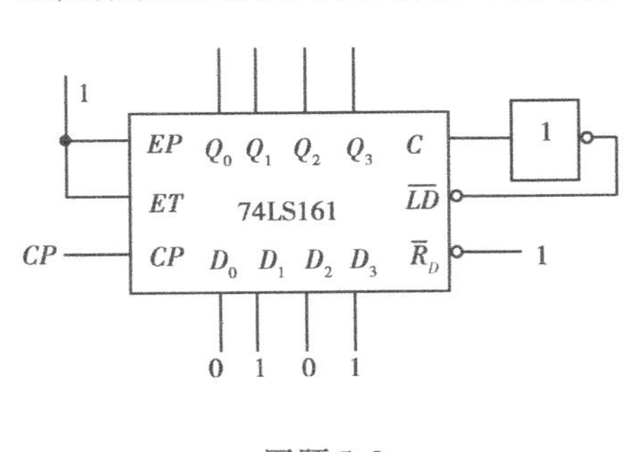

图题 5.9

74LS161 功能表

$\overline{R}_D$	$\overline{LD}$	EP	ET	CP	功能
0	×	×	×	×	复位
1	0	×	×	↑	预置
1	1	0	0	↑	保持
1	1	0	1	↑	保持
1	1	1	0	↑	保持
1	1	1	1	↑	保持

5.10　用 T 触发器及异或门构成的某种电路和在示波器上观察到波形分别如图题 5.10(a)、(b)所示，试问该电路是如何连接的？请在原图上画出正确的连接图，并标明 T 的取值。

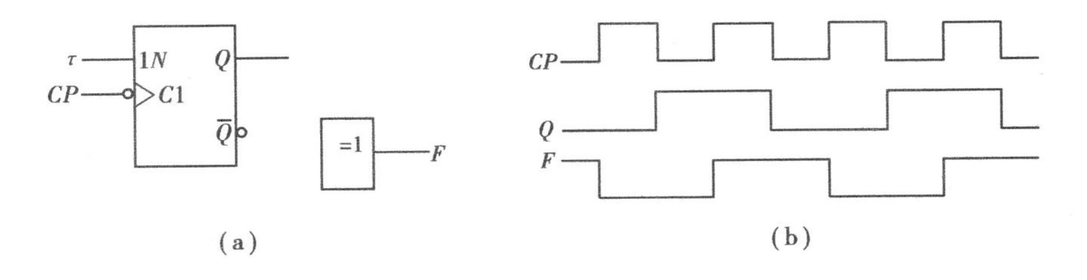

图题 5.10

5.11　用 JK-FF 设计一同步三进制加法计数器，画出逻辑图。

5.12　用 D-FF 设计同步五进制加法计数器，画出逻辑图。

①画出状态转换图；

②求出各级触发器的状态方程；

③检查自启动特性并驱动方程；

④画出逻辑图。

5.13　按照图题 5.13 所示的状态转换图设计同步六进制计数器，用 JK 触发器实现该电路，画出逻辑图。

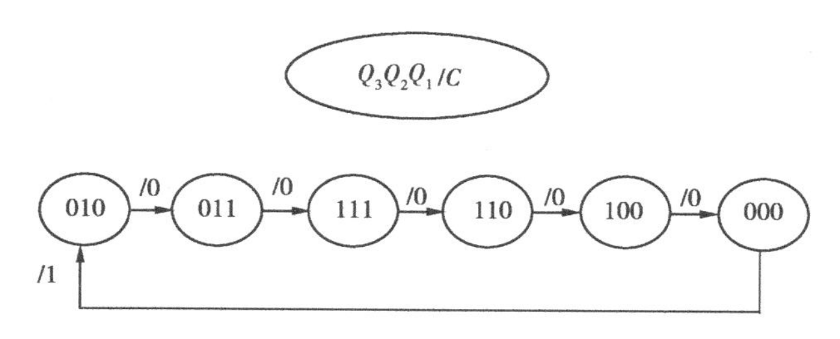

图题 5.13

5.14　用 JK-KK 设计同步七进制减法计数器，画出逻辑图。

5.15　用 D 触发器设计一个 4 级有自启动能力的扭环形计数器，画出逻辑图。

5.16　集成 4 位二进制计数 74LS161 的逻辑符号如图题 5.16 所示，其功能表如下表所示，触发器输出低位到高位的次序是 Q_0 至 Q_3，输出 $C=ETQ_3Q_2Q_1Q_0$。试用若干片 74LS161 采用输出 C 预置法实现 60 进制计数器，画出电路连接图。

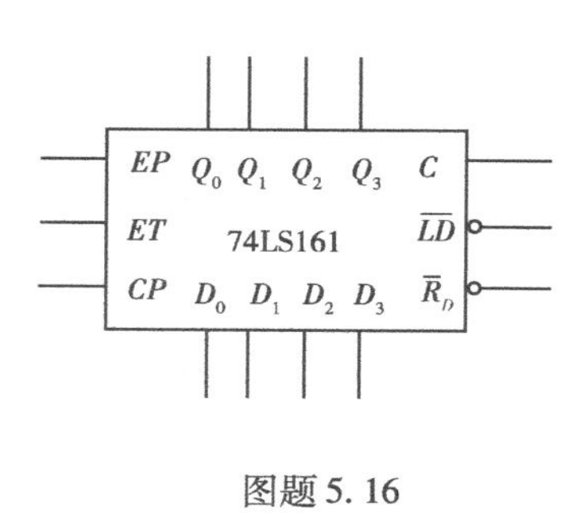

图题 5.16

74LS161 功能表

$\overline{R}_D$	$\overline{LD}$	EP	ET	CP	功能
0	×	×	×	×	复位
1	0	×	×	↑	预置
1	1	0	0	↑	保持
1	1	0	1	↑	保持
1	1	1	0	↑	保持
1	1	1	1	↑	计数

5.17　集成计数器 74LS290 内部结构及逻辑符号如图题 5.17 所示，它是二-五-十进制计数器，请完成下列问题。

①单片 74LS290 的最在计数模值为多少？它是同步还是异步计数器？

②欲构成 24 进制计数器，需要几片 74LS290？

③画出用 74LS290 构成 24 进制计数器的连接图。

5.18　已知某集成计数器的结构图及逻辑符号如图题 5.18 所示，虚线以内为集成电路的内部电路。要求：

①单片计数器能实现的最大值为多少？

②画出用该计数器实现五进制计数器的逻辑图。

③画出该计数器实现六进制计数器的逻辑图。

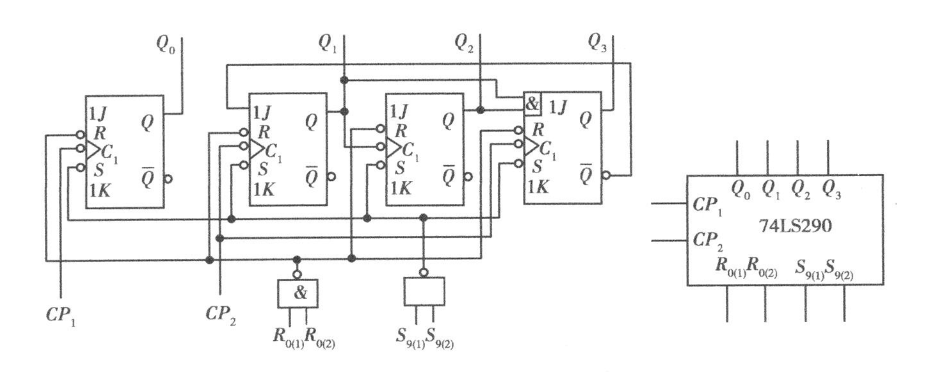

图题 5.17

④画出用该计数器实现30进制计数器的逻辑图。

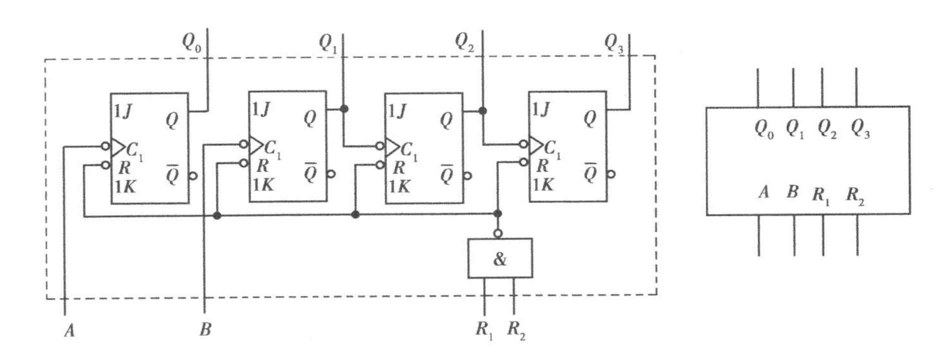

图题 5.18

5.19　用两片4位加/减计数器74LS192扩展为8位加/减计数器，74LS192的逻辑符号如图题5.19所示，逻辑功能如下表所示。CP_N是加计数时钟输入端；CP_D是减计数时钟输入端；$\overline{LD}$是预置控制输入端；CR是复位端；D_3，D_2，D_1，D_0是预置数据输入端；CO是进位输出端，加计数到1001后输出脉冲；BO是借位输出端，减计数到0000后输出脉冲。

74LS192 功能表

CR	$\overline{LD}$	CP_N	CP_D	$D_3D_2D_1D_0$	$Q_3Q_2Q_1Q_0$
1	×	×	×	× × × ×	0 0 0 0
0	0	×	×	d c b a	d c b a
0	1	↑	1	× × × ×	加计数
0	1	1	↑	× × × ×	减计数
0	1	1	1	× × × ×	保持原状态

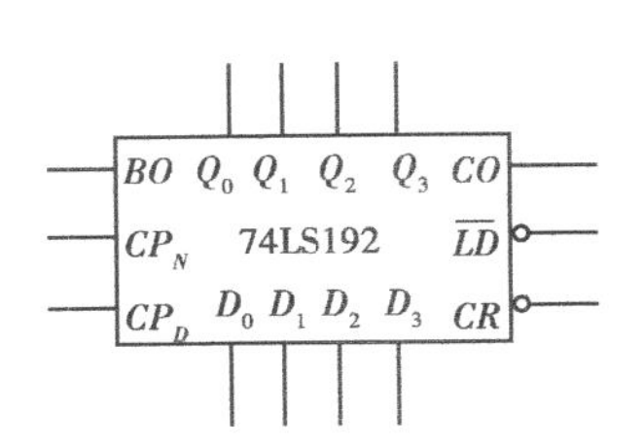

图题 5.19

5.20　试用JK触发器设计一个计数器，该计数器既能实现8421BCD码的五进制计数，又能实现循环码的六进制计数，输入变量M为控制信号。电路要求的状态转换图如图题5.20所示。并要求计数器具有自启动特性。

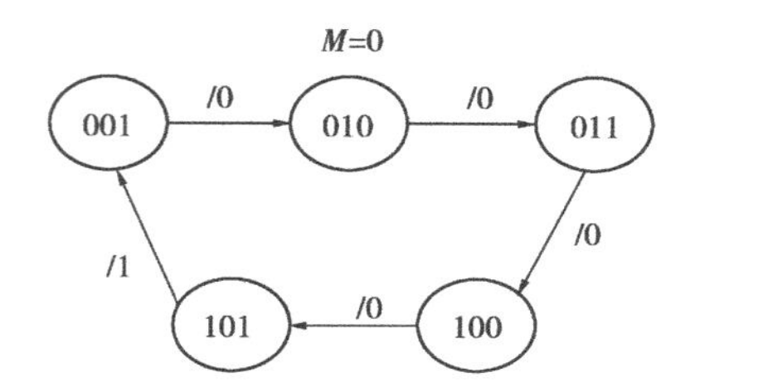

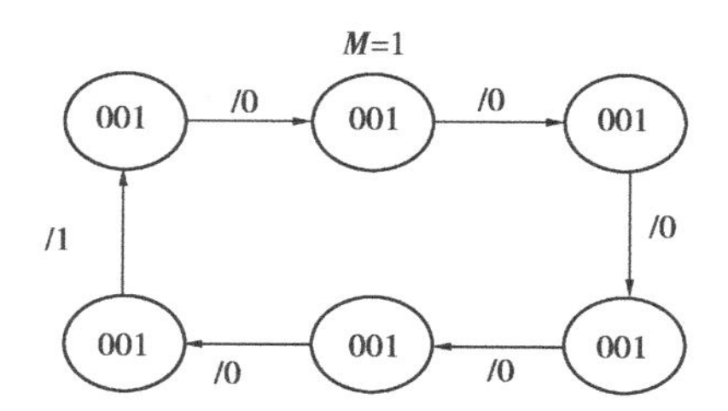

图题 5. 20

第 6 章 脉冲信号的产生和整形电路

本章重点讨论应用集成555定时器、中规模集成的脉冲电路专用器件组成的各种信号发生及整形电路以及石英晶体多谐振荡器。要求能熟练地掌握555定时器的工作原理及其应用。

6.1 集成555定时器

555定时器是一种用途极为广泛的单片集成电路,只要外接少量电阻、电容等元件就可以构成各种不同用途的脉冲电路。如施密特触发器、单稳态触发器、多谐振荡器等。

555定时器有TTL集成定时器和CMOS集成定时器,其逻辑功能及外部引线排列完全一样。几乎所有TTL类产品的型号最后3位数码都是555,所有CMOS产品信号最后4位数都是7555。CC7555定时器电路具有静态电流较小(80 μA左右),输入阻抗极高(输入电流仅为0.1 μA左右),电源电压范围较宽(在3～18 V内均正常工作)等特点。其最大功耗为300 mW,和所有CMOS集成电路一样,在使用时,输入电压u_I应确保在安全范围之内,即满足下式条件:

$$U_{SS}-0.5\ V \leqslant u_I \leqslant U_{DD}+0.5\ V$$

对TTL型,如5G555(NE555),它的工作原理与CC7555没有本质区别,但其驱动电流可达200 mA。

本章以CMOS集成定时器为例进行介绍。

(1)电路的组成

图6.1为CC7555定时器的电路组成,图6.2为CC7555定时器管脚图。电路由电阻分压器、电压比较器、基本RS触发器、MOS管开关和输出缓冲级等几个基本单元组成。

①电阻分压器

在图6.1中,3个R=5 kΩ的电阻串联起来构成分压器,它为电压比较器C_1、C_2提供两个基准电压。比较器C_1的基准电压为$V_{REF1}=(2/3)V_{DD}$,比较器C_2的基准电压为$V_{REF2}=(1/3)V_{DD}$。若在控制端(CO端)外加一个控制电压,则可改变两个比较器的基准电压。

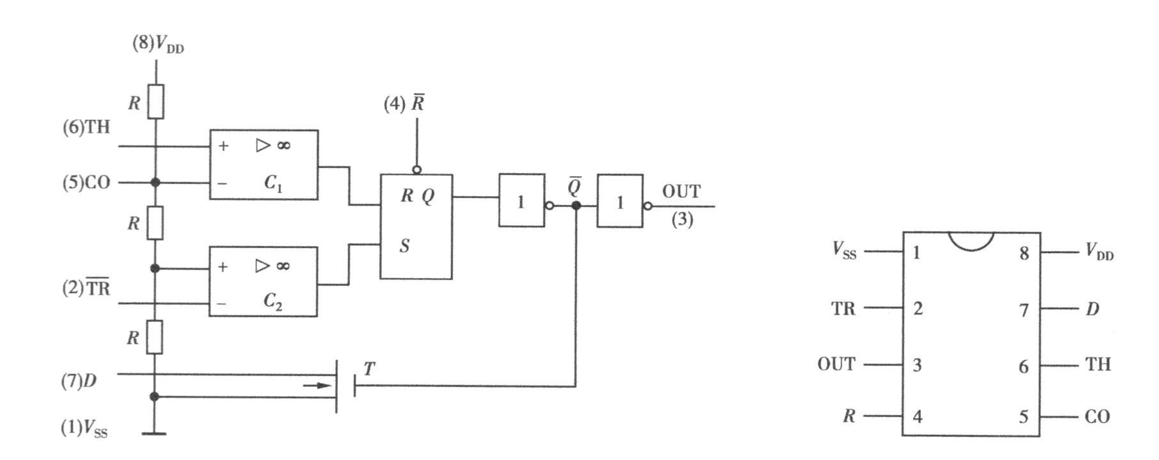

图 6.1　CC7555 定时器原理图　　　　图 6.2　CC7555 定时器管脚图

由于此定时器的输入端是由 3 个 5 kΩ 的电阻分压组成，故名 555 定时器。

②电压比较器　图 6.1 中，C_1、C_2 是 2 个结构完全相同的高精度电压比较器，分别由 2 个集成运算放大器构成。比较器 C_1 的反相输入端接基准电压 V_{REF1}，同相输入端(6)也称高触发端，接输入电压，因此 C_1 是同相比较器。比较器 C_2 的同相输入端接基准电压 V_{REF2}，反相输入端(2)也称低触发端，接输入电压，因此 C_2 是反相比较器。在高触发端(6)和低触发端(2)的输入电压作用下，电压比较器 C_1、C_2 的输出电压的数字，不是接近 $+V_{DD}$(1 状态)，就是接近 0V(0 状态)。它们是基本 RS 触发器的输入信号。

③基本 RS 触发器　基本 RS 触发器是由 2 个或非门组成，R、S 端为高电平有效，电压比较器的输出电压是基本 RS 触发器的输入信号，控制着触发器输出端的状态。$\overline{R}$是外部直接复位端，因$\overline{R}$信号直接作用于输出端，所以当$\overline{R}=0$ 时，无论 TH、$\overline{TR}$为何值，RS 触发器的 Q 端及定时器的输出端均为 0，放电管 T 导通。

④开关管 T 和输出缓冲级　放电管 T 是一个 N 沟道增强型 MOS 管，在电路中作为放电开关，其栅极受 RS 触发器的控制，若 $Q=0$，放电管 T 导通；若 $Q=1$，放电管 T 截止。

2 个非门组成的 2 级反相器，构成输出缓冲级，用于提高输出电流的驱动能力，一般可驱动 2 个 TTL 电路。同时，缓冲级还起到隔离负载对定时器影响的作用。

(2)工作原理

定时器的工作状态取决于比较器 C_1、C_2，比较器的输出控制着 RS 触发器和放电管 T 的状态。

设$\overline{R}$端接高电平。当高触发端 TH 的电压高于$(2/3)V_{DD}$时，比较器 C_1 输出为高电平，使 RS 触发器置 0(即 $Q=0$)，而$\overline{Q}=1$ 使放电管 T 导通。

当低触发端$\overline{TR}$的电压低于$(1/3)V_{DD}$时，比较器 C_2 输出为高电平，使 RS 触发器置 1(即 $Q=1$)，而$\overline{Q}=0$ 使放电管 T 截止。

当 TH 端电压低于$(2/3)V_{DD}$时、$\overline{TR}$端电压高于$(1/3)V_{DD}$时，比较器 C_1、C_2 的输出均为 0，放电管和输出保持原态。

表 6.1 为 CC7555 定时器的功能表：

表 6.1　CC7555 定时器的功能表

高触发端 TH	低触发端 $\overline{TR}$	复位端 R	输出 OUT	放电管 T
×	×	0	0	导通
$>(2/3)V_{DD}$	$>(1/3)V_{DD}$	1	0	导通
$<(2/3)V_{DD}$	$>(1/3)V_{DD}$	1	原态	原态
$<(2/3)V_{DD}$	$<(1/3)V_{DD}$	1	1	截止

从表 6.1 所示的功能表中虽不能直接看出 555 定时器有何用途,但可以利用它的输入输出特性构成各种有用的电路。555 的各种应用非常广泛,可以组成产生脉冲和对信号整形的各种单元电路,在下面的各节中,我们只介绍它的几个基本应用。

6.2　施密特触发器

施密特电路是一种整形电路,是数字系统中常用的电路之一。它的重要应用是能够把变换非常缓慢的变换不规则的输入波形,整形成为适合于数字电路需要的矩形脉冲信号。

其逻辑符号如图 6.3 所示,其输入输出特性如图 6.4 所示:

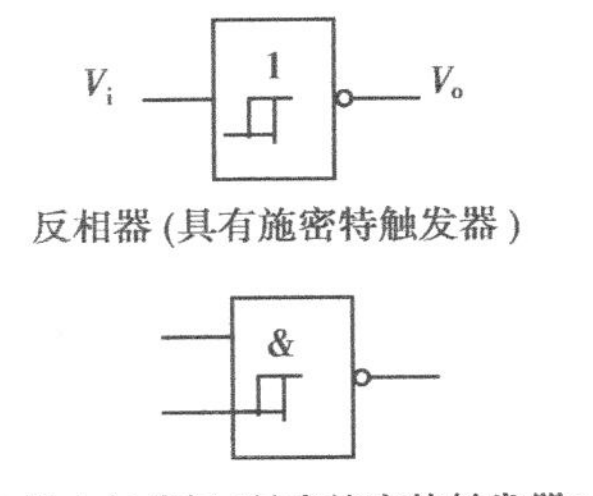

图 6.3　施密特触发器符号举例

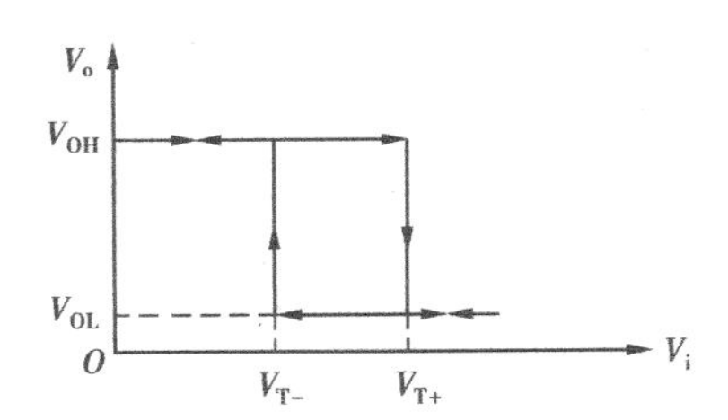

图 6.4　施密特触发器输入输出特性

图 6.4 中当输入信号高于 V_{T+} 时,电路处于一个稳态(输出高电平 V_{OH}),V_{T+} 称为上触发电平或正向阀值电压。当输入信号低于 V_{T-} 时,电路处于另一个稳态(输出低电平 V_{OL}),V_{T-} 称为下触发电平或负向阀值电压。

由此可知,施密特触发器具有以下特点:

①施密特触发器有 2 个稳定状态。这 2 个稳定状态必须在外加触发信号的作用下才能转换,且稳定状态的维持也依赖于外加触发信号,所以施密特触发器属于电平触发。

②输入信号从低电平上升时的转换电平,与输入信号从高电平下降时的转换电平不同。即对于正向和负向增长的输入信号,电路有不同的转换电平,具有回差电压。而正是由于施密特触发器有回差电压,因此它有较强的抗干扰能力。

6.2.1 用555定时器构成的施密特触发器

(1)电路组成

将CC7555的低触发端$\overline{TR}$(引脚6)和高触发端TH(引脚2)连接起来作为信号输入端,即可构成施密特触发器,如图6.5所示。

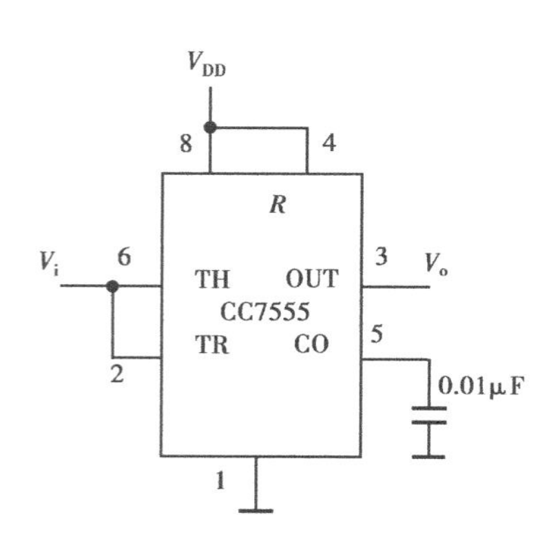

图6.5 由555定时器构成的施密特电路

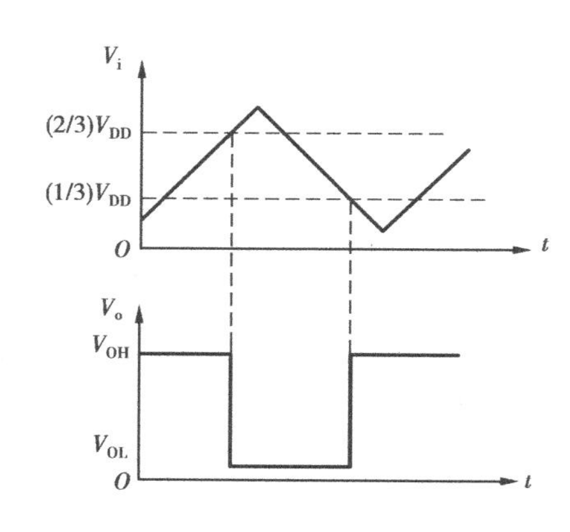

图6.6 由555定时器构成的施密特电路的波形图

(2)工作原理

由图6.5可知,复位端$\overline{R}$(第4引脚)接高电平。而且CO(第5引脚)不外接电压,所以当$V_i<(1/3)V_{DD}$时,由表6.1可知,555的输出V_o为高电平,当V_i增加且满足$(1/3)V_{DD}<V_i<(2/3)V_{DD}$时,电路输出维持不变($V_o=1$)。当$V_i$继续增加且满足$V_i\geqslant(2/3)V_{DD}$时,输出$V_o$由高电平变为低电平。之后$V_i$若再增加,只要满足$V_i\geqslant(2/3)V_{DD}$,电路的状态不变。若$V_i$下降,只有当下降到$V_i\leqslant(1/3)V_{DD}$时,电路才会再次翻回($V_o=1$)。图6.6为一输入信号进入555定时器构成的施密特触发器的输入输出波形图。由图可见,V_i上升时引起电路输出状态由高电平变为低电平的输入电压为$(2/3)V_{DD}$;V_i下降时引起电路输出由低电平变为高电平的输入电压为$(1/3)V_{DD}$。

通常把电路的输出电压V_o由高电平变为低电平时所对应的输入电压V_i称为正向阀值电压V_{T+};把电路的输出电压V_o由低电平变为高电平时所对应的输入电压V_i称为负向阀值电压V_{T-}。这两者之差称为回差电压。

即 $$\Delta V_T = V_{T+} - V_{T-}$$

由555定时器构成的施密特触发器理论上的V_{T+}的数值应该是$(2/3)V_{DD}$,V_{T-}的数值是$(1/3)V_{DD}$。回差电压可通过调节(5)脚电压达到。一般(5)脚电压越高,回差电压ΔV_T越大,抗干扰能力越强。回差的抗干扰作用如图6.7所示。

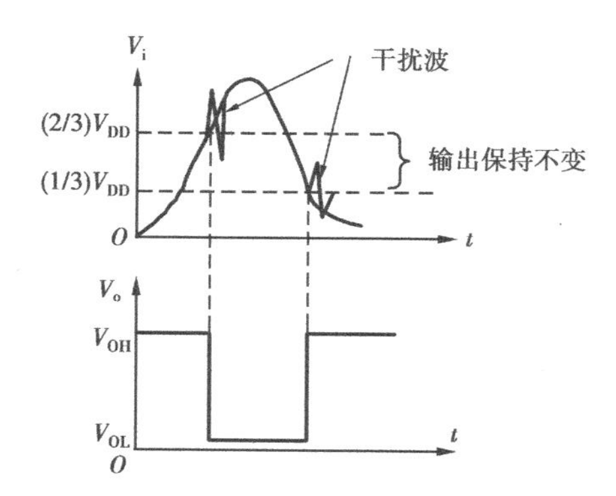

图6.7 施密特触发器回差的抗干扰作用示意图

图中,干扰波叠加在输入信号上,说明输入信号受到干扰。但只要干扰尖峰不超过(1/3)

$V_{DD}\sim(2/3)V_{DD}$，则此干扰对输出没有影响，输出 V_O 是稳定的。

若希望施密特触发器的正向阀值电压 V_{T+} 和负向阀值电压 V_{T-} 不是和 $(1/3)V_{DD}$，而是可按需要自己设定，则可在第 5 脚（CO 端）上外加一个电压，以达到所需的 V_{T+} 和 V_{T-}。

6.2.2　集成施密特触发器

常用集成施密特触发器有四 2 输入与非门（带施密特触发器）SN54/74LS24，双 4 输入端与非门（带施密特触发器）SN54/74LS13、7413 和 6 反相器（带施密特触发器）SN54/74LS14、7414 等。符号如图 6.3 所示。

集成施密特触发器的上触发电平 V_{T+} 大约在 1.7 V 左右，下触发电平 V_{T-} 大约在 0.9 V 左右，输出高电平 V_{OH} 大约在 3.4 V 左右，输出低电平 V_{OL} 大约在 0.2 V 左右。

6.2.3　施密特触发器的应用

施密特触发器的主要应用是把缓慢变化的不规则信号变成良好的矩形波。

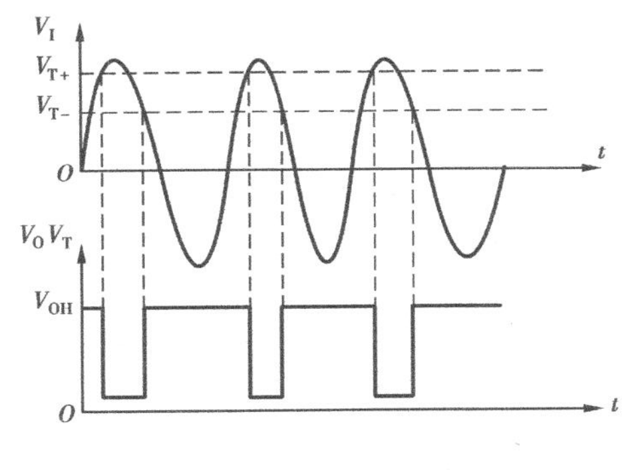

图 6.8　波形的变换

(1) 波形的变换

利用施密特触发器可以将模拟信号波（如正弦波、三角波等）变成矩形波。如图 6.8 所示，把正弦波变成矩形波。

(2) 波形的整形

利用施密特触发器可将不规则的波形经整形变成规则的矩形波。图 6.9 是利用施密特触发器对受到干扰的正弦波进行整形，输出的是规则的矩形波。但要注意的是回差对整形波输出压的影响。虽然回差大抗干扰能力强，但回差太大（V_{T+} 过高或 V_{T-} 过低）可能把受到严重干扰的波丢失，如输出波形 U'_O 所示。如要求输出与输入同相，可在施密特反相器后再加一级反相器。

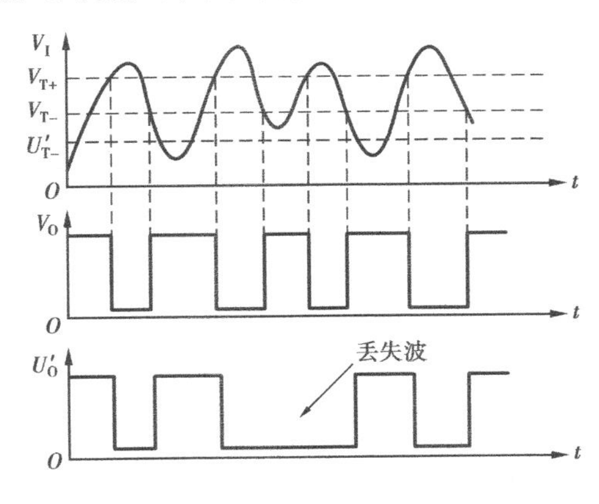

图 6.9　波形整形

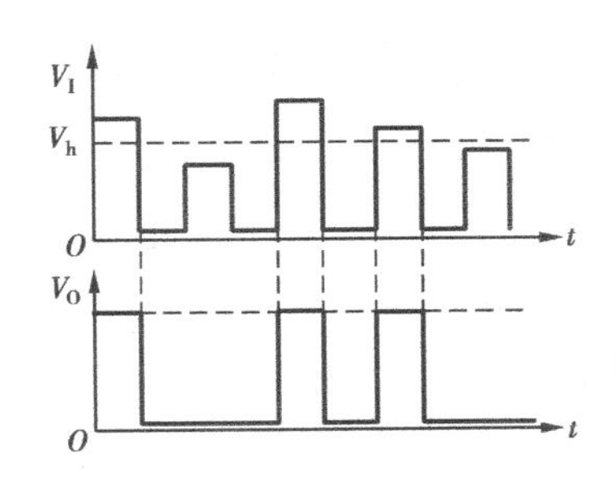

图 6.10　脉冲的鉴幅

(3) 幅度鉴别

如果希望对幅度不等的输入脉冲进行鉴别，将幅度大于某一电压的波鉴别出来，这时可以利用施密特触发器，只要调整其上限触发转换电平 V_{T+} 到所需要的幅值 V_h，就可以把幅度超过的脉冲鉴别出来并输出。如图 6.10 所示。

6.3 单稳态触发器

单稳态触发器的特点是只有一个稳定状态和一个暂稳态。在外加触发脉冲的作用下，单稳态触发器从稳定状态翻转到暂稳态，暂稳态维持一段时间后有自动回到稳定状态。暂稳态保持时间的长短取决于电路自身的参数，与触发信号无关。

6.3.1 用 555 定时器构成的单稳态触发器

图 6.11 所示电路是用 555 定时器构成的单稳态触发器，图中 6、7 脚外接定时元件 R、C，输入触发信号由引脚 2 加入。图 6.12 为电路工作波形图。

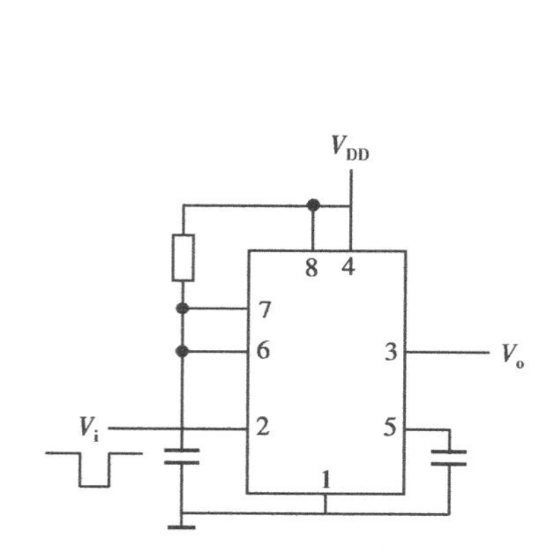

图 6.11　555 构成单稳态触发器电路图

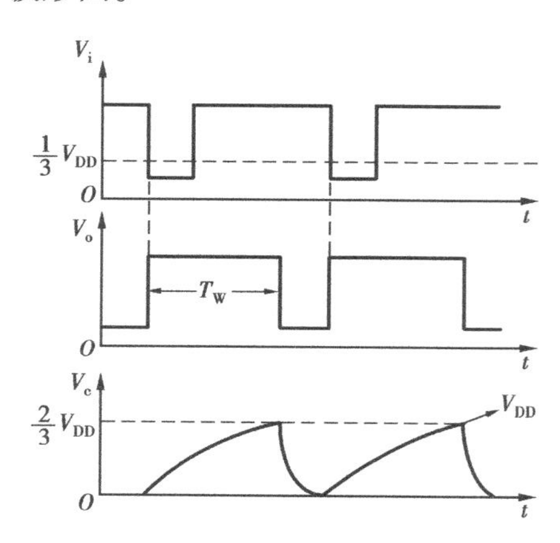

图 6.12　工作波形

工作原理：在初始状态下，电路没有加入触发脉冲时，V_i 为高电平（$V_i > V_{DD}/3$）。在电源电压接通的瞬间，电路有一个稳定的过程：电源通过电阻 R 向电容 C 充电，当电容电压上升到 $(2/3)V_{DD}$ 时，由于 $TH > (2/3)V_{DD}$ 且 $\overline{TR} > (1/3)V_{DD}$，555 定时器内触发器被置 0，输出端 V_o 为低电平。同时，放电管导通，电容 C 通过放电管放电，使电容两端的电压迅速下降，$V_c = 0$，电路处于稳定状态。

当输入触发信号 V_i 加入负脉冲，且 $V_i < (1/3)V_{DD}$ 时，由于满足 $TH < (2/3)V_{DD}$、$\overline{TR} < (1/3)V_{DD}$ 条件，555 定时器内触发器被置 1，使输出端 V_o 为高电平，同时放电管截止，电源 V_{DD} 通过电阻 R 对电容 C 充电，电路进入暂稳态。

随着电容电压 V_c 的增加，TH 端的电压也在不断增加，只要电容电压 $V_c < (2/3)V_{DD}$，输出电压 V_o 就保持高电平不变。当电容电压上升到时，555 定时器内触发器又被置 0，输出 V_o 为低电平，放电管导通，定时电容 C 充电结束，电容 C 通过放电管放电，$V_c = 0$，电路由暂稳态返回稳定状态。其触发过程的波形如图 6.12 所示。

注意：要使电路能正常工作，要求在 $\overline{TR}$ 端（2 脚）输入的外加触发脉冲 V_i 必须是窄的负脉冲，其脉宽应小于 T_W。当输入负脉冲宽度小于 T_W 时，输出正脉冲宽度 T_W 是恒定的，它只与外

接电阻 R 和电容 C 有关。

$$T_W \approx 1.1RC$$

当输入负脉冲 V_i 的宽度大于 T_W 时，则输出正脉冲宽度 T_W 不再是恒定的，而是随 V_i 变宽，这种情况应当避免。

6.3.2　由与非门组成的单稳态触发器

由门电路及 RC 定时电路组成的单稳态触发器可分为微分型和积分型，下面主要介绍微分型单稳态触发电路。

用与非门构成的微分单稳触发电路如图 6.13(a)所示，其工作波形如图 6.13(b)所示。图中 R_i、C_i 为输入微分电路，R、C 为微分定时电路。电路参数应满足：

$$R_i > R_{ON}, R < R_{OFF}$$

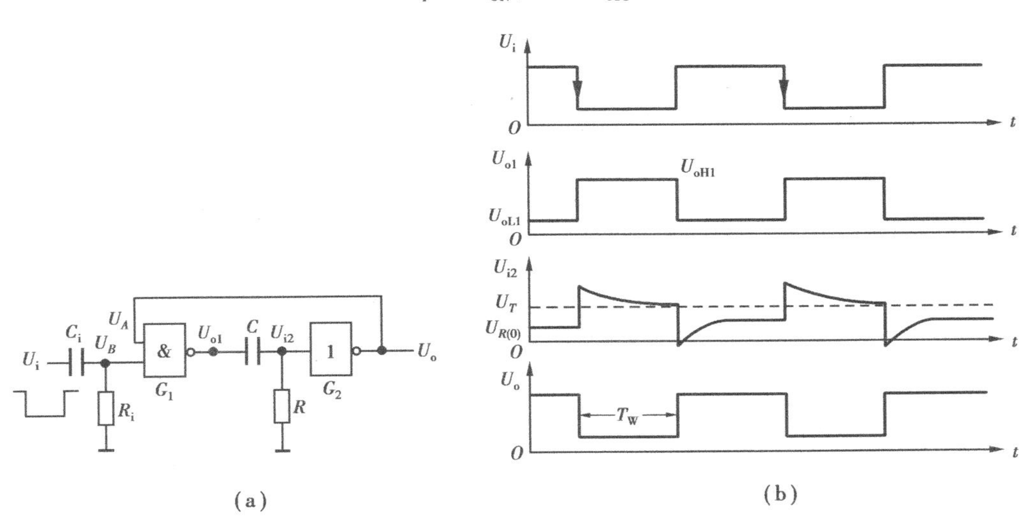

图 6.13　微分单稳触发电路

(a)电路图　(b)波形图

(1)工作原理

1)静止期

电容 C 开路，由于 $R < R_{OFF}$，所以门 G_2 关门，输出高电平，即 $U_o = U_{oH}$。门 G_1 输入端中一个是从门 G_2 反馈而来的高电平，另一个输入端经 R_i 接地，由于 $R_i > R_{ON}$，所以门 G_1 开门，输出低电平 $U_{o1} = U_{oL}$。

2)暂稳态

当输入端 U_i 的负向触发脉冲到来时，经 R_i、C_i 微分后加到门 G_1 输入端，使 U_B 端得到一个负向尖脉冲，从而引起下列正反馈过程：

$$U_B\downarrow \rightarrow U_{o1}\uparrow \rightarrow U_{i2}\uparrow \rightarrow U_o(U_A)\downarrow$$

结果门 G_1 迅速截止，门 G_2 迅速导通，电路进入暂稳态。这时 U_o 输出低电平，因此即使触发信号消失，门 G_1 仍保持截止。但这个状态是不稳定的，因门 G_1 的输出高电平要对电容 C 充电。随着充电的进行 U_{i2} 要逐渐下降，当 $U_{i2} < U_T$(门槛电压)时，又引起以下正反馈过程：

$$U_{i2}\downarrow \rightarrow U_o(U_A)\uparrow \rightarrow U_{o1}\downarrow$$

3)恢复期

暂稳态结束后,电容 C 通过 R 放电。随着放电电流逐渐减少,$U_{I2}\uparrow$,最后恢复到原来的稳态,电容 C 开路。

(2) 主要参数计算

1)输出脉冲宽度 T_W

输出脉冲宽度就是暂稳态的持续时间,它取决于 U_{I2}从暂态过程开始下降到 U_T 所需要的时间。从图 6.14(a)电容 C 的充电等效电路可看出:

$U_R(0)$为稳态　$U_{I2}(\infty)=0, U_{I2}(0^+)=U_R(0)+(U_{OH1}-U_{OL1})$　时 U_{I2}的输入电压,一般 $U_R(0)\leqslant U_{OFF}\approx 0.7$ V,因而可求得 T_W:

$$T_W = RC\ln\frac{U_{I2}(\infty)-U_{I2}(0^+)}{U_{I2}(\infty)-U_T}\approx 0.7\ RC$$

2)恢复时间

$$T_R = (3 \sim 5)RC$$

根据图 6.14(b)可见,电路恢复时间为

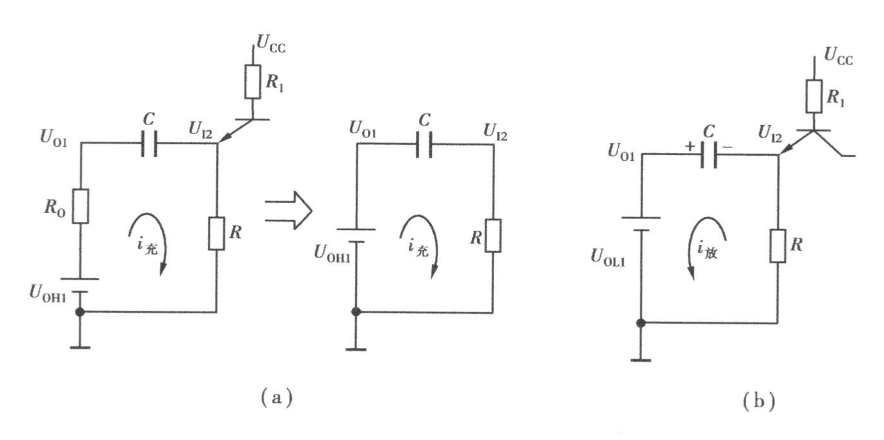

图 6.14　微分单稳态电路中电容 C 的充、放电等效电路
(a)C 充电等效电路　(b)C 放电等效电路

6.3.3　集成单稳态触发器

在数字系统中单稳态触发器的应用很广泛,因而被制成单片集成单稳态触发器。集成单稳态触发器稳定性好,输出脉冲展宽范围大,抗干扰能力强。下面以 SN74121 集成单稳态触发器为例,介绍电路组成与功能。

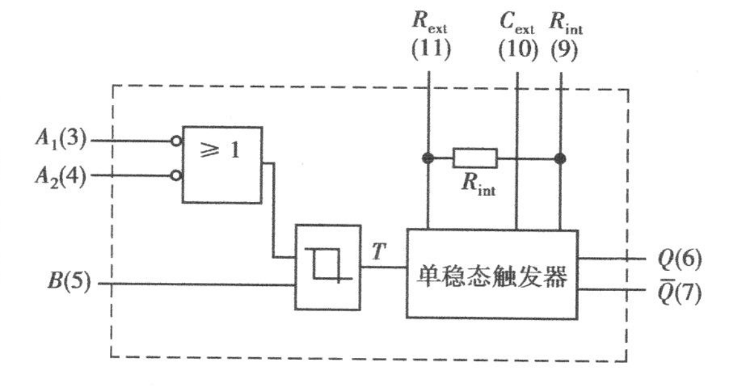

图 6.15　集成单稳态触发器的逻辑图

(1)电路组成

图 6.15 是 SN74121 集成单稳态触发器的逻辑图。图中输入端由或非门和施密特触发器组成。或非门为低电平输入有效。施密特触

发器的作用是对输入脉冲整形,提高电路的抗干扰能力。电阻 R_{int} 为单稳态的内部定时电阻,R_{ext}、C_{ext} 位外接定时电阻和电容的外引脚。

(2)工作原理

当 A_1、A_2 和 B 三个触发输入端没有出现跳变时,$T=0$,单稳态触发器处于稳态:$Q=0$,$\overline{Q}=1$。

当 A_1、A_2 和 B 三个触发输入端发生以下跳变时,T 点产生由 0 到 1 的正跳变,电路由稳态翻转到暂稳态:$Q=1$,$\overline{Q}=0$。

1)若 2 个 A 输入中有 1 个或 2 个为低电平,且 B 由 0 跳到 1。

2)若 A、B 都为高电平,2 个 A 中有 1 个或 2 个为由 1 跳到 0。

其功能见表 6.2,图 6.16 为 SN74121 的符号。

表 6.2　集成单稳 74LS121 功能表

A_1	A_2	B	Q	$\overline{Q}$
L	×	H	L	H
×	L	H	L	H
×	×	L	L	H
H	H	×	L	H
H	↓	H	⊓	⊔
↓	H	H	⊓	⊔
↓	↓	H	⊓	⊔
L	×	↑	⊓	⊔
×	L	↑	⊓	⊔

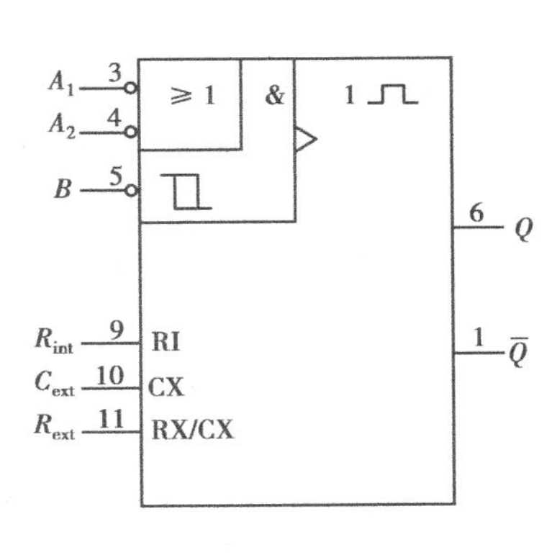

图 6.16　SN74121 符号

由表 6.2 可看出,触发输入端 A_1、A_2 是下降沿触发的,而输入端 B 则是上升沿触发的。

SN74121 的定时由 2 种方法:

1)通过内部电阻 R_{int}(2 kΩ)定时。方法:将第 9 脚接电源 V_{cc},在第 10 脚和第 11 脚之间接电容,连接图如图 6.17 所示。

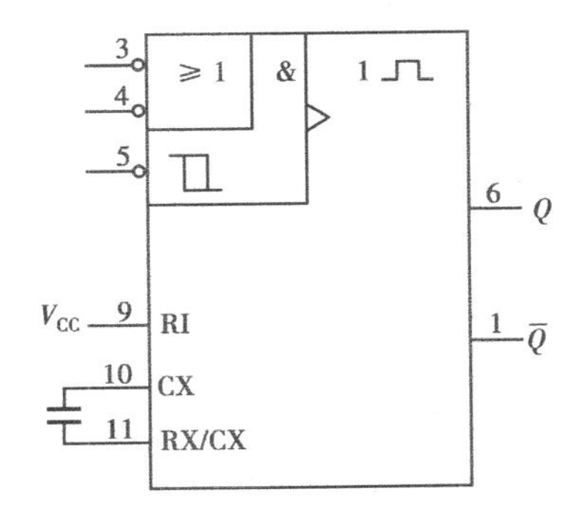

图 6.17　利用内部电阻 R_{int} 的连接图

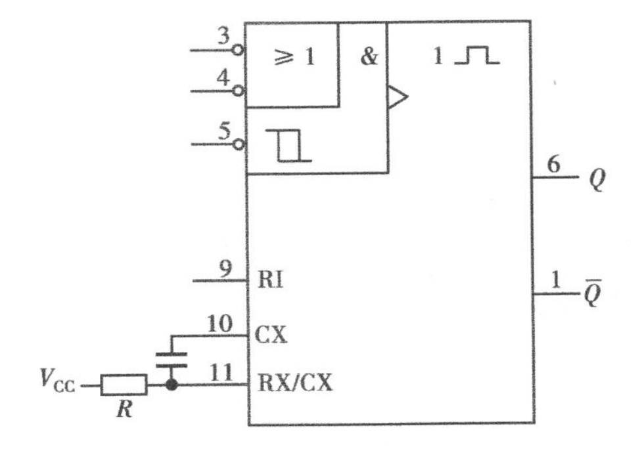

图 6.18　外接 R、C 的连接图

2)外接电阻定时。方法:在第 10 脚和第 11 脚之间接电容,第 11 脚和 14 脚(14 脚接电源)间接电阻 R,第 9 脚悬空,连接图如图 6.18 所示。

该集成单稳触发器的输出脉冲宽度 T_W 与外接电阻 R 和电容 C 有关:

$$T_W \approx 0.7\,RC$$

常用的集成单稳态触发器有:CMOS 系列的有 CT1121、CC14528,TTL 系列的由 74LS22、74LS123、SNT121。

6.3.4　单稳态触发器的应用

单稳态触发器常用与脉冲波形的整形、定时和延时。

(1)脉冲的整形

根据单稳态触发器的脉宽是确定的这一特性,可将输入的不规则的脉冲波形整定为固定脉宽和幅度的边沿陡峭的矩形脉冲波形,如图 6.19 所示。

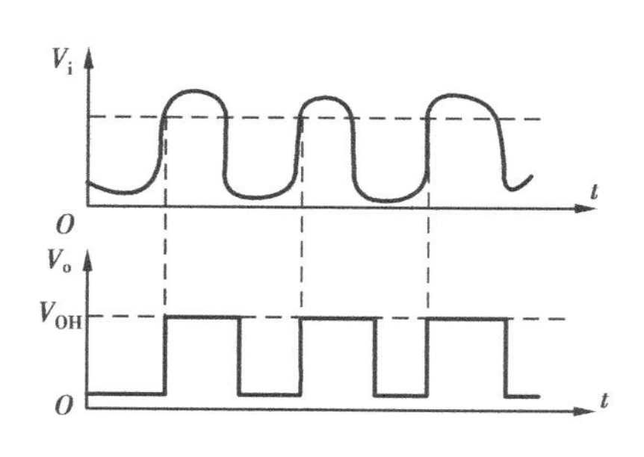

图 6.19　脉冲的整形

(2)脉冲的定时

由于单稳电路产生的脉冲宽度是固定的,因此可利用这个脉冲去控制电路,使其在 T_W 的脉宽时间内动作或者不动作,起到定时的作用。如图6.20所示,利用脉宽为 T_W 的矩形脉冲加在与门的一个输入端 B 上,与门的另一个输入端 A 加入信号,因此只有在 T_W 其间,信号才能通过与门。若在与门的后面加一个计数器,并设计使 T_W 脉宽为 1 s,就能得出 1 s 内 A 信号通过与门的脉冲个数(即频率),从而完成简单的频率测定,A 输入端为待测频率输入端。

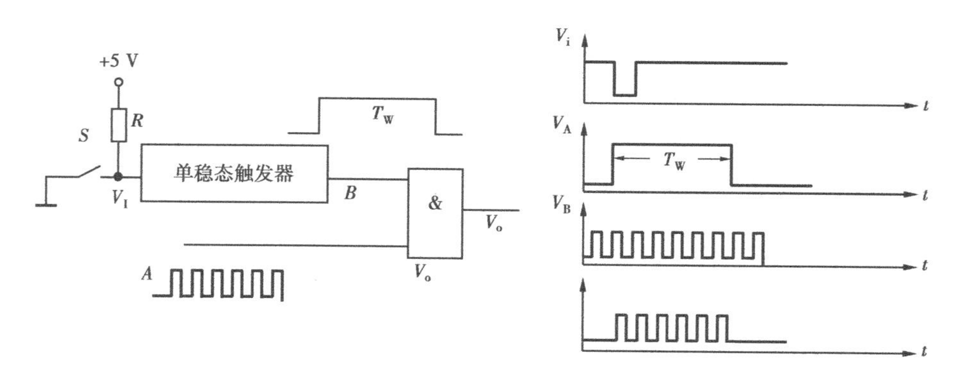

图 6.20　脉冲的定时

(3)脉冲的延时

脉冲延时电路一般用 2 个单稳触发器完成。其原理图如图 6.21(a)所示,延时的波形如图 6.21(b)所示。图 6.21(b)中的 1 个单稳输出脉冲宽度为 T_{W1},即 1 个单稳输出脉冲的下降沿比输入脉冲延时了 T_{W1}。而这个下降沿又要去触发第 2 个单稳触发器,所以第 2 个单稳的输出脉冲比第 1 个单稳的输入脉冲延时了 T_{W1},但其输出脉宽由第 2 个单稳的 T_{W2} 决定。

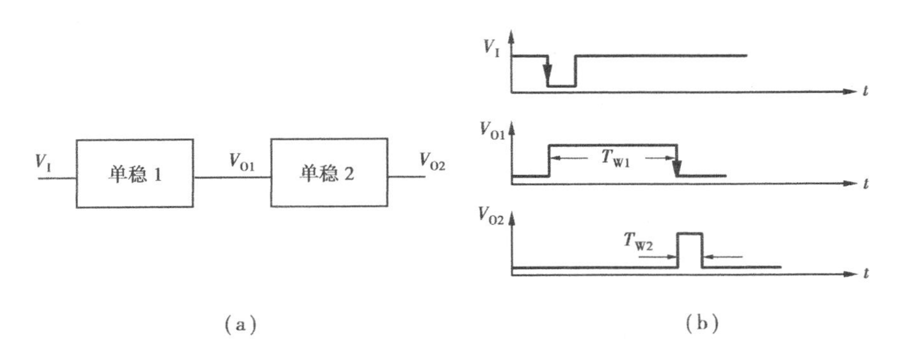

图6.21　脉冲的延时
(a)电路原理图　(b)波形图

6.4　多谐振荡器

多谐振荡器又称为矩形波发生器,无稳定状态。接通电源后,不需外加触发信号,电路输出状态自动地不断翻转,形成矩形波输出。因为矩形波是由许多谐波分量组成,所以常将产生矩形波的振荡器称为多谐振荡器。

6.4.1　用555定时器构成多谐振荡器

(1)电路组成及工作原理

电路如图6.22所示。将CC7555定时器的6脚TH端与2脚$\overline{\mathrm{TR}}$端连接,6脚与7脚之间接入电阻R_b。

刚接通电源时,电容C上的电压$V_C=0$,6脚(TH)和2脚($\overline{\mathrm{TR}}$)的电压均为0,使3脚输出$V_O=1$,且放电管截止,电源V_{DD}经定时电阻R_a、R_b对电容C充电。

充电使得电容电压上升,当V_C上升到$(2/3)V_{DD}$时,输出V_O为低电平。放电管导通,电容C通过R_b由7脚经放电管放电,电路进入一个暂稳态。

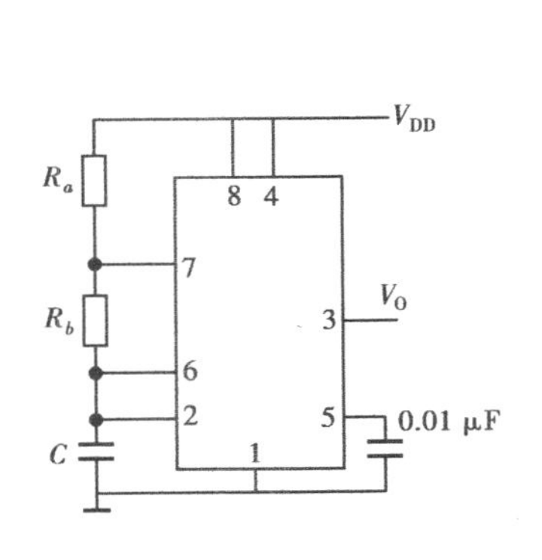

图6.22　555定时器构成多谐振荡器

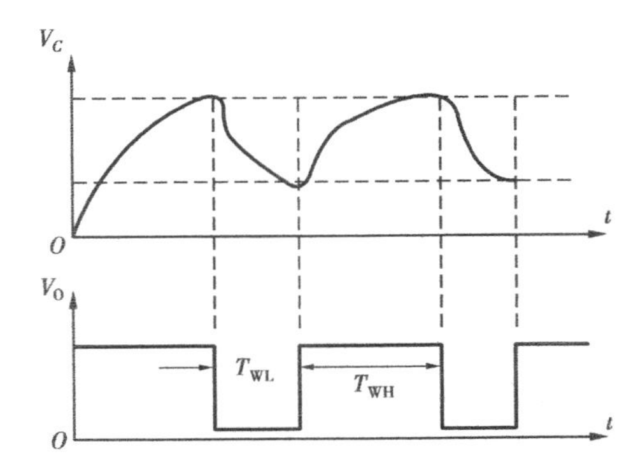

图6.23　多谐振荡器工作波形图

放电使得电容两端的电压V_C迅速下降,当V_C小于时,555电路的输出V_O为高电平,且放电管截止,电路又进入一个暂稳态。V_{DD}再次向电容充电。如此周而复始,2 个暂稳态交替变换形成振荡,在输出端得到矩形脉冲信号。

由 555 定时器构成的多谐振荡器输出波形如图 6.23 所示。

输出正脉宽 T_{WH}与充电回路时间常数$(R_a+R_b)C$ 有关。

$$T_{WH}=(R_a+R_b)C\ln2\approx0.7(R_a+R_b)C$$

输出负脉宽 T_{WL}与放电回路时间常数 $R_b\cdot C$ 有关。

$$T_{WL}=R_b\cdot C\ln2\approx0.7R_b\cdot C$$

振荡周期为:$T=T_{WH}+T_{WL}$

因此,输出脉冲的占空比(即正脉冲 T_{WH}与周期 T 之比)为:

$$占空比\ q=\frac{T_{WH}}{T}\approx\frac{R_a+R_b}{R_a+2R_b}$$

从 555 定时器的内部组成可知,555 定时器中有 2 个运算放大器作电压比较器,灵敏度很高。因此用 555 振荡器构成的多谐振荡器频率稳定,受电源电压及环境温度的影响很小。但从图 6.20 的电路分析可知,由于此电路电容的充放电时间常数不一样,使得 $T_{WH}>T_{WL}$,且电路的占空比 q 不可调。为了得到占空比可调的振荡器,可对这一电路进行改进。

(2)改进电路

改进的电路如图 6.24 所示。在图 6.22 所示的多谐振荡器的基础上,增加了 2 个二极管 D_1、D_2和 1 个可调电阻 R_W,可将电容 C 的充、放电回路分开。

电容 C 的充电回路为:$V_{DD}\to R_a\to D_1\to C\to$地。充电时间常数为:$R_a\cdot$C。

电容 C 的充电回路为:$C\to D_2\to R_b\to$放电管$\to$地。放电时间常数为:$R_b\cdot$C。

因此:$T_{WH}\approx0.7\ R_a\cdot$C

$T_{WL}\approx0.7\ R_b\cdot$C

$$占空比\ q=\frac{T_{WH}}{T_{WH}+T_{WL}}=\frac{R_a}{R_a+R_b}$$

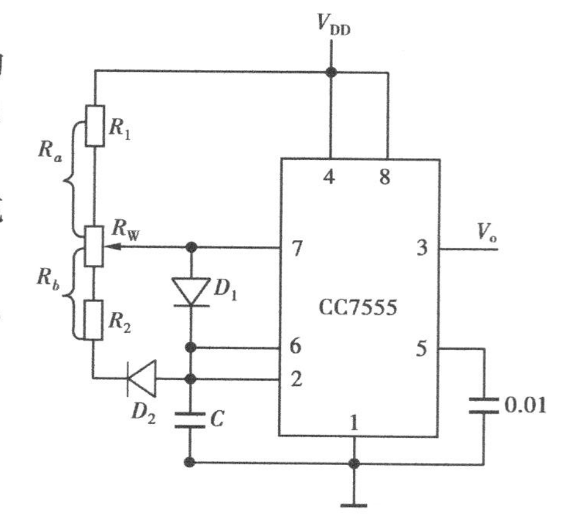

图 6.24　占空比可调的振荡器

由上式可知,占空比可通过调节 R_W 来改变 R_a、R_b 的值,从而调节占空比。若取 $R_a=R_b$,则占空比 $q=50\%$,即输出的波形为方波,且振荡频率保持不变。

6.4.2　石英晶体振荡器

由 555 定时器构成的多谐振荡频率调节方便,工作可靠,但振荡频率不太高。因为这种电路是靠电容充放电形成振荡的,而充放电又是按指数规律进行的,若器件受到干扰就会影响振荡周期。其频率一般不超过几百 kHz。在频率要求高,频率稳定度要求高的场合,通常选用石英晶体振荡器。

石英晶体有很好的频选特性,其阻抗频率特性及符号如图 6.25 所示。在石英晶体的两端外加不同频率的电压信号,石英晶体会表现出不同的阻抗值。只有当外加电压信号的频率等于石英晶体的固有频率 f_0时,石英晶体的等效阻抗最小(接近零),晶体两边的信号最容易通过。利用这一特点，将石英晶体接入振荡电路中，使电路的振荡频率只由晶体的固有频率来决定，而与电路中的其他元件参数无关，从而极大地提高了输出脉冲信号频率的稳定度。

在图6.25(a)中，频率大于f_0晶体表现为电感性阻抗，频率小于f_0晶体表现为电容性阻抗。图6.25(b)是石英晶体的符号。

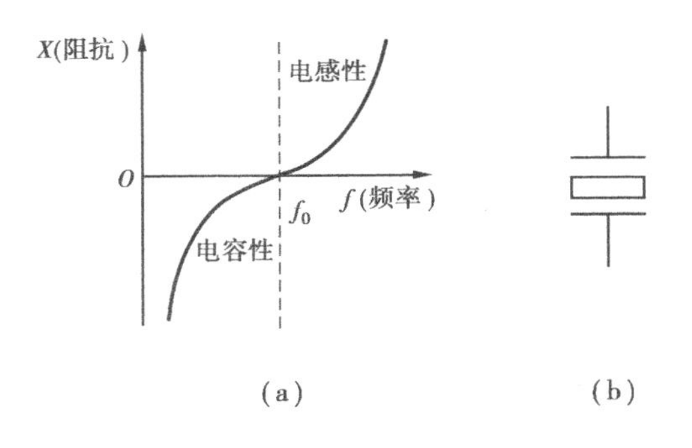

图6.25　石英晶体的阻抗频率特性及电路符号
(a)阻抗频率特性　(b)符号

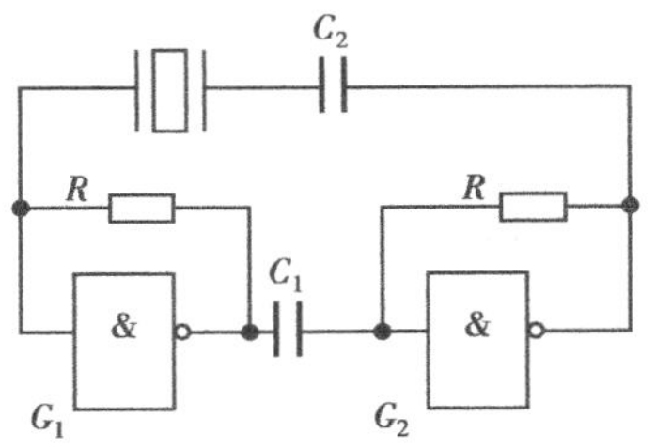

图6.26　石英晶体多谐振荡器

图6.26是用石英晶体组成的多谐振荡器电路中的一种。

石英晶体振荡器的优点是有极高的频率稳定度，常用于高精度时基的数字系统中。

本 章 小 结

本章以CC7555定时器为主线，重点介绍了555定时器的功能及由它构成的施密特触发器、单稳态触发器、多谐振荡器等典型电路的特点。

施密特触发器有2个稳定状态，它的输出状态取决于输入，并且输入触发信号存在回差电压。若输入触发信号在回差电压之内，电路保持状态不变。因此具有较强的抗干扰能力，主要用于波形的变换和整形。

单稳态触发器有1个稳定状态和1个暂稳态，从稳态到暂稳态需要外部脉冲的触发，进入暂稳态后，经过一段时间电路自动又回到稳态。暂稳态过程的长短与外触发脉冲无关，由电路内部电容充放电的时间常数决定，主要用于定时或延时。

多谐振荡器无稳定状态，无需外加触发信号，主要用于产生脉冲的输出。但若需要产生高频率或高稳定度的矩形波，常选用石英晶体振荡器。

555定时器的应用十分广泛，应重点掌握。

习 题 6

6.1　简述施密特触发器、单稳态触发器、多谐振荡器的主要特点及作用。

6.2　电路如图题6.2所示。问：这是一个由555定时器构成的什么电路？根据图题6.2中给出的输入V_I波形，画出相应的输出V_O波形。

6.3　555 定时器连接如图题 6.3(a)所示。问:此时 V_{T+}、V_{T-} 的值各是多少? 如输入波形如图题 6.3(b)所示,试画出 V_{o1}、V_{o2} 的波形。

6.4　试用 CC7555 定时器设计一个单稳态触发器,要求输出脉冲的宽度在 1 ~ 10 s 范围内连续可调。

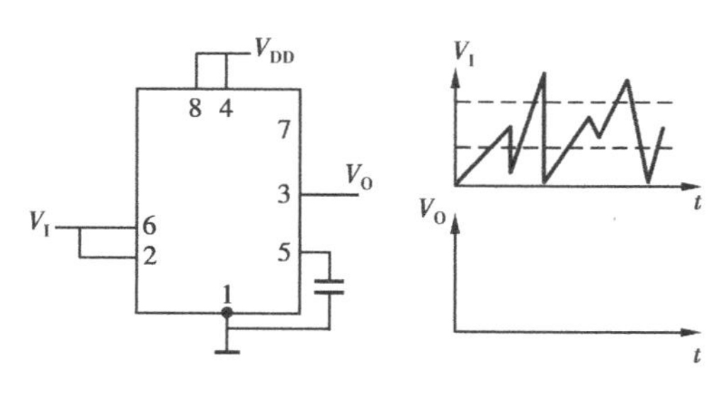

图题 6.2

6.5　由 CC7555 构成的多谐振荡器如图 6.20 所示。问:

①这种电路能否产生 $T_{WH} = T_{WL}$ 的方波? 若想得到占空比 < 1/2 的矩形波,电路应如何修改? 试画出逻辑电路图。

②若要构成频率为 2 kHz、占空比为 80% 的矩形波,R_a、R_b、C 应如何选取。

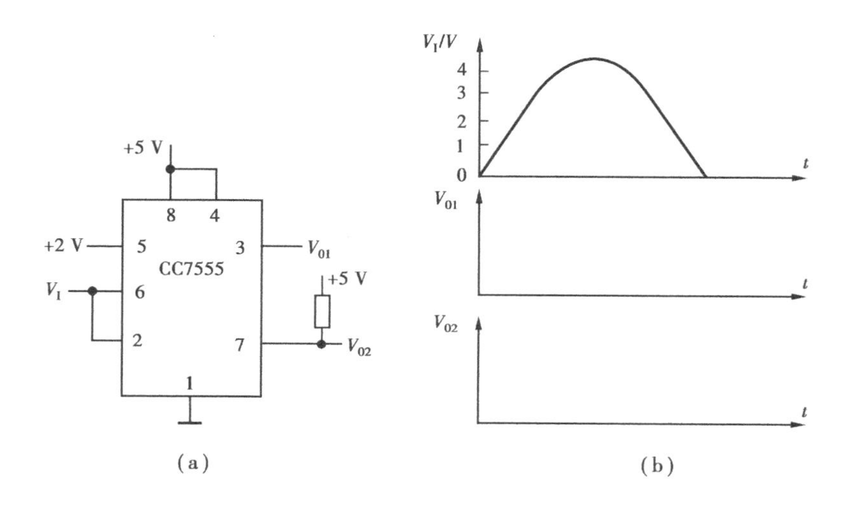

(a)　　(b)

图题 6.3

(a)电路连接图　(b)波形

6.6　简述石英晶体多谐振荡器的特点,并说明其振荡频率与电路中电阻和电容的参数有无关系(为什么)?

第7章 A/D与D/A转换器

目前,A/D、D/A 转换技术的发展非常迅猛,A/D、D/A 转换器已成为各类数字设备重要的必不可少的输入和输出设备。本章在着重介绍 A/D、D/A 转换的基本概念和基本原理的基础上,对 ADC、DAC 的主要参数和常用的集成电路进行一些简要的介绍。使同学对 A/D、D/A 转换有一个较全面的认识。

随着科学技术的发展,特别是计算机技术的快速发展,数字技术的应用得到了极大的发展和推广。又由于数字技术具有极高的准确性和抗干扰性,利用数字电路处理模拟信号的情况越来越普遍。而在过程控制及信息处理中大多是连续变化的物理量,如话音、温度、压力、流量等模拟量,因此必须在数字信号和模拟信号之间进行相应的转换。例如,用计算机对生产过程进行检测或控制时,就要先用传感器获取生产过程中的模拟量,再将模拟信号转换成数字量,才能送计算机进行处理。经计算机处理输出的结果又要转换成相应的模拟量,才能实现对生产过程的控制。

模拟信号与数字信号之间的转换过程,如图 7.1 所示。

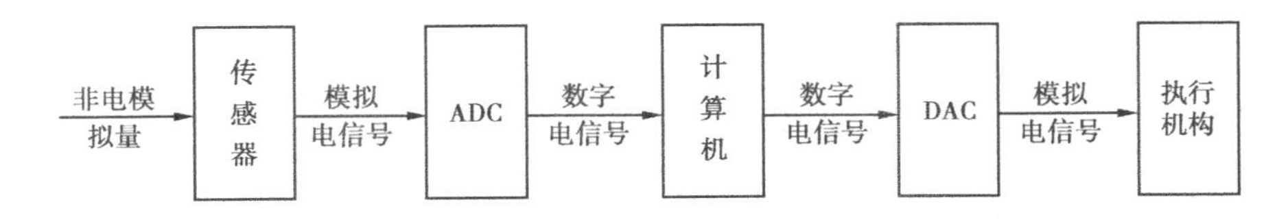

图 7.1　模拟信号与数字信号的转换

将模拟信号转换成数字信号的过程称模数转换(Analog to Digital),简称 A/D 转换,完成这种转换的装置称模数转换器(Analog to Digital Converter),简称 ADC。将数字信号转换成模拟信号的过程称数模转换(Digital to Analog),简称 D/A 转换,完成这种转换的装置称数模转换器(Digital to Analog Converter),简称 DAC。

7.1 D/A 转换器

7.1.1 D/A 转换器的基本原理

D/A 转换器的作用是将输入的数字信号转换成与数字量成正比的模拟电压或模拟电流。常用的数字信号是一种二进制编码，每位代码的权为 2。数模转换就是将二进制编码的每一位按其权的大小转换成相应的模拟量，再将各位的模拟量相加，得到的模拟量就是与数字量成正比的模拟输出。

图 7.2 是 n 位 D/A 转换器的组成框图。一般的 D/A 转换器由五部分组成，即输入数字寄存器、电子模拟开关、基准电源、电阻译码网络和求和放大器。数字信号输入后首先存储在输入寄存器内，寄存器并行输出的每一位驱动一个数字位模拟开关。当数字为 1 时，相应的寄存器输出为高电平，接通对应的模拟开关，此时基准电源通过模拟开关加到对应该位的电阻网络的一条支路上；当数字为 0 时，寄存器输出为低电平，不能接通此位的模拟开关，基准电源就不能加到电阻网络上。经电阻网络将各位数字的权值转换成相应的模拟量，最后经求和放大器将表示二进制数的各位模拟量相加，得到与输入二进制数字成正比的模拟量。

如图中 $x_1 \sim x_i$ 为输入数字量 x，U_O 为输出模拟量，U_{REF} 是基准电源（又称参考电压）。则应有下列关系：

$$U_O = x \cdot U_{REF}/2^n$$

其中

$$x = x_1 2^{n-1} + x_2 2^{n-2} + \cdots + x_{n-1} 2^{-1} + x_n 2^0$$

故

$$U_O = \frac{U_{REF}}{2^n}(x_1 2^{n-1} + x_2 2^{n-2} + \cdots + x_{n-1} 2^{-1} + x_n 2^0)$$

$$= U_{REF}(x_1 2^{-1} + x_2 2^{-2} + \cdots + x_{n-1} 2^{-(n-1)} + x_n 2^{-n}) \qquad (7.1)$$

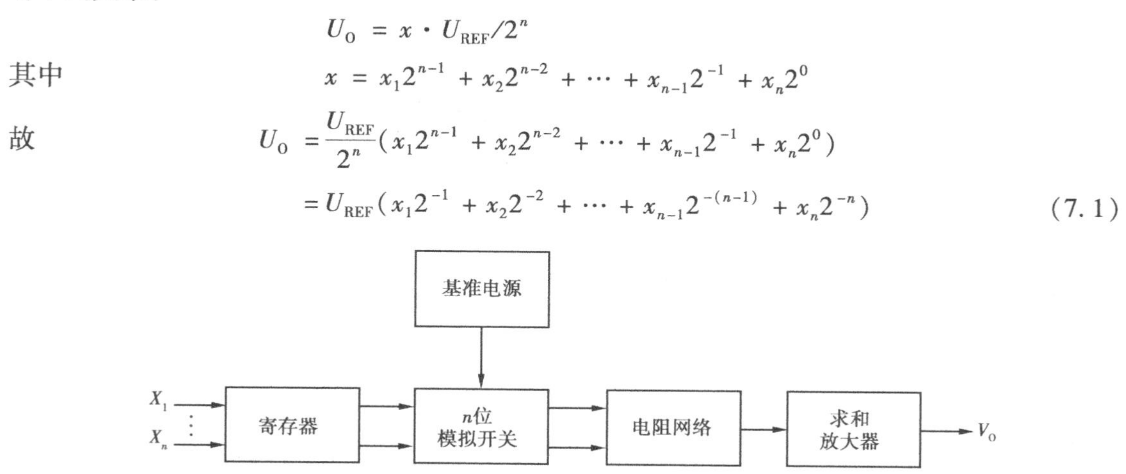

图 7.2 D/A 转换器组成框图

例 7.1 若 $n=8$，基准电压分别是 5 V 和 10 V 时，D/A 转换器输入数字为 10 101 000，求输出的模拟电压。

从式 7.1 可得：

$$U_{REF} = 5\ \text{V 时}, V_0 = 5 \times (1 \times 2^{-1} + 1 \times 2^{-3} + 1 \times 2^{-5}) = 3.281\ 25\ \text{V}$$

$$U_{REF} = 10\ \text{V 时}, V_0 = 10 \times (1 \times 2^{-1} + 1 \times 2^{-3} + 1 \times 2^{-5}) = 6.562\ 5\ \text{V}$$

7.1.2　常见的D/A转换器

(1)权电阻网络D/A转换器(weighted resistance DAC)

图7.3为四位权电阻网络D/A转换器电路图。主要包括四部分:

1)基准电压U_{REF}:要求精度高,稳定性好;

2)模拟电子开关$S_0 \sim S_3$:分别受输入二进制数字控制,当某位数字为1时,开关S_K将U_{REF}经相应权电阻引起的电流接到运放的虚地端,当某位数字为0时,开关S_K将相应的权电阻接地;

3)电阻译码网络:权电阻的数量与输入数字量的位数相同,取值与二进制数各位的权成反比,每降低一位,电阻值提高一倍,是流过的电流和对应位的位权成正比;

4)求和运算放大器:各权电阻支路电流在运放相加,通过R_f在输出端得到与输入数字信号成正比的模拟电压。

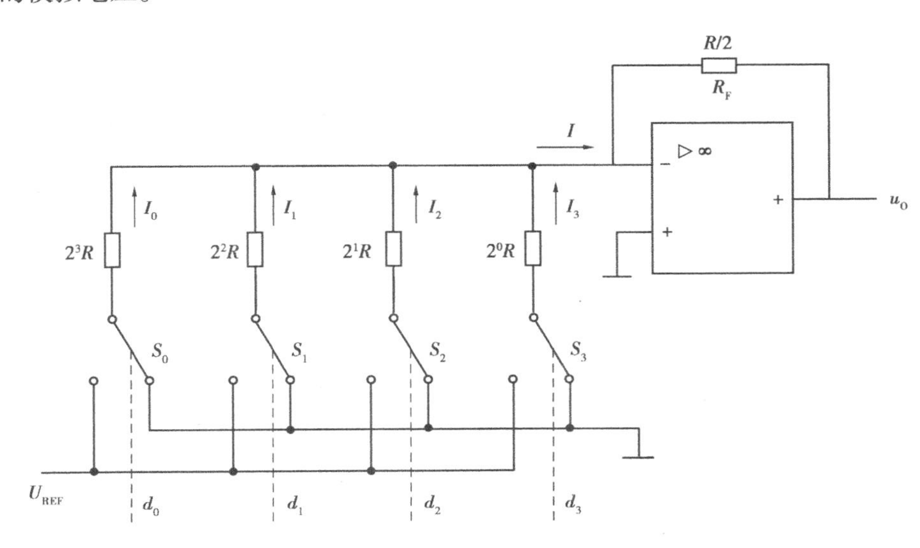

图7.3　四位权电阻网络D/A转换器

设输入一个四位二进制代码$D = d_3d_2d_1d_0$,$S_3 \sim S_0$为受d_3, d_2, d_1, d_0控制的双向开关。根据图7.3可知,进入求和运算放大器输入端的电流为:

$$\begin{aligned} i &= I_3 + I_2 + I_1 + I_0 \\ &= \frac{U_{REF}}{2^0 R}d_3 + \frac{U_{REF}}{2^1 R}d_2 + \frac{U_{REF}}{2^2 R}d_1 + \frac{U_{REF}}{2^3 R}d_0 \\ &= \frac{U_{REF}}{2^3 R}(d_3 \times 2^3 + d_2 \times 2^2 + d_1 \times 2^1 + d_0 \times 2^0) \end{aligned}$$

对于n位权电阻D/A转换器,则有

$$i = \frac{U_{REF}}{2^{n-1}}\sum_{K=0}^{n-1} d_K \times 2^K \tag{7.2}$$

设电路反馈电阻$R_f = \frac{R}{2}$,相应求和放大器的输出电压为:

$$U_0 = -iR_f = -i\frac{R}{2} = -\frac{U_{REF}}{2^n}\sum_{K=0}^{n-1} d_K \times 2^K \tag{7.3}$$

所以,电路输出电压 U_0与输入四位二进制代码成正比,量化单位为 $U_{REF}/2^n$。当数字量 n 位全为 0 时,输出模拟电压为 0;当数字量 n 位全为 1 时,输出模拟电压为 $-U_{REF}(2^n-1)/2^n$。由此可见,输出电压的取值范围为:0 ~ $-U_{REF}(2^n-1)/2^n$。

例 7.2 若输入一个 8 位二进制代码 D = 11 001 001,取 U_{REF} =10 V,根据上述转化方法,则电路输出电压为:

$$\begin{aligned} U_0 &= -10 \div 2^8 \times (1 \times 2^7 + 1 \times 2^6 + 0 \times 2^5 + 0 \times 2^4 + 1 \times 2^3 \\ &\quad + 0 \times 2^2 + 0 \times 2^1 + 1 \times 2^0) \\ &= -7.85 \text{ V} \end{aligned}$$

权电阻网络 D/A 转换电路的优点是电路结构简单,使用电阻数量较少;各位数字量同时进行转换,速度较快。缺点是电阻译码网络中电阻取值太宽,随着输入数字信号位数的增多,电阻译码网络中电阻取值的差距较大。在相当宽的范围保证电阻取值的精度较困难,对电路的集成不利,故本电路应用并不广泛。

(2)倒 T 型电阻网络 D/A 转换器(Inverted T Type DAC)

图 7.4 为倒 T 型电阻译码网络 D/A 转换器。它与权电阻网络 D/A 转换器的主要区别是电阻译码网络不同。其电阻译码网络中电阻的个数虽然增加了一倍,可仅有阻值为 R 和 $2R$ 的两种电阻,克服了权电阻网络电阻取值分散的缺点,便于集成。

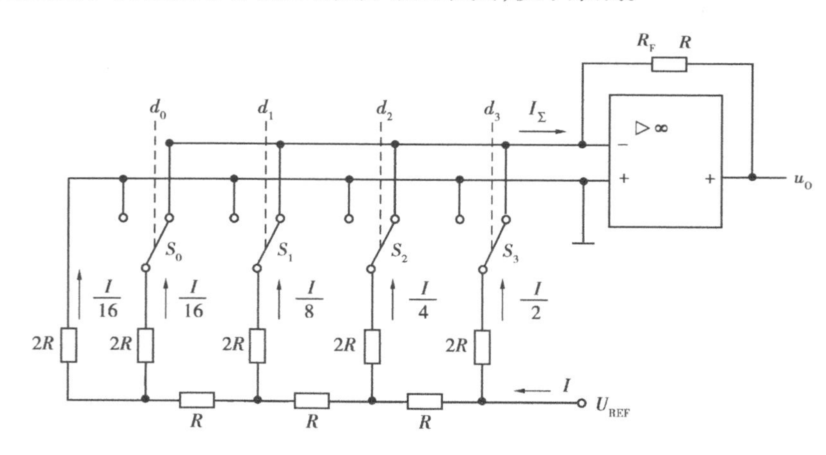

图 7.4 四位倒 T 型电阻网络 D/A 转换器

倒 T 型电阻网络 D/A 转换器的电路也是由 4 部分组成:

1)作为基准的参考电压源 U_{REF}。

2)电子模拟开关 $S_0 \sim S_3$。

3)$R \sim 2R$ 电阻解码网络。

4)求和放大器 A。

$R \sim 2R$ 电阻网络的特点是:当输入的数字信号 $d_0 \sim d_3$的任何一位为 1 时,对应的开关将电阻 $2R$ 接到放大器的输入端;而当它为 0 时,则对应的开关将电阻 $2R$ 接地。无论哪一位数字量 D_K为 0 或为 1,每节电路从右向左看进去的输入电阻都等于 R,即各结点对地的等效电阻均

为 R,所以电路中结点电位是逐位减半的。因此,每节 $2R$ 支路中的电流也是逐位减半的,从基准电源 U_{REF} 流入倒T型电阻网络的电流为 $\frac{U_{REF}}{R}$,每个支路上的电流分别为:$\frac{I}{2},\frac{I}{4},\frac{I}{8},\frac{I}{16}$。由此可见,流入求和放大器输入端的总电流

$$\begin{aligned} i &= I_3 + I_2 + I_1 + I_0 \\ &= \frac{U_{REF}}{2R}d_3 + \frac{U_{REF}}{4R}d_2 + \frac{U_{REF}}{8R}d_1 + \frac{U_{REF}}{16R}d_0 \\ &= \frac{U_{REF}}{2^4R}(d_3 \times 2^3 + d_2 \times 2^2 + d_1 \times 2^1 + d_0 \times 2^0) \end{aligned}$$

由上式推广到 n 位,则有

$$i = \frac{U_{REF}}{2^nR}\sum_{k=0}^{n-1} d_k \times 2^k \tag{7.4}$$

通常令 $R_f = R$,相应的求和放大器输出电压为

$$U_0 = -iR = -\frac{U_{REF}}{2^n}\sum_{K=0}^{n-1} d_K \times 2^K \tag{7.5}$$

上式表明,倒T型电阻网络D/A转换电路的输出模拟电压与输入数字量间符合式(7.1)描述的数模关系,量化单位也为 $U_{REF}/2^n$。

该电路的特点是当开关位置改变时,开关上的电平变化很小,并且各支路电流不发生改变,因此,它具有动态开关尖峰电流小,转换速度快的优点。

(3)权电流型D/A转换器

在分析权电阻网络D/A转换器和倒T型电阻网络D/A转换器电路的过程中,都把电子模拟开关视为理想的开关。而实际情况是,电子模拟开关的导通电阻串接于各支路中,不可避免地要产生开关压降,开关压降的存在就会引起转换误差,影响转换精度。为克服这一缺点,提高D/A转换器的转换精度,引入了权电流型D/A转换器,图7.5是它的基本工作原理电路图。

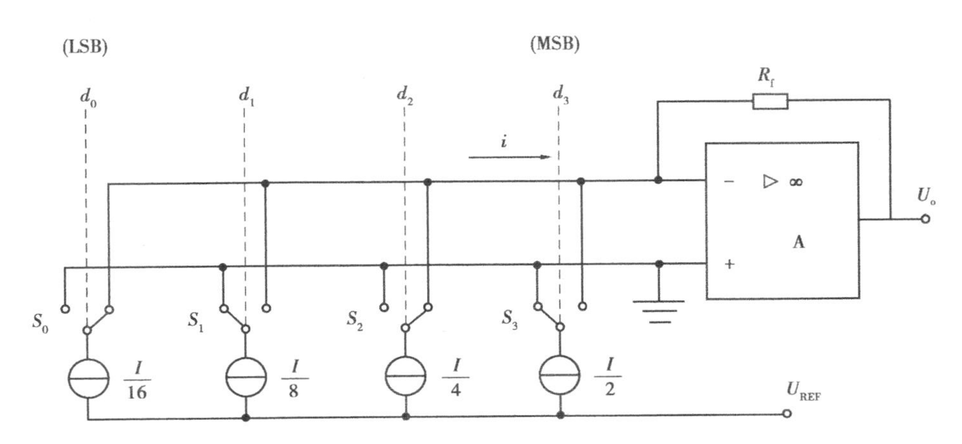

图7.5　权电流型DAC电路原理图

权电流型D/A转换器电路中,用呈二进制“权”关系的恒流源取代电阻网络,每个恒流源的电流均为相邻高位恒流源电流的一半,正好与二进制输入代码对应的位权成正比。由于恒

流源一般总是处于接通状态,由输入数字控制响应的恒流源连接到输出端或地,故各支路电流大小不再受电子模拟开关导通压降的影响,从而降低了对电子模拟开关的要求。

如图 7.5 电路中,当输入数字量某一位代码 d_i为 1 时,对应的电子模拟开关将恒流源接至求和放大器的输入端;当 d_i为 0 时,对应的开关接地,求和放大器的输入电流为:

$$i = (\frac{I}{16}d_0 + \frac{I}{8}d_1 + \frac{I}{4}d_2 + \frac{I}{2}d_3)$$

$$= \frac{I}{2^4}(d_3 \times 2^3 + d_2 \times 2^2 + d_1 \times 2^1 + d_0 \times 2^0)$$

将上式推广到 n 位时,则有

$$i = \frac{I}{2^n}\sum_{K=0}^{n-1} d_K \times 2^K \tag{7.6}$$

相应的求和放大器输出电压为:

$$U_0 = - iR = - \frac{IR_f}{2^n}\sum_{K=0}^{n-1} d_K \times 2^K \tag{7.7}$$

可见,输出模拟电压 U_0也正比于输入数字量,符合式(7.1)描述的数模关系,其量化单位为 $IR_f/2^n$。

除上面介绍的 3 种 D/A 转换器电路之外,常见的 D/A 转换器电路还有 T 型电阻网络 D/A 转换器、权电容网络 D/A 转换器、开关树型 D/A 转换器等。

7.1.3 集成 D/A 转换器

近几年来,随着电子技术的迅猛发展,国内外市场上出现了各种形式的集成 D/A 转换器。分辨率有 6、8、10、12、13、14、16、18 位不等;另外低电压、低功耗型产品可工作于 +5 V、+3.3 V 或 +2.7 V,工作电流仅几十 μA,功耗几 mW,并具备停机模式,特别适合微型化设备的应用。在与微处理器相兼容方面,许多芯片的设计带有与计算机的接口电路,如双缓冲器结构,数据总线的并行、串行结构等。在封装形式方面,除传统的双列直插式外,微型封装能更好满足便携设备的需要。在基准电压设置方面,有些将基准电压设置在芯片内部,而有些则需要接外部基准电压源。随着芯片集成度的提高,多路 D/A 转换器制作在同一芯片上的产品也大量涌现,并由逻辑电路统一控制,为大型系统设计减少了 D/A 转换器芯片的数量。特别是串行输入技术的完善,大大减少了器件的引脚数量。总之,集成规模大、性能尽可能完备是此类芯片的发展趋势。下面介绍两个常用 D/A 转换器芯片 DAC0832 和 DAC MAX548A 的特性及其使用。

(1) DAC0830/0831/0832 系列

DAC0830/0831/0832 是由 NS 公司生产的 8 位 D/A 转换器,采用 CMOS 工艺,双列直插式 20 脚封装,是目前微机控制系统常用的 D/A 芯片,可以直接与 Z80、8085、8051 等微处理器接口。采用双缓冲寄存器,使它能方便地用于多个 DAC 同时工作的场合,尽管它是电流开关工作,也可以利用电压开关工作。现以 DAC0832 为例,介绍其内部组成、引脚排列及工作情况。

1) DAC0832 内部组成框图和引脚说明

DAC0832 由双缓冲数据锁存器、$R \sim 2R$ 倒 T 型电阻网络解码电路和输出电路辅助组成,可以接成双缓冲、单缓冲或直通数据输入 3 种工作方式。图 7.6(a)是 DAC0832 的内部组成框图，电路由8位寄存器、8位DAC寄存器、8位D/A转换器、逻辑控制电路及输出电路的辅助元件 R_{fb}(15 kΩ)组成。

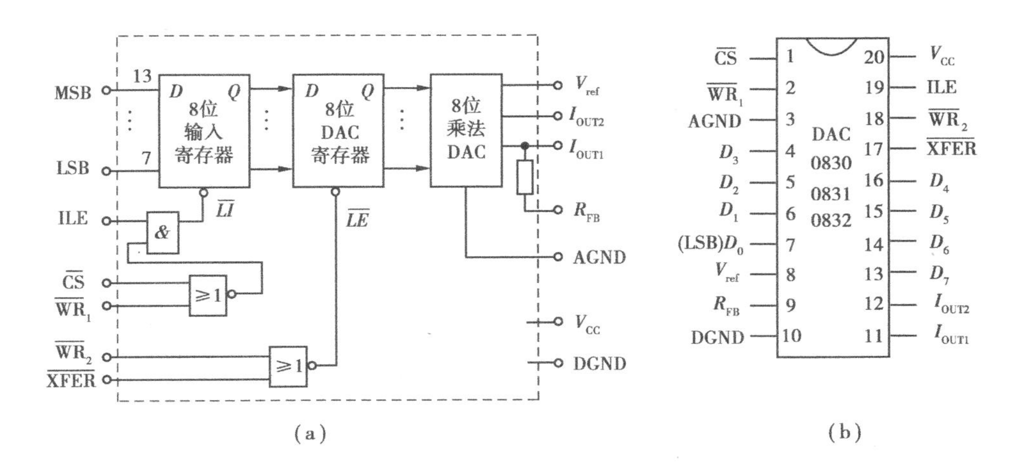

图7.6　DAC0832的内部结构框图及引脚图

DAC0832的引脚排列如图7.6(b)所示。

$\overline{CS}$：输入寄存器选通信号，低电平有效，同ILE组合选通 $\overline{WR_1}$。

ILE：输入寄存器锁存信号，高电平有效，与 $\overline{CS}$ 组合选通 $\overline{WR_1}$。

$\overline{WR_1}$：输入寄存器写信号，低电平有效，在 $\overline{CS}$ 与ILE均有效时，$\overline{WR_1}$ 为低，则 $\overline{LI}$ 为高，将数据装入输入寄存器，即为“透明”状态。当 $\overline{WR_1}$ 变高或是ILE变低时数据锁存。

$\overline{XFER}$：传送控制信号，低电平有效，用来控制 $\overline{WR_2}$ 选通DAC寄存器。

$\overline{WR_2}$：DAC寄存器写信号，低电平有效，当 $\overline{WR_2}$ 和 $\overline{XFER}$ 同时有效时，$\overline{LE}$ 为高，将输入寄存器的数据装入DAC寄存器，$\overline{LE}$ 负跳变锁存装入的数据。

$D_0 \sim D_7$：8位数据输入端，D_0 是最低位(LSB)，D_7 是最高位(MSB)。

I_{OUT1}：DAC电流输出1，对于DAC寄存器中全部是“1”的数码，I_{OUT1} 最大，而全部是“0”的数码，I_{OUT1} 是零。

I_{OUT2}：DAC电流输出2，$I_{OUT1} + I_{OUT2} =$ 常数。

R_{FB}：反馈电阻，用来做外部输出运算放大器的反馈电阻，它是与内部 $R \sim 2R$ 电阻相匹配的，并且温度特性也是一致的。

U_{REF}：基准电压输入，把外部精密基准电压源连接到内部 $R \sim 2R$ 梯形网络上，可在+10 V ~ −10 V内选择。

V_{CC}：电源输入端，可以从+5 V ~ +15 V选用，用+15 V是最佳工作状态。

AGND：模拟地。

DGND：数字地。

2)工作方式

单极性直通工作方式电路如图7.7所示。在电路中，$\overline{CS}$、$\overline{WR_1}$、$\overline{WR_2}$ 和 $\overline{XFER}$ 接地，ILE接高电平。输出端 I_{OUT1} 接运放反相端，I_{OUT2} 接运放同相端，通过运算放大器把电流输出形式转化为电压输出。此时的输入寄存器和ADC转换寄存器都工作于“透明”模式，模拟输出电压取决于当时的数字量输入。当 U_{REF}为 +5 V 时,U_0的范围是 0 V ~ -5 V。用于要求模拟输出快速连续地反映输入数码变化的场合。

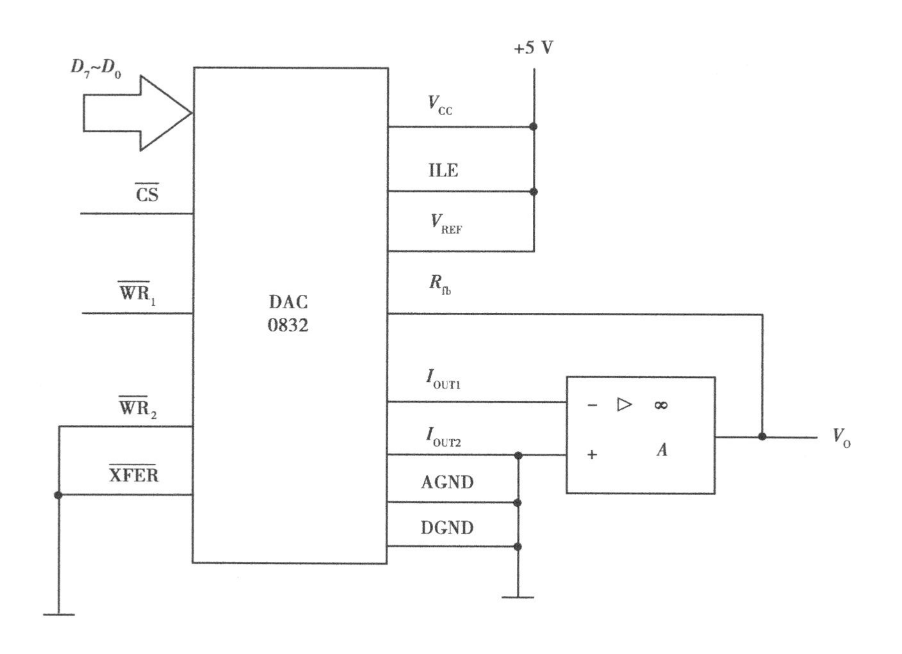

图 7.7　单极性直通工作方式

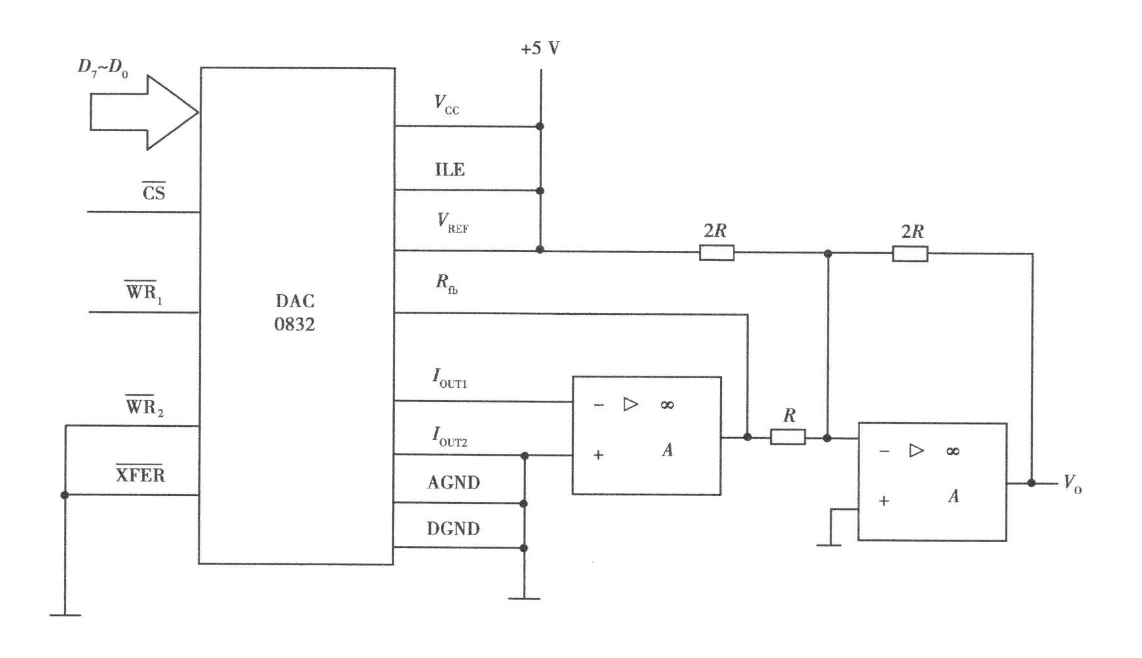

图 7.8　双极性直通工作方式

双极性直通工作方式电路如图 7.8 所示。在单极性直通工作方式的基础上,增加了一级放大器A_2。A_2将U_{REF}反向并把A_1的输出放大两倍，相加之后使U_0偏移到U_{REF}。这样连接的好处是共用一路基准电压。

单缓冲与双缓冲工作方式，DAC0832的双缓冲结构和便于与微处理器接口的控制逻辑电路是为适应同时更新数字分配系统的需要而设计的。DAC0832内部包含两个数字寄存器，即输入寄存器和DAC寄存器，因而称双缓冲。也就是说，数据在进入$R\sim2R$倒T型网络之前，必须通过两个独立控制的寄存器进行传递。这样在一个系统中，任何一个DAC都可以同时保留两组数据，正在转换的DAC寄存器中的数据和保存在输入寄存器中的下一组要转换的数据。

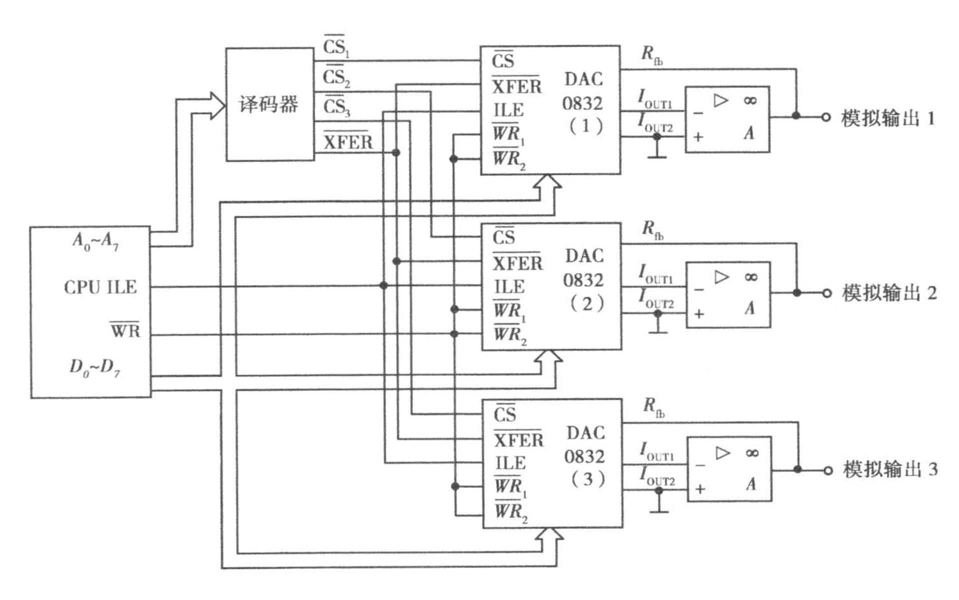

图7.9　工作于双缓冲模式的多路DAC数字分配系统

双缓冲允许在系统中使用多个DAC。多个DAC0832与微处理器总线的连接如图7.9所示。由微机控制送出的数据将根据地址时分地依次送入各个通道，存储在对应的输入寄存器中。数字分配过程一次分配完毕，通过一个共同的选通信号，将各个输入寄存器中的数码同一时刻送入DAC寄存器，使各通道模拟输出数据同时更新。如图7.9所示，各DAC的$\overline{XFER}$接在一起，各DAC的$\overline{WR_1}$和$\overline{WR_2}$均接在一起，分别由微机的两个控制信号控制。各DAC的片选端分别接到译码器的输出，由$\overline{CS}$和$\overline{WR_1}$分时地将数据分别送入相应的输入寄存器中，当$\overline{CS}$为高电平时该数据就锁存待用。$\overline{XFER}$和$\overline{WR_2}$同时为低电平时，各DAC寄存器的数据同一时刻传送到各自的DAC寄存器中，各DAC模拟输出同时更新。当$\overline{WR_2}$变高电平时，数据锁存在DAC寄存器中，模拟输出维持不变。

在不需要双缓冲器的应用场合，为了提高数据通过率，可以把寄存器之一接成直通。例如$\overline{CS}$、$\overline{WR_2}$和$\overline{XFER}$接地，ILE接高电平，DAC寄存器处于直通状态，数据的写入与锁存只由$\overline{WR_1}$控制。$\overline{WR_1}=0$时，模拟输出更新；$\overline{WR_1}=1$时，数据锁存，模拟输出不变，这称为单缓冲工作方式。

(2) DAC MAX 548A/549A/550A

串行信号输入DAC的特点是节省芯片引脚，从而缩小封装体积，有利于数据的远距离传送，信号一般采用三线串行输入方式。三线串行信号由串行时钟线（SCLK）、输入数据线（DIN）和装载线（LDAC）组成，三条输入线的信号在片上由移位寄存器和逻辑控制电路完成信号串行到并行的转换。随着DAC集成规模的增大，串行输入、内部基准、多通道结构DAC已经广为应用并成为当今DAC的主流产品。

MAX548A/549A/550A是MAXIM公司生产的低电压、低功耗、串行输入单/双路8位电压输出DAC。器件采用μMAX 8引脚微封装，图7.10是器件的引脚图，外电路的连接十分方便。电源工作电压为+2.5～+5 V，误差±1LSB，现介绍含两路DAC的MAX548A电路的组成、原理和应用。

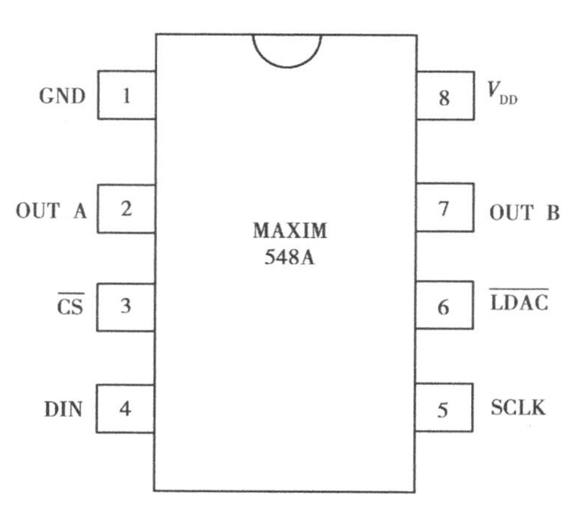

图7.10 MAXIM548A引脚图

1）电路组成及工作原理

电路的组成方框图如图7.11所示。两路独立的DAC都具有双缓冲寄存器。解码电路采用$R\sim2R$倒T型电阻网络。基准电压源在内部与V_{DD}相连，不需外接。输入移位寄存器和控制电路的作用是：首先，将串行数据$D_7\sim D_0$输入转换成并行数据输入，并按控制位设定分配到DAC A或DAC B；再将串行码中的控制字进行译码，产生对输入寄存器和DAC转换寄存器的控制信号。

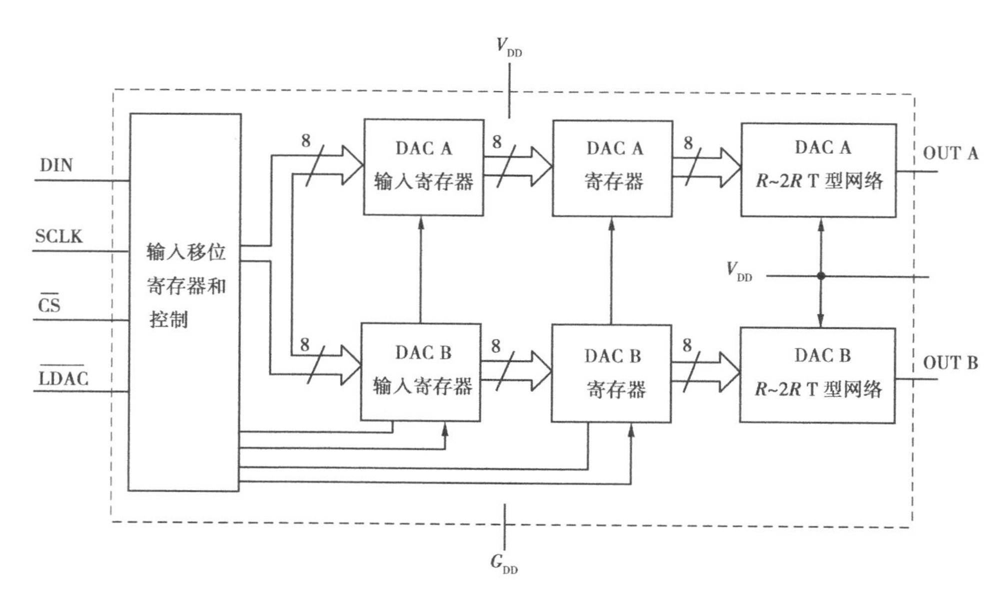

图7.11 MAX 548组成方框图

2）串行信号的结构

片选信号$\overline{CS}$低电平有效，此时，串行时钟SCLK、装载信号$\overline{LDAC}$、数据输入DIN这三线输入信号进入移位寄存器。数据输入DIN的一组信号含有两个字节，每个字节对应8个时钟脉冲。前者为控制字，后者为数据字。当片选$\overline{CS}$有效时，数据从串行输入DIN端进入输入移位寄存器，在同步时钟的上升沿锁存。装载脉冲$\overline{LDAC}$出现在一组数据之后，低电平期间有效，8位数据被送到DAC的输入寄存器。

3）DAC的输出

本集成DAC为电压输出型，输出端可直接连电阻负载。每个DAC的输出阻抗为33.3 kΩ，典型负载电阻为1 MΩ以上，这样可以提高转换精度。低电阻负载也可以驱动，但会增加满刻度误差。理论误差是DAC输出电阻与输出端的直流负载电阻之比。

4）电源掉电模式

DAC工作于掉电模式时，$R\sim2R$电阻网络与基准电压源断开，电路的输入电流降到1 μA以下，芯片功耗最小，因而此类DAC特别适合电池供电的设备。

7.1.4　D/A转换器的主要参数

（1）分辨率

分辨率是指输出的最小电压（对应的输入数字量只有最低有效位为"1"）与最大电压（对应的输入数字量所有有效位全为"1"）之比，即n位D/A转换器的分辨率为$1/(2^n-1)$。可见，分辨率也可用二进制输入量的位数来表示，如8位、10位、12位等。

分辨率参数反映了D/A转换器对微小模拟量变化的敏感性。例如8位的D/A转换器，其分辨率为：$1/(2^8-1)\approx0.392\%$；10位的D/A转换器，其分辨率为：$1/(2^{10}-1)\approx0.098\%$。当满量程输出电压为5 V时，10位D/A转换器能分辨的电压为$5\times0.098\%\approx4.9$ mV，而8位D/A转换器能分辨的电压为$5\times0.392\%\approx19.6$ mV。由此可见，分辨率越高，转换时，对应数字输入信号最低位的模拟输入信号电压的数值越小，就越灵敏。

（2）转换精度

转换精度表明了模拟输出实际值与理想值之间的偏差，以最大的静态转换误差的形式给出，包括非线性误差、比例系数误差以及漂移误差等综合误差。转换精度通常用最低有效位（LSB）的1/2或该偏差相对满刻度的百分比来表示。例如，一个8位的转换器，其精度可表示为1/2LSB，或0.195%。若理论输出电压为+5 V，精度为0.5%，则实际电压在+4.975～+5.025 V之间。

（3）线性度

理想的输出电压，应严格与输入的数字量成正比，但由于开关内阻和网络电阻偏差等因素影响，其转换特性就会出现非线性的情况。通常把偏离理想的转换特性的最大偏差与满刻度输出之比的百分数定义为线性度。

（4）建立时间

也称转换时间，指从数字信号输入到输出信号达到稳定值所需的时间。建立时间主要由D/A转换器中的电容、电感和开关电路引起的时间延迟造成。

（5）温度系数

在满刻度输出的条件下，温度每变化1 ℃时，引起输出变化的百分数称温度系数，要强调的是温度系数直接影响着转换精度。

7.2 A/D 转换器

7.2.1 A/D 转换的基本原理

在 A/D 转换过程中，由于输入模拟信号(通常是模拟电压)在时间上连续变化，输出的数字信号在时间上是离散的，所以转换时只能在选定的瞬时对模拟信号取样，通过电路将取样值转换成数字量输出。整个 A/D 转换过程通常分 4 部分：取样、保持、量化和编码。前两部分由采样/保持电路完成，后两步由 A/D 转换实现。如图 7.12 所示。

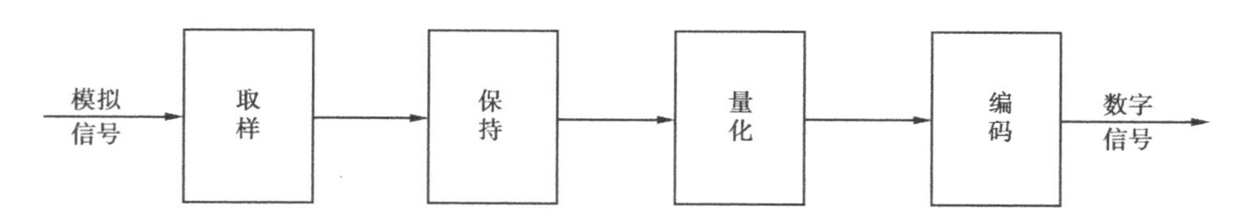

图 7.12　A/D 转换过程

(1)采样和保持

采样是指将一个时间上连续变化的模拟量转换为时间上离散变化的数字量，即在一个等时间间隔(称为采样周期)的某一点上测量输入模拟量的信号瞬时值，作为两次采样之间模拟量的代表值，使 A/D 转换能在采样周期内用一个不变的值代替在该时间间隔内连续变化着的输入模拟值。采样过程如图 7.13 所示。

图 7.13 中，$u_I(t)$ 为输入的模拟信号，采样器实际上是一个受脉冲宽度为 t_W，周期为 T 的采样脉冲控制的模拟开关。t_W 期间，开关闭合，采样器输出信号 $u'_I(t) = u_I(t)$；在两个采样脉冲信号之间，开关断开，$u'_I(t) = 0$。

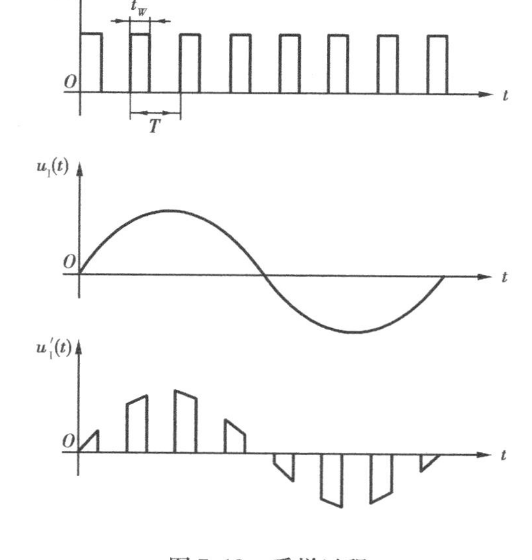

图 7.13　采样过程

根据采样定理，当采样的频率 f 大于或等于模拟信号的最高变化频率 f_{max} 的两倍，即

$$f \geqslant 2f_{max}$$

所得的离散信号可以无失真地代表被采样的模量。只要能满足上述条件，就可以保证采样后的信号 $u'_I(t)$ 能够正确反映输入信号 $u_I(t)$，而不丢失信息。

保持是指将采样后获得的模拟量保持一段时间，直到下一个采样脉冲信号到来。通过保持电路可以获得一个稳定的采样值，使 A/D 转换能可靠地进行。采样与保持往往在同一电路中一次完成，称采样-保持电路。具体电路如图 7.14 所示。

图中NMOS管V为采样开关。当采样脉冲信号V_L为高电平时，V导通，电路进行采样。输入信号u_I经电阻R_1和V向电容C充电。若取$R_f=R_1$，忽略运放的输入电流，则$u_O=-u_I=u_C$。当V_L为低电平时V截止，电路保持，u_C可在一段时间内基本保持不变，维持u_O不变。

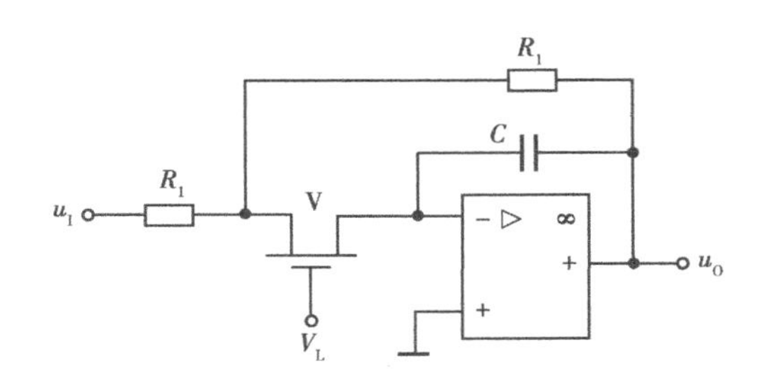

图7.14　采样保持电路

(2)量化和编码

量化是指将采样保持后得到的时间上离散、幅度上连续变化的模拟信号取整变为离散量的过程，即按照一定的量化级转换为对应的数据值，并取整数，得到离散信号的具体数量。一般分割的等级为2的整数次幂，如64级、128级、256级等。可见，采样保持后的信号不可能与量化单位的整数倍完全相等，只能接近某一量化电平，量化级越高，所表示的离散信号的精度越高。

编码是指将量化后的离散值转换为一定位数的二进制数值，这些代码就是A/D转换的结果。通常，当量化级为N时，对应的二进制位数为$\log 2^N$。由于输入的模拟信号是连续变化的，而n位二进制代码只能表示2^n种状态，所以采样保持后的信号不可能刚好是2的整数倍，只能接近某一量化级。

量化方法有两种：只舍不入法和有舍有入法。

1)只舍不入法　当$0\leqslant u_0<\Delta$时，u_0的量化值取0；当$\Delta\leqslant u_0<2\Delta$时，$u_0$的量化值取$\Delta$；当$2\Delta\leqslant u_0<3\Delta$时，$u_0$的量化值取$2\Delta$；…；依此类推。

2)有舍有入法　当$0\leqslant u_0<\frac{1}{2}\Delta$时，$u_0$的量化值取0；当$\frac{1}{2}\Delta\leqslant u_0<\frac{3}{2}\Delta$时，$u_0$的量化值取$\Delta$；当$\frac{3}{2}\Delta\leqslant u_0<\frac{5}{2}\Delta$时，$u_0$的量化值取$2\Delta$；…；依此类推。

7.2.2　逐次逼近型A/D转换器

逐次逼近型A/D转换器是目前应用较多的一种ADC，它的原理框图如图7.15所示，它由D/A转换器、比较器、比较寄存器、控制逻辑电路及时钟发生器组成。控制逻辑使比较寄存器逐次产生已知数字量，并送入D/A转换器，产生对应的已知的电压，该电压与输入模拟量进行比较，逐次逼近输入模拟量，转换结束后，比较寄存器保留了对应输入模拟量的数字量，并输出此数字量。

转换由高位开始，首先转换信号使比较寄存器的最高位置1，其余置0，则比较寄存器的状态为1000…00，该状态使D/A转换器输出$u'_O=0.5U_{max}$(U_{max}为满刻度值)，比较器对该输出u'_O与u_I进行比较，若$u_I>0.5\ U_{max}$，则比较寄存器最高位1保留，反之则清除为0；然后将比较寄存器的次高位置1，使D/A转换器的输出电压u'_O增加$0.25\ U_{max}$，与u_I进行第二次比较，若$u_I>u'_o$，比较寄存器的次高位1保留，否则清除为0。按同样的方法继续进行比较，比较寄存器最后得到的各位数字就是对应模拟输入电压的数字量输出。

图7.16是四位逐次逼近型A/D转换器原理电路图。图中控制逻辑的主要器件是五位移位寄存器，它可以进行并入/并出和串入/串出操作。比较寄存器由D边沿触发器组成，数字

量从 $Q_4 \sim Q_1$输出。

工作原理：在 U_L的上升沿，移位寄存器的使能端 G 由 0 变 1，由于寄存器的并行输入端 $A=0$，$B=C=D=E=1$ 使 $Q_AQ_BQ_CQ_DQ_E=01111$，Q_A被预置成 0 后，立即将移位寄存器的最高位 Q_4置 1。同时，转换指令上升沿经非门 D_1反相后将其他各位置 0，即 $Q_4Q_3Q_2Q_1Q_0=10000$，D/A 转换器将数字量 1000 转换成模拟电压 u_O'。通过电压比较器 C 将该模拟电压与输入电压进行比较，若输入电压 $u_I > u_O'$时则电压比较器输出 u_O为 1，否则为 0。比较结果送至 $D_4 \sim D_1$端，而转换指令的下降沿使 F_5置 1，与门 D_2打开，CP 经与门 D_2加到移位寄存器作为

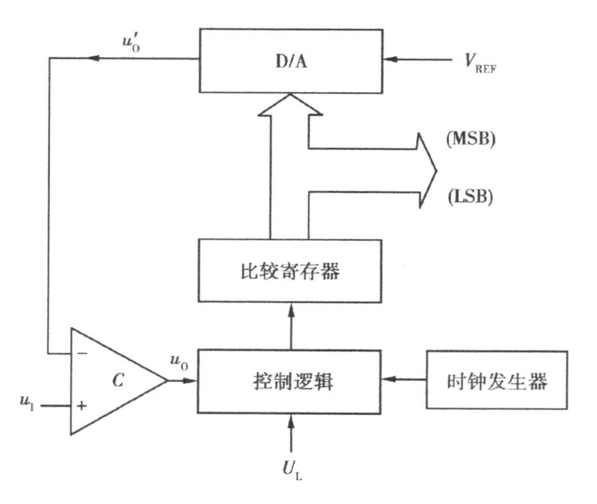

图 7.15　逐次逼近型 A/D 转换器原理框图

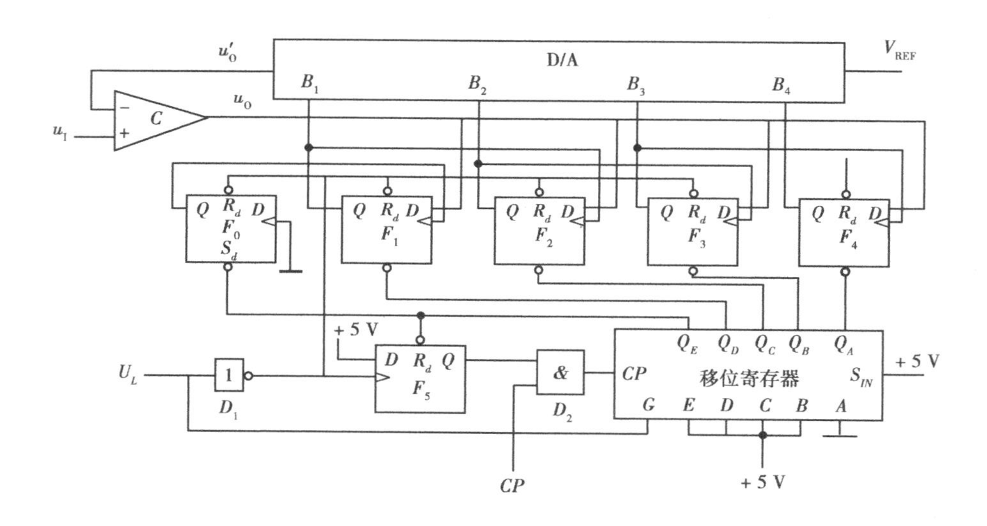

图 7.16　四位逐次逼近型 A/D 转换器原理图

移位脉冲。因此在第一个移位脉冲到来时，由于串行输入端 S_{IN}接高电平，使 Q_A由 0 变 1，移位寄存器的最高位 Q_A的 0 移到次高位 Q_B，于是比较寄存器的 Q_3由 0 变 1，这个正跳变信号加入到 CP_4，使 u_O的电位得以在 Q_4保存。此时，由于其他触发器的 CP 端无正跳变脉冲，因此状态不变。可以看出，每一个触发器的 CP 端都和比它低一位的触发器 Q 端相连。因此，在整个转换过程中，当移位寄存器移位时，0 移到哪一位，对应的比较寄存器哪一位就被置 1，才给高位输入一接收数据脉冲。当 Q_A中的 0 移入 Q_B且使 Q_3为 1，则建立起新的数字量数据，经 D/A 转换后在比较输出，下一个移位脉冲到来后，移位寄存器的 $Q_C=0$，将比较结果中次高位的数据再存入比较寄存器。如此进行，直到 Q_E由 1 变 0，使 Q_0由 0 变 1，为 CP_1提供接收数据脉冲，才将最低位数字保存下来；同时 Q_E又使 Q_5由 1 变 0，将与门 D_2封锁，至此转换完毕。比较寄存器 $Q_4 \sim Q_1$的数字就是 A/D 转换器的数字量输出。

逐次逼近型 ADC 具有速度快、转换精度较高且易于微机接口等优点，目前应用相当广泛。

7.2.3　双积分型A/D转换器

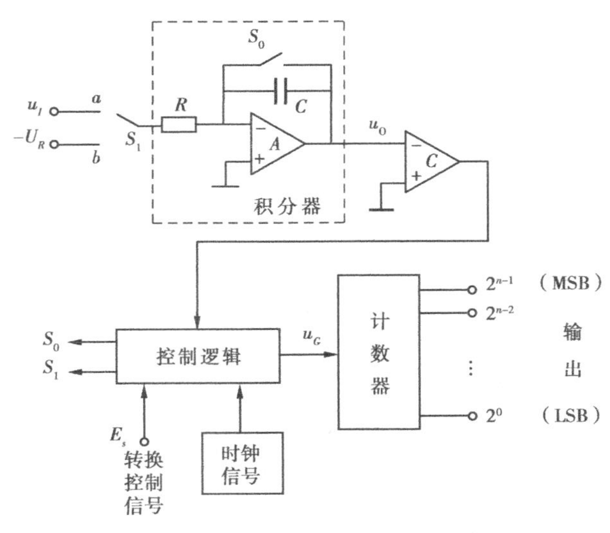

图7.17　双积分型A/D转换器原理框图

双积分型A/D转换器又称双斜积分型A/D转换器。基本原理是：首先把输入模拟电压信号转换成与之成正比的时间宽度信号，然后在这个时间宽度里对固定频率的时钟脉冲计数，则计数结果就是正比于输入模拟信号的数字输出信号。图7.17是双积分型A/D转换的原理框图。它由积分器、检零比较器、时钟脉冲源、计数器、控制逻辑电路等组成。

转换开始前先将计数器清零，并接通开关S_0使电容C完全放电。第一阶段，当$t=0$时，开关S_1与a接通，被测电压u_I加到积分器的输入端，积分器从初始状态0 V开始在固定的T_1时间内对u_I积分，积分器的输出电压以与u_I大小成正比的斜率从0 V开始下降，积分结束时积分器输出电压为

$$u_O = -\frac{1}{RC}\int_0^{t_1} u_I \mathrm{d}t = -\frac{T_1}{RC}u_I \tag{7.8}$$

该式说明积分器的输出电压与u_I成正比。第二阶段，在$t=t_1$时刻S_1切换到b点，将基准电压$-U_R$接到积分器的输入端，积分器向相反方向积分。若以t_1时刻为0时刻，则积分输出电压u_O的表达式为

$$u_O = u_{O1} - \frac{1}{RC}\int_0^{t_2}(-U_R)\mathrm{d}t \tag{7.9}$$

将式(7.8)代入得

$$u_O = -\frac{T_1}{RC}u_I + \frac{T_2}{RC}U_R \tag{7.10}$$

因为经过T_2时间后，积分器的输出电压上升为零，因此得到

$$\frac{T_2}{RC}U_R = \frac{T_1}{RC}u_I$$

即

$$T_2 = \frac{T_1}{U_R}u_I \tag{7.11}$$

上式说明反向积分时间T_2与输入信号u_I成正比。即将输入电压转换成了时间间隔。由图7.18u_O的波形可以看出，输入电压越小，u_{O1}的数值越小，时间间隔T_2越短。令计数器在T_2时间里对固定频率$f_C=\frac{1}{T_C}$的时钟信号计数，则计数结果为

$$D = \frac{T_1}{T_C U_R}u_I \tag{7.12}$$

D 即为转换后的数字量。如果取 T_1 为 T_C 的整数倍，即 $T_1 = NT_C$，则代入式(7.12)也可改写为

$$D = \frac{N}{U_R}u_1 \qquad (7.13)$$

为了实现上述双积分过程的逻辑控制，可用图7.19所示逻辑电路完成。逻辑控制电路由一个 n 位计数器、附加触发器 F_C、模拟开关驱动电路 L_0 和 L_1、时钟控制门 D_1 等组成。

转换前，转换控制信号 $E_S = 0$ 时，计数器和附加触发器均被置0，同时开关 S_0 闭合，积分电容 C 充分放电。

当 $E_S = 1$ 时开始转换，S_0 断开，S_1 与 a 点接通，积分器对 u_I 积分。积分器输出为负值，则比较器输出为高电平，使 D_1 门打开，CP 可通过 D_1 门给计数器送入计数脉冲，计数器从0开始计数。

当计数器计满 2^n 个脉冲，即经过 $T_1 = 2nT_C$ 的时间以后，计数器输出一个进位脉冲使触发器 $F_C = 1$，于是开关 S_1 由 a 点切换到 b 点，积分器开始对 $-U_R$ 积分。在计数器输出进位脉冲的同时又自动返回0状态，重新开始计数。

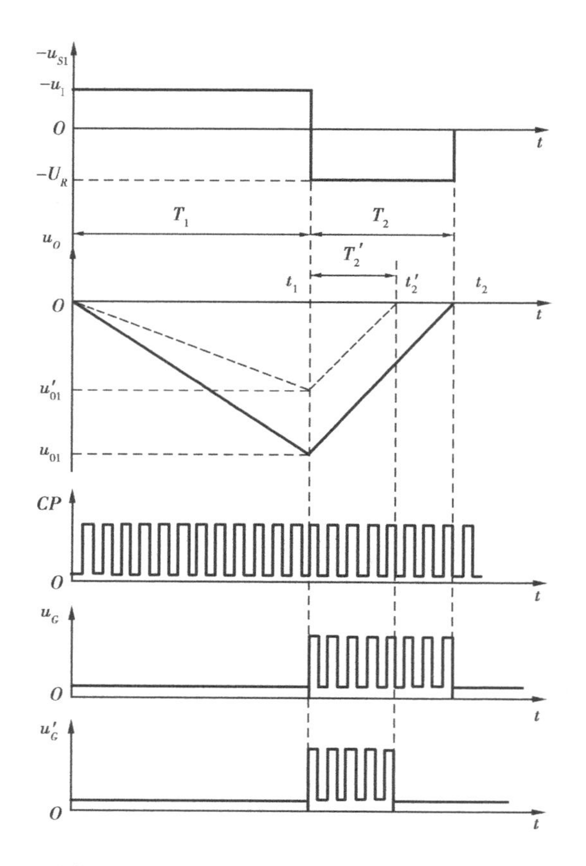

图7.18　双积分型A/D转换器的工作波形

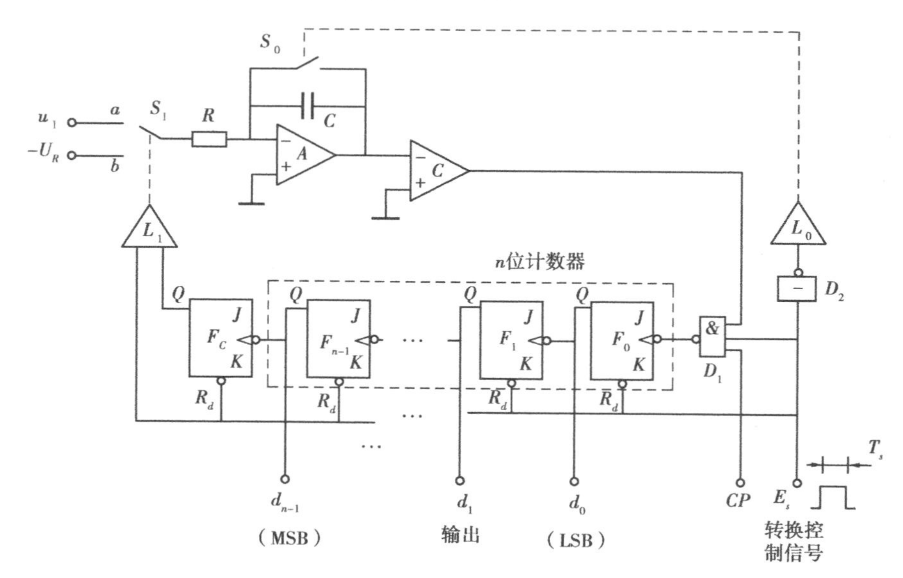

图7.19　双积分型A/D转换器原理图

当积分器的输出回到 0 以后，比较器的输出 u_C 为低电平，D_1 门封锁，至此转换结束，计数器所存的数码为

$$D = \frac{2^n}{U_R} u_I$$

该数码即为 A/D 转换的结果。

双积分型 A/D 转换器的优点是，抗干扰能力强，由于两次积分时间常数相同，所以对器件的稳定性要求不高，容易实现高精度转换，并且电路结构简单。主要缺点是工作速度低，一般的工作速度在每秒几十次以内。尽管如此，在对转换速度要求不高的场合（数字电压表等仪器仪表），双积分型 A/D 转换器得到了广泛的应用。

7.2.4　集成 A/D 转换器

(1) 与微机兼容的 ADC0809

ADC0809 是 NS 公司生产的 CMOS 8 位 8 通道逐次逼近型 A/D 转换器。采用双列直插式 28 引脚封装，与 8 位微机兼容，其三态输出可以直接驱动数据总线，易于和 CPU 相连。其分辨率为 8 位，转换时间 100 μs，功耗 15 mW，输入电压为 0 ~ 5 V，采用 +5 V 电源供电。

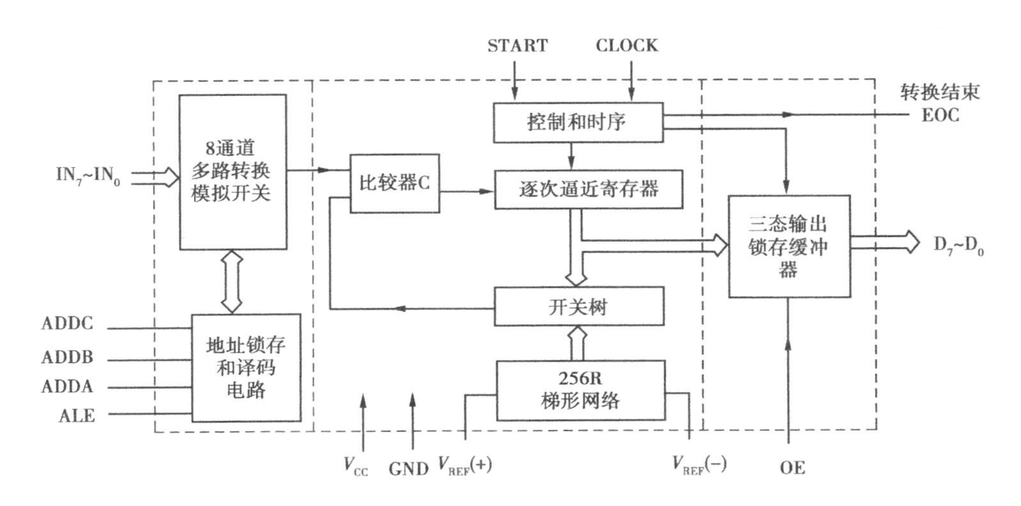

图 7.20　ADC0809 的电路组成原理图

该集成电路的内部电路方框图如图 7.20 所示。电路主要包括：8 通道多路模拟开关与通道地址锁存及译码电路、逐次逼近 A/D 转换电路、三态输出锁存缓冲电路三部分。8 路输入的模拟信号 IN_0 ~ IN_7 通过内部多路模拟开关进入 A/D 转换器，模拟开关根据三条地址线 ADDC、ADDB、ADDA 提供地址选通其中一路进行 A/D 转换。当地址为 000 时，选通 IN_0，当地址为 111 时，选通 IN_7，ALE 高电平时对地址进行锁存。逐次逼近 D/A 转换电路的中间 D/A 转换采用 256 个电阻网络的开关树形式。三态输出锁存缓冲器在输出使能端 OE 控制下，高电平时输出 8 位二进制码，低电平时为高阻状态。

ADC0809 的引脚如图 7.21 所示，各引脚功能说明如下：

IN_7 ~ IN_0：8 路模拟信号输入端；

D_7 ~ D_0：8 位数字输出端；

ADDC ~ ADDA:输入地址选择,其中 ADDC 为高位;

ALE:地址锁存允许端,上升沿锁存地址;

START:启动信号,上升沿将所有内部寄存器清零,下降沿开始转换。通常 ALE 和 START 连在一起;

EOC:转换结束标志,高电平有效。当转换结束,EOC 变为高电平。因此 EOC 可以作为中断请求信号或查询方式的状态信号;

OE:输出使能,高电平有效。当 OE 为高电平时,开放三态输出锁存器,将转换结果从 $D_7 \sim D_0$输出,当 OE 为低电平时,$D_7 \sim D_0$处于高阻状态;

V_{REF}:参考电压输入,单极性转换时 $V_{REF(+)}$与 V_{CC}相连,$V_{REF(-)}$接地。

CLOCK:时钟输入端,典型的频率为 640 kHz,最高不超过 1.2 MHz。

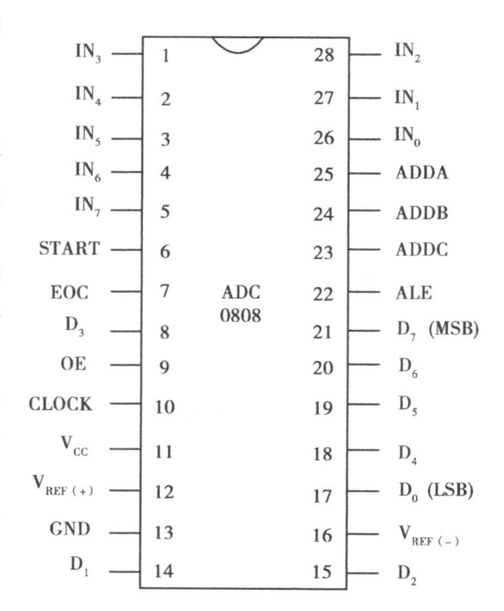

图 7.21 ADC0809 引脚图

数据采集是数字设备和微机进行实时数据处理和实时控制的重要技术,在现代化工业控制、数字化测量仪表以及其他方面都离不开数据采集系统。图 7.22 所示是 ADC0809 与单片机构成的数据采集系统框图,它由单片机、0809 及模拟输入三部分组成。

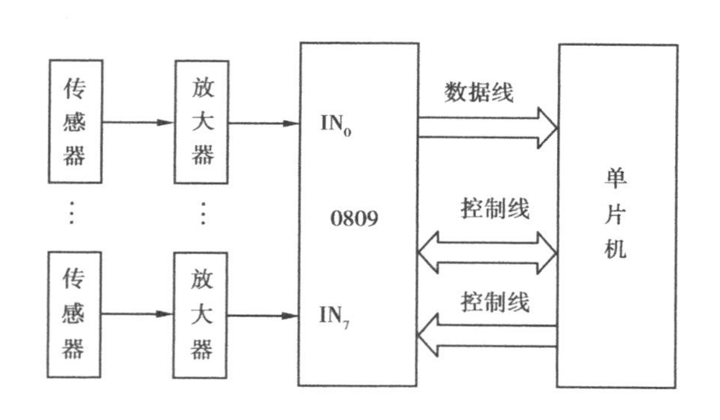

图 7.22 数据采集系统框图

ADC0809 与单片机的接口电路如图 7.23 所示。图中 0809 输出的八位数据与单片机 P_0口相接。模拟输入通道地址由 $P_{2.2}$、$P_{2.1}$和 $P_{2.0}$提供。地址锁存信号 ALE、启动信号 START 及输出允许信号 OE 分别由单片机读信号$\overline{WR}$、写信号$\overline{RD}$和 $P_{1.0}$控制。转换结束信号 EOC 有两种接法,若是利用程序查询方式判断 A/D 转换是否结束,可直接与某端口相连;若是采用中断方式,则可接单片机中断输入 INT。若单片机为低电平中断,只需加一反相器。中断方式的最大优点是在 A/D 转换期间单片机可以去做其他工作。

ADC 0809 要求其输入信号是 0 ~5 V,因而必须利用传感器将现场的物理量(非电量)转换成电信号,再利用放大器将信号放大。当输入信号为 0 时,调节放大器的调零电位器使放大器输出为 0 V,当输入信号为最大时,调节放大器的调满电位器使其输出为 5 V。

电路确定后,采集过程随之确定,整个采集过程由单片机程序完成,具体过程是:

- 置 $P_{1.0}$为 0。
- 使 $P_{2.2}$、$P_{2.1}$和 $P_{2.0}$地址码出现,在 $\overline{WR}$ 信号出现时,使 ALE 与 START 端出现一正脉冲,其上升沿锁存地址码,其下降沿启动 ADC,开始对选中的模拟输入端进行转换。在启动状态

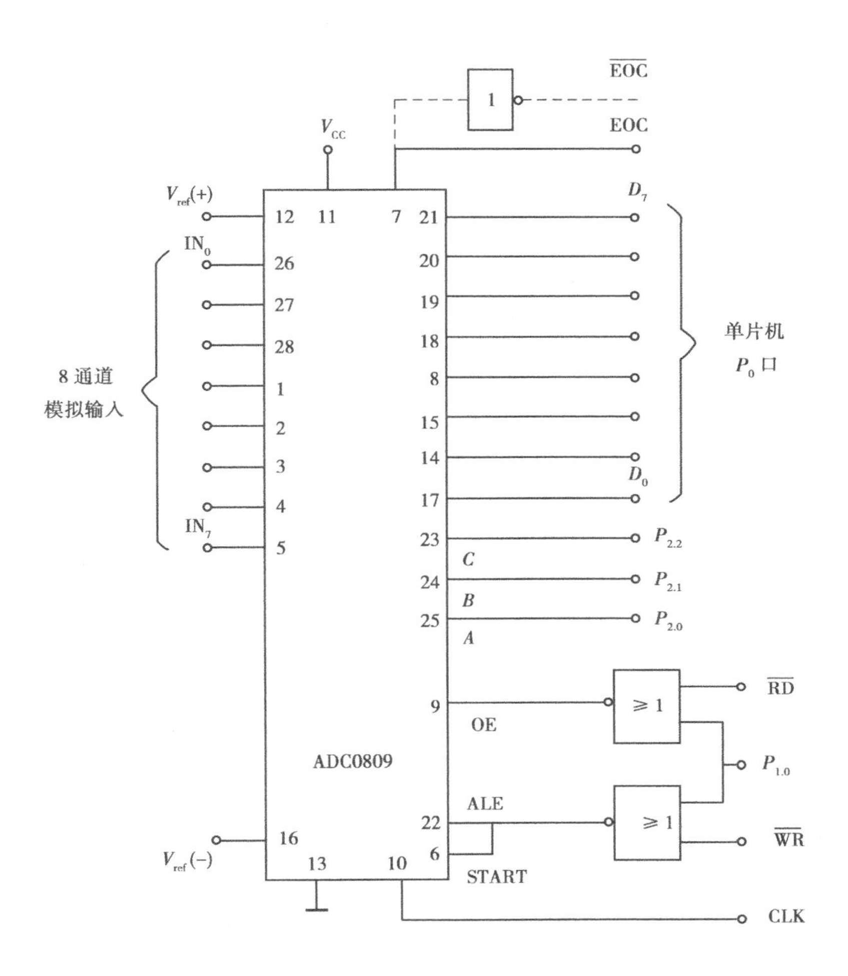

图7.23　ADC 0809与单片机的接口电路

下,转换结束信号EOC变为低电平。

- 当转换完毕时,EOC变为高电平,数据送到0809输出口,等待输出允许OE信号。
- 单片机通过查询或是中断得知转换结束后,重新置$P_{1.0}$为0,然后在$\overline{RD}$信号出现时使OE端为1,0809输出口的数据送到数据线上(P_0)口,供单片机读取,完成一次转换。同样过程,可以通过改变$P_{2.2}$、$P_{2.1}$和$P_{2.0}$对任一模拟输入信号进行转换。

转换后的数字输出x与模拟输入的关系为

$$x = \frac{V_{in} - V_{ref}^{(-)}}{V_{ref}^{(+)} - V_{ref}^{(-)}} \times 256$$

当时钟频率为500 kHz时,A/D转换时间

$$T = 8 \times 8 \times 1/500 \times 10^3$$
$$= 128\ \mu s$$

A/D转换精度主要取决于基准电压,在对精度要求较高的情况下,应选用精密稳压电源做基准电压,ADC 0809参考电压为5 V。

(2)3 位 BCD **码转换器** MC14433

MC14433 是 MOTOROLA 公司生产的 CMOS3 $\frac{1}{2}$位 BCD 码转换器,采用双积分原理进行 A/D 转换,将线性放大器和数字逻辑电路同时集成在一个芯片上。其特点是:能够自动调零、自动极性转换、精度高、功耗低,数据输出电平能与微机及其他数字电路兼容。该芯片只需接两个电阻和两个电容即可完成 3 $\frac{1}{2}$位的 A/D 转换(3 位即十进制的 00001999,相当于 11 位二进制数)。此类芯片广泛用于数字面板表、数字万用表、数字温度计和遥控遥测系统,MC14 433的原理电路见图 7.24。

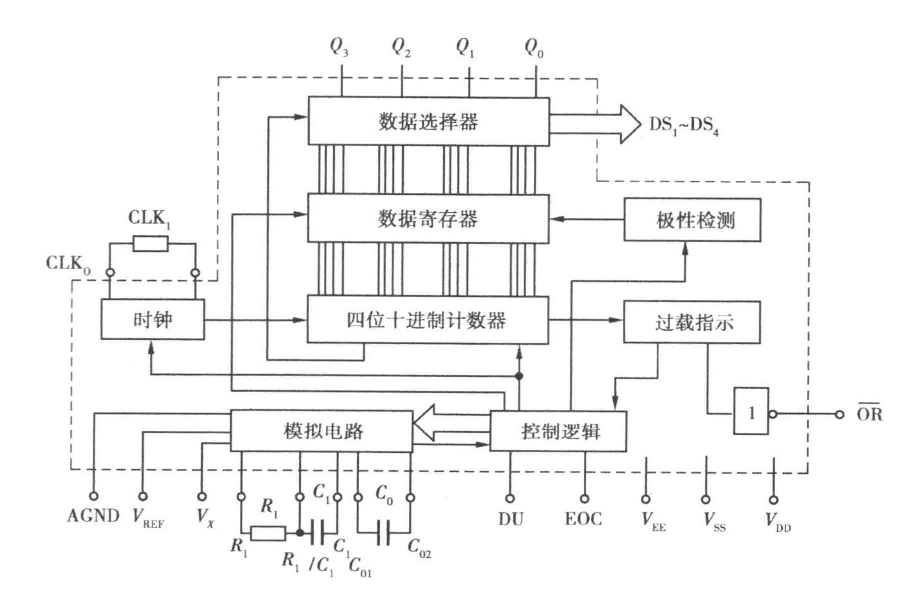

图 7.24　MC14433 电路原理图

MC14433 只有 4 条数据输出端 $Q_0 \sim Q_3$,输出四位 BCD 码,采用轮流扫描的输出方式,其输出是按位扫描的 BCD 码,由 $D_{S1} \sim D_{S4}$决定输出为十进制的哪一位。由于采用轮流扫描的输出方式,因而只需要一块七段译码器即可显示三位半十进制数。

MC14433 的引脚排列如图 7.25 所示,部分引脚功能如下:

R_1、C_1、R_1/C_1:积分阻容元件接入端,接法如图 7.24 所示,R_1、C_1的选取与频率有关,计算公式为

$$R_1 = \frac{V_{x\max}}{C_1} \times \frac{T}{\Delta V}$$

式中,$\Delta V = V_{DD} - V_{x\max} - 0.5\ V$;

$T = 4\ 000 \times 1/f_{CLK}$,$f_{CLK}$为脚 10 的输入频率。

C_{02}、C_{01}:补偿电容 C_0接入端,通常 C_0为 0.1 μF。

CLK_1:时钟信号输入端。

CLK_0:时钟信号输出端。

V_X:被测电压输入。

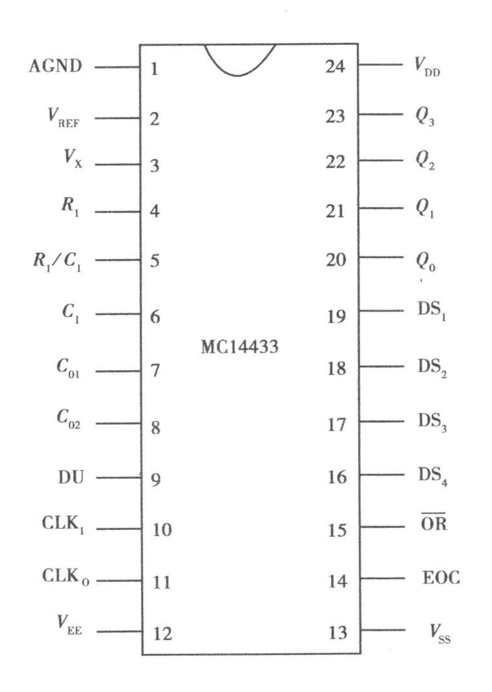

图7.25　MC14433引脚排列图

VREF:基准电压输入。

AGND:模拟地。

V_{EF}:负电源。

V_{DD}:正电源。

V_{SS}:电源公共端。

EOC:转换周期结束标志。

DU:更新显示输入端,与脚14 EOC相连可输出每一转换周期的结果。

$\overline{OR}$:溢出标志,低电平有效。

$Q_0 \sim Q_3$:数据输出。

$D_{S1} \sim D_{S4}$:多路选通脉冲输出端,依次对千、百、十、个位扫描。其中之一为高电平时,对应的数位被选通,该位的数据出现在$Q_0 \sim Q_3$线上。

MC14433的典型应用是构成数字电压表,其显示器件可用LED或LCD显示器。MC14433为核心采用共阴极LED显示器的$3\frac{1}{2}$位数字电压表如图7.26所示。它的功能是把被测的模拟电压转换成四位十进制数字量并显示出来,后三位是数字0~9,而最高位只有0和1。

图中,MC4511是具有锁存/驱动功能的七段数码显示译码器,MC1413是位驱动器。当A/D转换器在时钟作用下完成转换后,EOC为高电平,多路选通信号$D_{S1} \sim D_{S4}$依次选通MC14433的内驱动管,顺序显示千位、百位、十位和个位。各数码管虽然是以扫描方式间断显示,由于视觉残留原理,数字显示仍是稳定的。

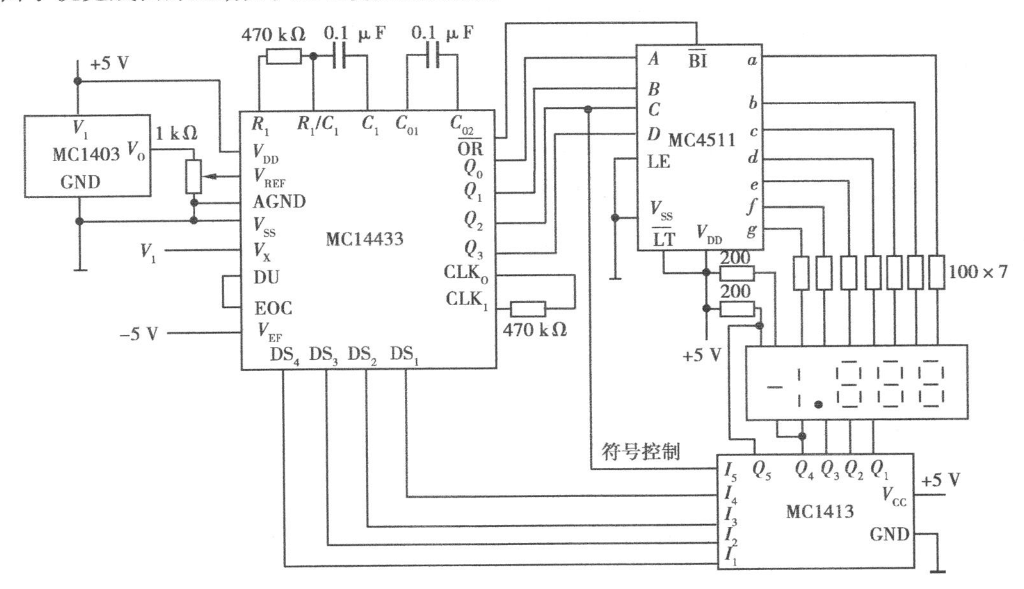

图7.26　3位数字电压表电路原理图

7.2.5 A/D 转换器的主要参数

(1)分辨率

分辨率也称分解度,是指输出数字量变化一个最低位所对应的输入模拟量需要变化的量。通常以输出数字量的位数表示分辨率的高低。在理论上,n 位二进制输出的 ADC 能够区分输入模拟电压的 2^n 个等级,输出二进制数的位数越多,量化单位越小,对输入信号的分辨能力就越高。

(2)量化误差

由使用有限数字对连续变化的输入模拟信号进行离散取值而产生的误差,称量化误差,反映了转换器输出的数字量和理想输出数字量之间的差别,用最低有效位的倍数表示。提高分辨率可以降低量化误差。

(3)转换速度

完成一次 A/D 转换操作所需要的时间,称转换速度。一般指从输入转换控制信号到输出稳定的数字信号所需要的时间。

(4)温度系数

温度系数为输入不变时,温度每改变 1 ℃,引起输出的相对变化量。

本章小结

1. ADC 与 DAC 是联系模拟量与数字量的桥梁,是重要的接口电路之一。通过对本章的学习,应对 A/D 与 D/A 转换的基本原理、基本电路有所了解。

2. DAC 主要介绍了权电阻网络型 DAC、倒 T 型电阻网络 DAC 和权电流型 DAC 等基本 D/A 转换电路的构成和原理。

3. 主要介绍了 DAC0832 系列和 DAC MAX548A 系列两种常用的集成 DAC 芯片的工作原理、引脚排列等,以及 DAC 电路的主要技术参数。

4. A/D 转换要经过采样、保持、量化、编码四个过程。ADC 主要介绍了逐次逼近型 ADC 和双积分型 ADC 两种基本电路的构成和原理。

5. 主要介绍了 ADC 0809 和 MC14433 两种常见集成 ADC 芯片的工作原理、引脚排列等,以及 ADC 电路的主要技术参数。

习 题 7

7.1 如图 7.3 四位权电阻网络电路中,若最高位权电阻 $R_3 = 10\ \text{k}\Omega$,试求其他各位权电阻阻值的大小。

7.2 倒 T 型电阻网络 DAC,若 $n=8$,$U_{REF} = -5\ \text{V}$,当分别输入下列数字信号时,试求 u_O 的值。

①00000000; ②00000001; ③10000000; ④11111111

7.3　简述ADC的主要技术参数。

7.4　采样定理说明了什么问题？简述A/D转换过程。

7.5　10位逐次逼近式ADC电路中10位D/A转换器的$V_{omax}=12.276$ V，CP的频率$f_{CP}=$ 500 kHz。

①若输入$V_I=4.32$ V，则转换后输出状态$D=D_9D_8\cdots D_0$是什么？

②完成这次转换所需的时间T是多少？

7.6　设10位双积分ADC的时钟频率f_{CP}为10 kHz，$-V_{REF}=-6$ V，则完成一次转换的最长时间为多少？若输入模拟电压$V_I=3$ V，试求转换时间和数字量输出D各为多少？

7.7　本章介绍的DAC和ADC各有哪些种类？它们的原理各有和特点？说明各种类型的优缺点。

第 8 章 半导体存储器及可编程逻辑器件

随着社会的发展与科技的进步,需要记录大量的数字信息,以前学习的数字单元无法完成巨大的存储任务。数字系统中用于存储大量二进制信息的器件是存储器,它可以存放各种数据、程序和复杂资料。随着半导体集成技术的发展,半导体存储器已取代了穿孔卡片、纸带、磁芯存储器等旧的存储手段。半导体存储器按照内部信息的存取方式不同分为只读存储器和随机存取存储器两大类。

8.1 随机存取存储器(RAM)

8.1.1 的结构和读写原理

随机存取存储器又叫随机读/写存储器,简称 RAM,指的是可以从任意选定的单元读出数据,或将数据写入任意选定的存储单元。其优点是读、写方便,使用灵活,缺点是一旦断电,所存储的信息就会丢失。如图 8.1 所示是 RAM 的结构框图(I/O 端画双箭头是因为数据即可由此端口读出,也可送入)。

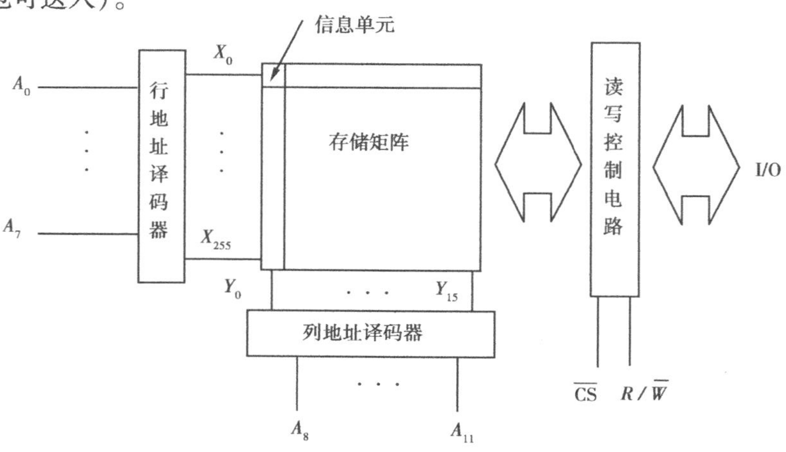

图 8.1 RAM 的结构框图

存储矩阵由许多个信息单元排列成 n 行、m 列的矩阵组成，共有 $n\times m$ 个信息单元，每个信息单元（即每个字）有 k 位二进制数（1 或 0），存储器中存储单元的数量称为存储容量；地址译码器分为行地址码器和列地址译码器，它们都是线译码器。在给定地址码后，行地址译码器输出线（称为行选线用 x 表示，又称字线）中有一条为有效电平，它选中一行存储单元，同时列地址译码器的输出线（称为列选线用 Y 表示，又称位线）中也有一条为有效电平，它选中一列（或几列）存储单元，这两条输出线（行与列）交叉点处的存储单元便被选中（可以是一位，或几位），这些被选中的存储单元由读/写控制电路控制，与输入/输出端接通，实现对这些单元的读或写操作。当 $R/\overline{W}=0$ 时，进行写入数据操作。当然，在进行读/写操作时，片选信号必须为有效电平，即 $\overline{CS}=0$。

为了表述清楚，如图 8.2 是 256×4（256 个字，每个字 4 位）RAM 存储矩阵的示意图。如果行、列地址译码器译出 X_0、Y_0 取 1，则选中了第一个信息单元，而第一个信息单元有 4 个存储单元，即这 4 个存储单元被选中，可以对这 4 个存储单元进行读出或写入。

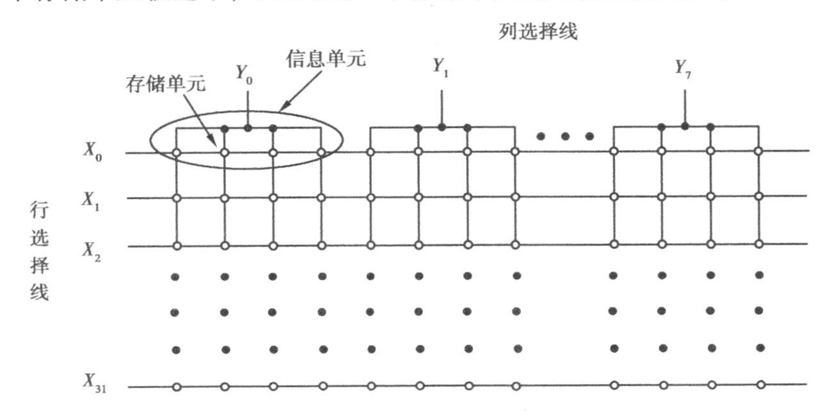

图 8.2　RAM 存储矩阵的示意图

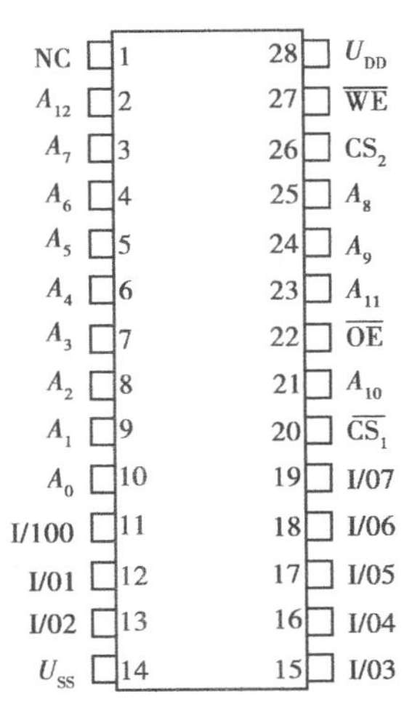

图 8.3　6264 引脚图

RAM 的存储单元按工作原理分为静态存储单元和动态存储单元。静态存储单元是利用基本 RS 触发器存储信息的，保存的信息不易丢失。而动态存储单元是利用 MOS 的栅极电容来存储信息，由于电容的容量很小，以及漏电流的存在，因此，为了保持信息，必须定时地给电容充电，通常称为刷新，故称之为动态存储单元。

8.1.2　静态 *RAM* 集成电路 6264 简介

6264 是一种采用 CMOS 工艺制成的 8K×8 位的静态读写存储器。典型存取时间为 100 ns、电源电压 +5 V、工作电流 40 mA、维持电压及维持电流分别为 2 V 和 2μA。

由于是存储容量为 $8\text{K}\times 2^{13}$，因此应有 13 条地址线 $A_0\sim A_{12}$；而每字有 8 位，故有 8 条输出线（数据线）$I/O_0\sim I/O_7$；此外还有 4 条控制线 $\overline{CS_1}$、$\overline{CS_2}$、$\overline{WE}$、$\overline{OE}$。当 $\overline{CS_1}$ 和 $\overline{CS_2}$ 都有效时选中芯片，使它处于工作状态；$\overline{CS_1}$ 和 $\overline{CS_2}$ 不同时有效时，芯片处于维持状态，不能进行读写操作，I/O 高端呈高阻浮置状态；$\overline{OE}$ 无效时 I/O 端仍呈高阻浮置状态。6264 的引脚如图 8.3

所示，工作方式表 8.1。

表 8.1 6264 的工作方式表

$\overline{WE}$	$\overline{CS_1}$	CS_2	$\overline{OE}$	$I/O_0 \sim I/O_7$	工作状态
×	H	×	×	高　阻	未选中
×	×	L	×	高　阻	未选中
H	L	H	H	高　阻	输出禁止
H	L	H	L	数据输出	读操作
L	L	H	H	数据输入	写操作
L	L	H	L	数据输入	写操作

8.2 只读存储器(ROM)

8.2.1 固定 ROM 的结构原理

只读存储器所存储的内容一般是固定不变的，正常工作时只能读数，不能写入，并且在断电后不丢失其中存储的内容，故称为只读存储器。ROM 主要由地址译码器、存储矩阵和输出电路三部分组成，结构方框图如图 8.4 所示。

每个信息单元中固定存放着由若干位组成的二进制数码——字。为了读取不同信息单元中所存储的字，将各单元编上代码——地址。在输入不同地址时，就能在存储器输出端读出相应的字，即地址的输入代码与字的输出数码有固定的对应关系。如图 8.4 中，地址译码器有 n 个输入端，经地址译码器译码之后有 2^n 个输出信息，每个输出信息对应一个信息单元，而每个单元存放一个字，共有 2^n 个字（W_0、W_1、…、W_{2^n-1} 称为字线）。每个字有 m 位，每位对应从 D_0、D_1、…、D_{m-1} 输出（称为位线）。简单地说，每输入 n 位地址码，存储器就输出 m 位二进制数。可见，此存储器的容量是 $2^n \times m$（字线 × 位线）。

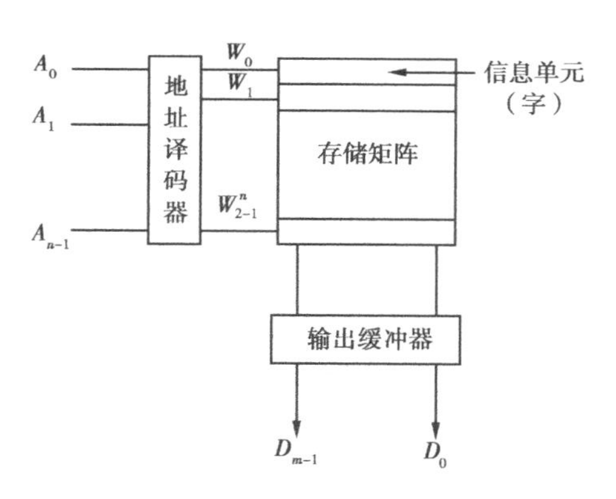

图 8.4 ROM 结构方框图

ROM 中的存储体可以由二极管、三极管和 MOS 管来实现。如图 8.5 所示是二极管 ROM 电路。W_0、W_1、W_2、W_3是字线，D_0、D_1、D_2、D_3是位线。当地址码 $A_1A_0=00$ 时，译码输出使字线 W_0为高电平，与其相连的二极管都导通，把高电平“1”送到位线上，于是 D_3、D_0端得到高电平“1”，W_0和 D_1、D_2之间没有接二极管，同时，字线 W_1、W_2、W_3都是低电平，与它们相连的二极管都不导通，故 D_1、D_2端是低电平“0”。这样，在 $D_3D_2D_1D_0$端读到一个字 1001，它就是该矩阵第一行的输出。当地址码 $A_1A_0=01$，字线 W_1为高电平，在位线输出端 $D_3D_2D_1D_0$读到字 0111，对应矩阵第二行的字输出。同理分析地址码为 10 和 11 时，输出端将读到矩阵第三、第四行的字输出分别为 1110、0101。任何时候，地址译码器的输出决定了只有一条字线是高电平，所以在 ROM 的输出端，只会读到惟一对应的一个字。由此可看出，在对应的存储单元内存入的是 1 还是 0，是由接入或不接入相应的二极管来决定的。为了清楚表述读字的方法，如图 8.5 所示。

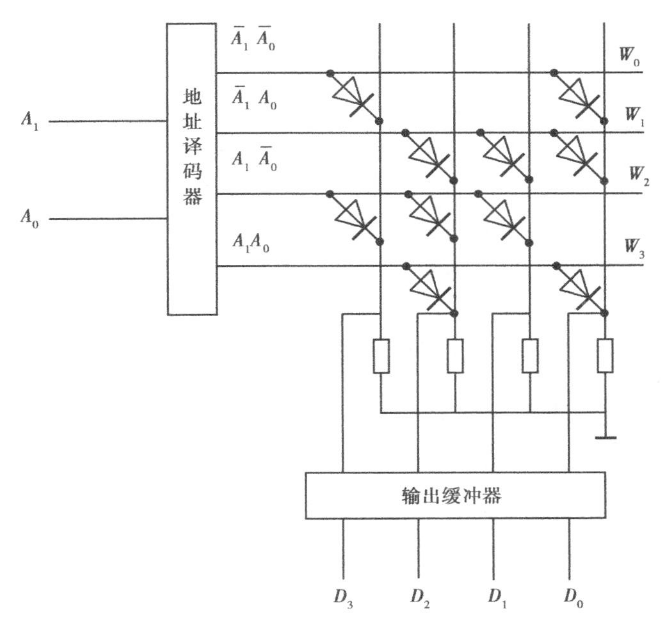

图 8.5　二极管 ROM

为了便于表达和设计，通常将图 8.5 简化如图 8.7 所示，ROM 中的地址译码器形成了输入变量的最小项，即实现了逻辑变量的“与”运算；ROM 中的存储矩阵实现了最小项的或运算，即形成了各个逻辑函数；图中水平线与垂直线相交点上的小圆点代表着两线之间接有一个二极管，即存在有一个存储单元。

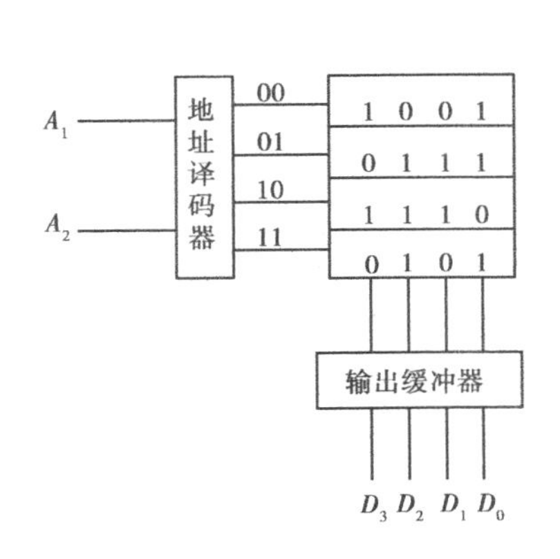

图 8.6　字的读出方法

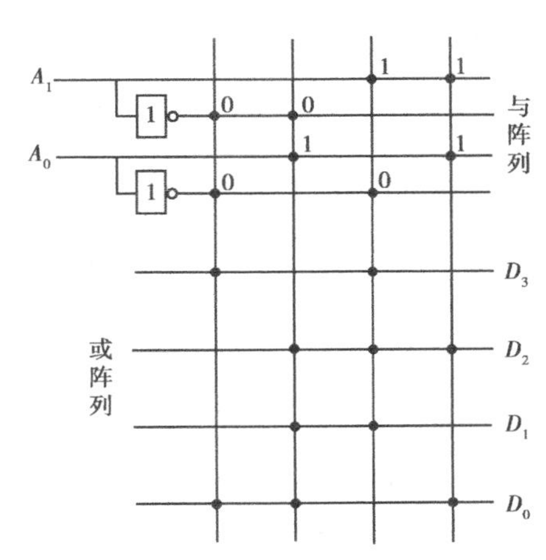

图 8.7　4×4ROM 阵列图

由以上可知,用 ROM 实现逻辑函数时,需列出真值表或最小项表达式,然后画出 ROM 的符号矩阵。根据用户提供的符号矩阵,厂家便可生产所需的 ROM。

8.2.2 可编程只读存储器(PROM)

固定 ROM 在出厂前已经写好了内容,使用时只能根据需要选用某一电路,极大地限制了用户的灵活性。可编程 PROM 封装出厂前,存储单元中的内容全为 1(或全为 0),用户可以根据需要,将某些单元的内容改为 0(或改为 1),此过程称为编程。如图 8.8 是 PROM 的一种存储单元,图中的二极管位于字线与位线之间,二极管前端串有熔丝,在没有编程前,存储矩阵中的全部存储单元的熔丝都是连通的,即每个单元存储的都是 1。用户使用时,只需按自己需要,借助一定的编程工具,将某些存储单元上的熔丝用大电流烧断,该单元存储的内容就为 0。熔丝烧断后就不能再接上,故 PROM 只能进行一次编程。可改写 ROM 则克服了这一缺点。

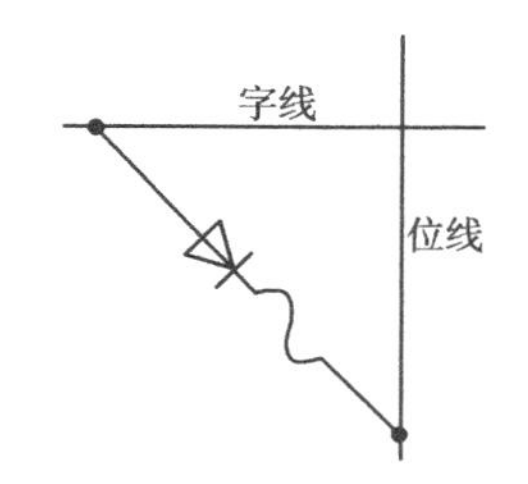

图 8.8 PROM 的可编程存储单元

8.2.3 可擦除可编程只读存储器

这类 ROM 利用特殊结构的浮栅 MOS 管进行编程,ROM 中存储的数据可以进行多次擦除和改写,根据发展的历史可以有 EPROM、E^2PROM、Flash Memory 等几种。

1)紫外线可擦除 EPROM　这一种 ROM,用户可以根据需要写入信息,从而长期使用。当不需要原有信息的时候,可以用 EPROM 擦除器产生的强紫外线照射 20 min 左右,全部存储单元恢复为 1,用户就可以重新编程。但擦除时间长,且擦除次数有限。

2)电可擦除 E^2PROM　这一类存储器主要特点是能在应用系统中进行在线改写,无须单独的擦除操作,边擦除边写入,一次完成,改写的速度比 EPROM 快得多,且可以改写的次数也比 EPROM 多。

3)闪速存储器 Flash Memory　此类存储器是新一代电擦除的可编程 ROM。它既吸收了 EPROM 结构简单、编程可靠的优点,又保留了 E^2PROM 擦除快捷的特点,且具有集成度高、容量大、成本低和使用方便等优点,正被广泛使用。

8.3 存储器容量的扩展

(1)ROM 的信号线

如图 8.9 除了地址线和数据线(字输出线)外,ROM 还有地线(GND)、电源线(V_{CC})以及用来控制 ROM 工作的控制线,即芯片使能控制线($\overline{CS}$)。当 $\overline{CS}=1$ 时,芯片处于等待状态,ROM 不工作,输出呈高阻态;当 $\overline{CS}=0$ 时,ROM 工作。

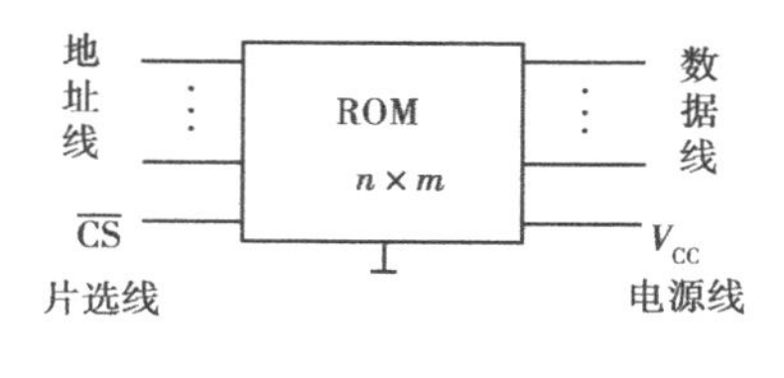

图 8.9 ROM 信号引线

(2) ROM 容量的扩展

一个存储器的容量就是字线与位线(即字长和位数)的乘积。当所采用的 ROM 容量不满足需要时,可将容量进行扩展。扩展又分为字扩展和位扩展。

1)位扩展(即字长扩展):所谓位扩展,就是将多片存储器经适当的连接,组成位数增多、字数不变的存储器。

位扩展比较简单,只需要用同一地址信号控制 n 个相同字数的 ROM,即可达到扩展的目的。由 256×1ROM 扩展为 256×8ROM 的存储器,如图 8.10 所示,即将 8 块 256×1ROM 的所有地址线、$\overline{CS}$(片选线)分别对应并接在一起,而每一片的位输出作为整个 ROM 输出的一位。

256×8ROM 需 256×1ROM 的芯片数为

$$N=\frac{\text{总存储容量}}{\text{一片存储容量}}=\frac{256\times 8}{256\times 1}=8$$

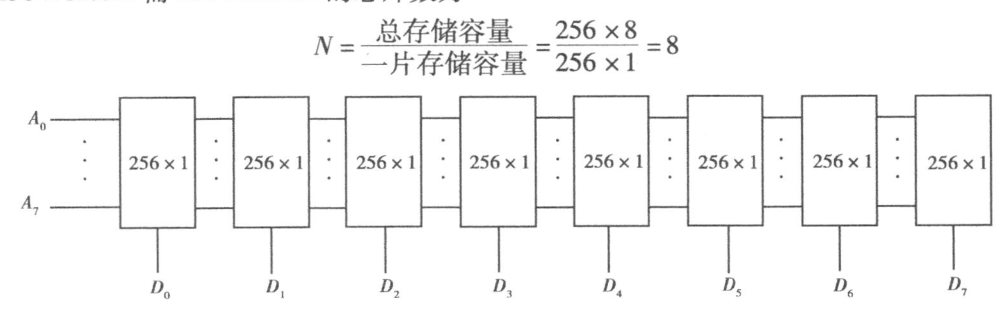

图 8.10　ROM 位扩展

2)字扩展:所谓字扩展,就是将多片存储器经适当的连接,组成字数更多,而位数不变的存储器。

如图 8.11 所示是由 4 片 1 024×8ROM 扩展为 4 096×8ROM。图中,每片 ROM 有 10 根

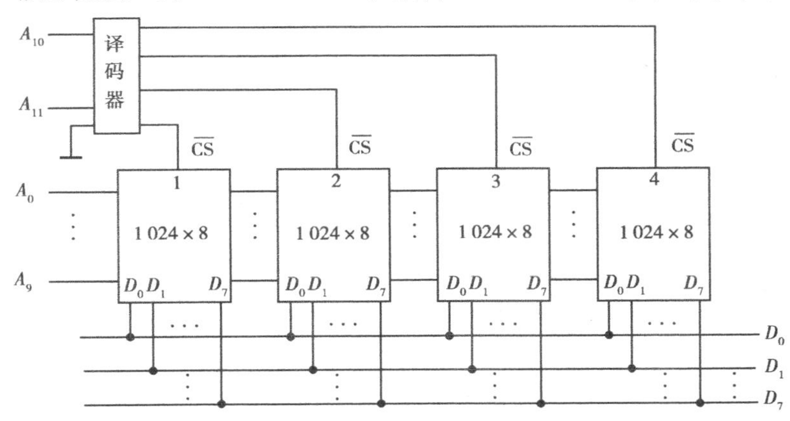

图 8.11　ROM 字扩展

地址输入线,其寻址范围为 2^n=1 024 个信息单元,每一单元为八位二进制数。这些 ROM 均有片选端。当其为低电平时,该片被选中工作;为高电平时,对应 ROM 不工作,各片 ROM 的片选端由 2 线/4 线译码器控制;译码器的输入是系统的高位地址 A_{11}、A_{10},其输出是各片 ROM 的片选信号。若 A_{11} A_{10}=10,则 ROM(3)片的$\overline{CS}$有效为"0",其余各片 ROM 的片选信号无效为"1",故选中第三片,只有该片的信息可以读出,送到位线上,读出的内容则由低位地址 A_9～A_0决定,四片 ROM 轮流工作,完成字扩展。字扩展的方法:将地址线、输出线对应连接,片选线分别与译码器的输出连接。

3)字位扩展:若一片存储器的字数和位数都不够用,可以综合运用字、位扩展方式。如图 8.12 是将容量为 1 024 ×4 的 RAM 扩展为 2 048 ×8 的电路图。

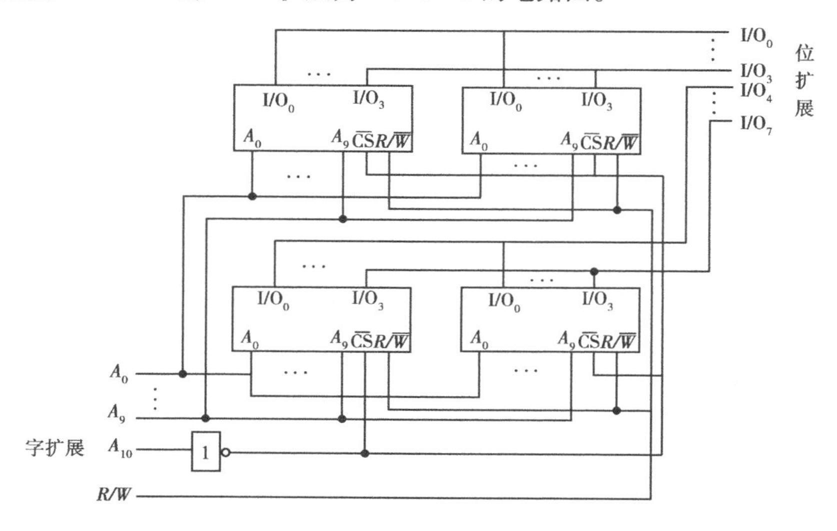

图 8.12　RAM 的字、线扩展

8.4　可编程逻辑器件简介

可编程逻辑器件(PLD)是 20 世纪后期发展起来的一种通用数字逻辑电路。它是一种标准化、通用的数字电路器件,集门电路、触发器、多路选择开关、三态门等器件和电路连线于一身。用户可以根据需要设定输入输出之间的关系,配置所需的逻辑功能,使用起来灵活方便。

由于阵列结构的多变和器件编程功能的开发,为方便表示,这里介绍几种常见的逻辑符号表示方法,如图 8.13 所示。

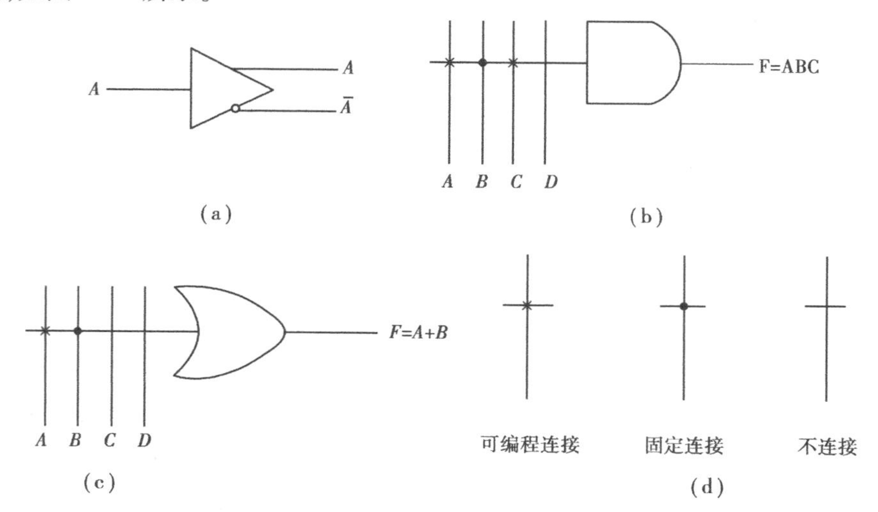

图 8.13　几种常用表示方法图

(a)输入缓冲器　(b)与门　(c)或门　(d)三种连接

8.4.1　可编程阵列逻辑(PAL)

PAL从结构上分一个与阵列、一个或阵列和输出电路三部分，主要特征是与阵列可编程，而或阵列固定不变。如图8.14是PAL的结构表示。

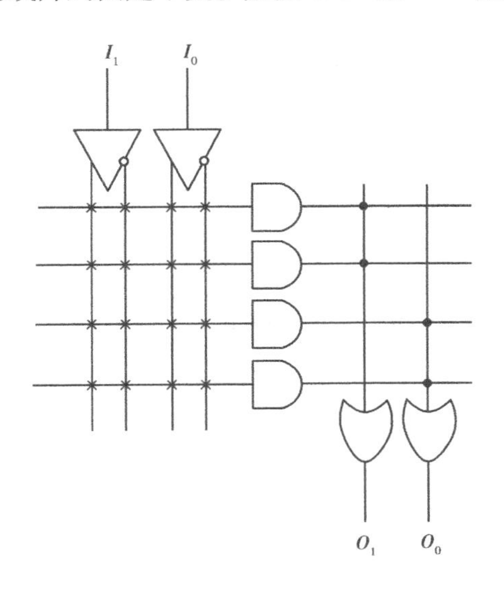

图8.14　PAL的结构

PAL备有多种输出结构，不同型号的芯片对应一种固定的输出结构。使用时根据需要选择合适的芯片，常见的有以下几种：

1)专用输出结构　这种结构的输出端只能输出信号，不能兼作输入。它只能实现组合逻辑函数，目前常用的产品有PAL10H8、PAL10L8等。

2)可编程I/O结构　这种结构的输出端有一个三态缓冲器，三态门受一个乘积项的控制。当三态门禁止、输出呈高阻状态时，I/O引脚做输出用；当三态门被选同时，I/O引脚做输出用。

3)寄存器输出结构　这种结构的输出端有一个D触发器，在使能端的作用下，触发器的输出信号经三态门缓冲输出。可见，此PAL能记忆原来的状态，从而实现时序逻辑功能。

4)异或型输出结构的输出部分有两个或门，它们的输出经异或门进行异或运算后在经D促发起和三态缓冲器输出，这种结构便于对与或逻辑阵列输出的函数求反，还可以实现对寄存器状态进行维持操作。

PAL共有21种，通过不同的命名可以区别。

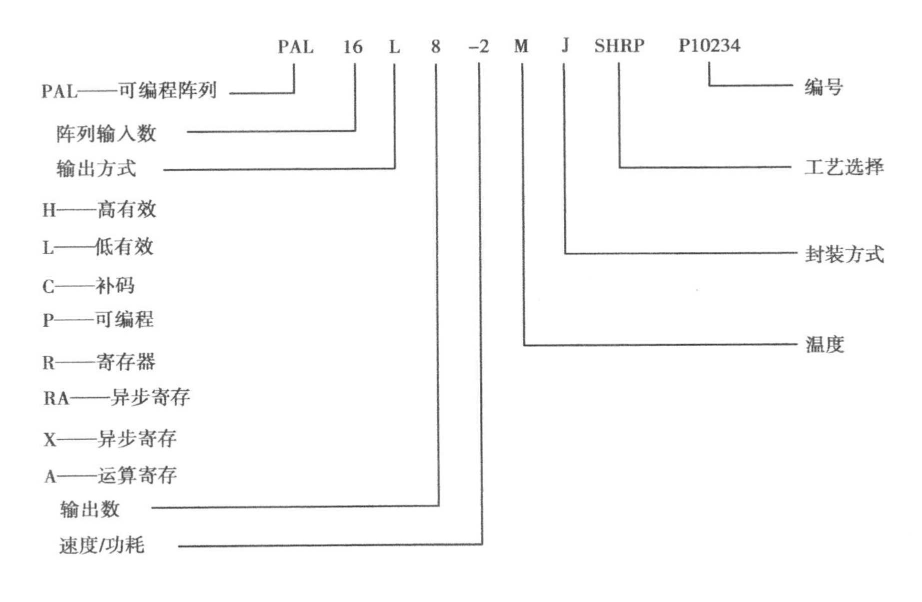

图8.15　PAL的命名

PAL具有如下的3个优点：

①提高了功能密度，节省了空间。通常一片 PAL 可以代替 4 ~ 12 片 SSI 或 2 ~ 4 片 MSI。同时，虽然 PAL 只有 20 多种型号，但可以代替 90% 的通用器件，因而进行系统设计时，可以大大减少器件的种类。

②提高了设计的灵活性，且编程和使用都比较方便。

③有上电复位功能和加密功能，可以防止非法复制。

8.4.2 通用可编程逻辑器件

GAL 芯片是 20 世纪 80 年代初由美国 Lattice 半导体公司研制推出的一种通用型和逻辑处理能力较强、性能指标较高的一种 PLD 器件。它采用高速的电可擦除的 E^2 CMOS 工艺，具有速度快、功耗低、集成度高等特点。GAL 器件的每一个输出端都有一个组态可编程的输出逻辑宏单元 OLMC（Output Logic Macro Cells），通过编程可以将 GAL 设置成不同的输出方式。这样，具有相同输入单元的 GAL 可以实现 PAL 器件所有的输出电路工作模式，故而称之为通用可编程逻辑器件。

GAL 分为两大类，一类是普通型，其与、或结构与 PAL 相似，如 GAL16V8，GAL20V8 等。另一类为新型，其与、或阵列均可编程，与 PLA 相似，主要有 GAL39V8。下面以普通型 GAL16V8 为例简要介绍 GAL 器件的基本特点。

(1) GAL 的基本结构

GAL 由以下 4 部分组成：

1) 8 个输入缓冲器和 8 个输出反馈/输入缓冲器。

2) 8 个输出逻辑宏单元 OLMC 和 8 个三态缓冲器，每个 OLMC 对应一个 I/O 引脚。

3) 由 8 × 8 个与门构成的与阵列，共形成 64 个乘积项，每个与门有 32 个输入项，由 8 个输入的原变量、反变量（16）和 8 个反馈信号的原变量、反变量（16）组成，故可编程与阵列共有 32 × 8 × 8 = 2 048 个可编程单元。

4) 系统时钟 CK 和三态输出选通信号 OE 的输入缓冲器。

GAL 器件没有独立的或阵列结构，各个或门放在各自的输出逻辑宏单元（OLMC）中。

(2) 输出逻辑宏单元（OLMC）的结构

OLMC 由或门、异或门、D 触发器和 4 个 MUX 组成。

每个 OLMC 包含或门阵列中的一个或门。一个或门有 8 个输入端，和来自与阵列的 8 个乘积项（PT）相对应。

异或门的作用是选择输出信号的极性。

D 触发器（寄存器）对异或门的输出状态起记忆（存储）作用，使 *GAL* 适用于时序逻辑电路。

4 个多路开关（MUX）在结构控制字段作用下设定输出逻辑宏单元的状态。

(3) GAL 的结构控制字

GAL 的结构控制字共 82 位，每位取值为“1”或“0”，如图 8.16 所示。SYN、XOR、AC_1、AC_0 相互配合，控制 8 个 OLMC 的输出状态，可组态配置成 5 种工作模式，如表 8.2 所示。

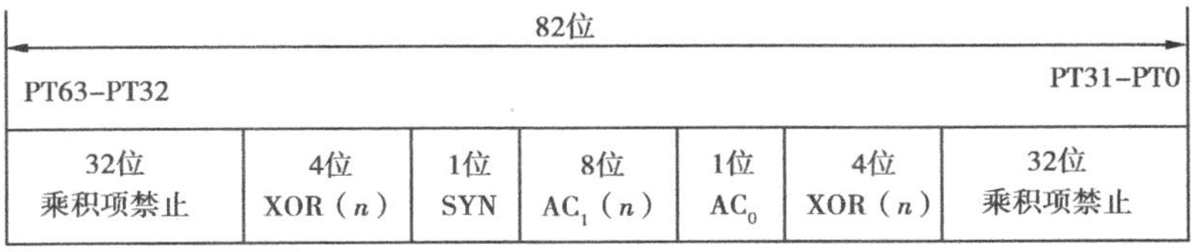

82位

PT63-PT32　　　　　　　　　　　　　　　　　　　　　　PT31-PT0

32位 乘积项禁止	4位 XOR（n）	1位 SYN	8位 AC_1（n）	1位 AC_0	4位 XOR（n）	32位 乘积项禁止

图 8.16　GAL 的结构控制字

表 8.2　GAL 的 5 种工作模式

SYN	AC_0	AC_1	XOR	功　能	输出极性
1	0	1	/	专用组合输入	/
1	0	0	0 1	专用组合输出	低有效 高有效
1	1	1	0 1	带反馈的组合输出	低有效 高有效
0	1	1	0 1	时序逻辑组合输出	低有效 高有效
0	1	0	0 1	时序逻辑	低有效 高有效

从以上分析可看出，GAL 器件由于采用了 OLMC，因而使用更加灵活，只要写入不同的结构控制字，就可以得到不同类型的输出电路结构。这些电路结构完全可以取代 PAL 器件的各种输出电路结构。

习 题 8

8.1　试问一个 256 字 ×4 位的 ROM 应有地址线、数据线、字线和位线各多少根？

8.2　用一个 2-4 译码器和四片 1 024 ×8 位的 ROM 线组成一个容量为 4 096 ×8 位的 ROM，画出连接图（ROM 芯片的逻辑符号如图题 8.2 所示，$\overline{CS}$为片选信号）。

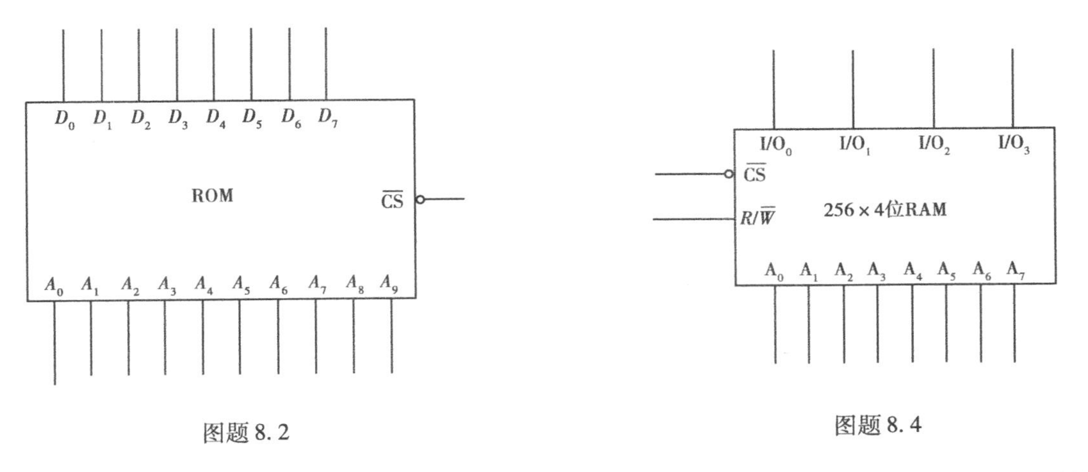

图题 8.2　　　　　　　　　　　　图题 8.4

8.3　确定用 ROM 实现下列逻辑函数所需的容量：

①比较两个四位二进制数的大小及是否相等。

②两个三位二进制数相乘的乘法器。

③将八位二进制数转化成十进制数（用 BCD 码表示）的转化电路。

8.4　图题 8.4 为 256 × 4 位 RAM 芯片的符号图，试用位扩展的方法组成 256 × 8 位 RAM，并画出逻辑图。

附　录

常用逻辑基本单元符号对照表

电路类型	国际符号	非国际符号		说明
与门	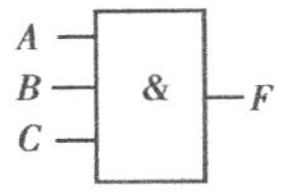 A B C & F	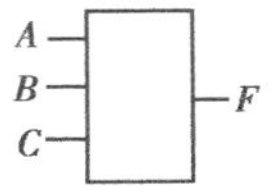 A B C F	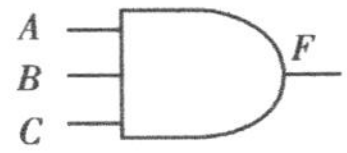 A B C F	$F = ABC$
或门	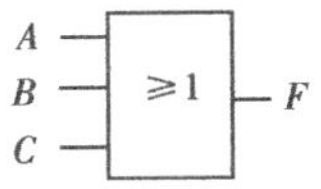 A B C ≥1 F	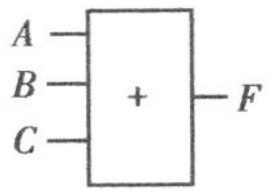 A B C + F	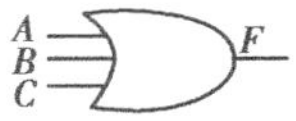 A B C F	$F = A + B + C$
非门	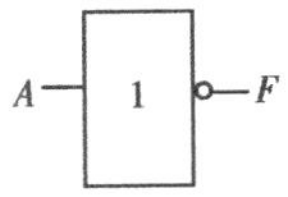 A 1 F	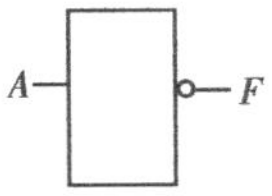 A F	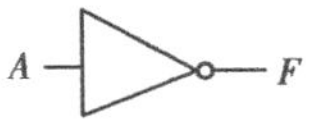 A F	$A = \overline{A}$
与非门	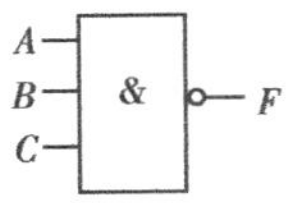 A B C & F	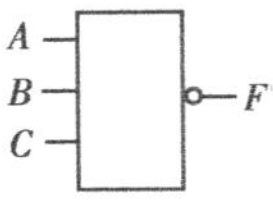 A B C F	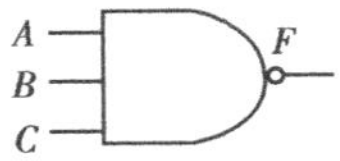 A B C F	$F = \overline{ABC}$
或非门	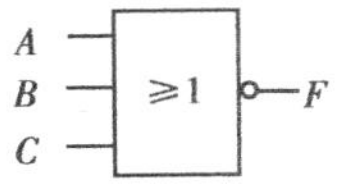 A B C ≥1 F	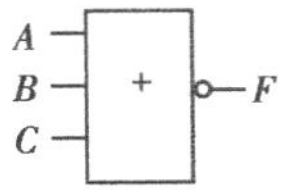 A B C + F	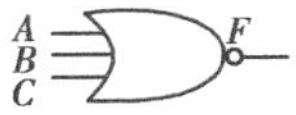 A B C F	$F = \overline{A + B + C}$
与或非门	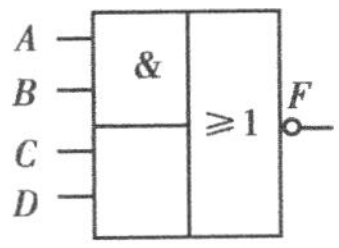 A B C D & ≥1 F	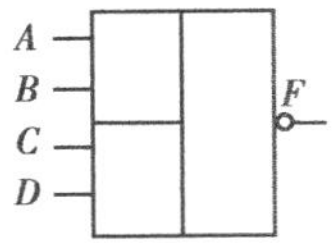 A B C D F	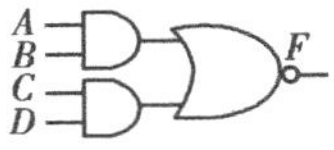 A B C D F	$F = \overline{AB + CD}$

续表

电路类型	国际符号	非国际符号		说明
异或门				$F=\overline{A}B+A\overline{B}=A\oplus B$
同或门				$F=\overline{AB}+AB$ $=A\odot B$
与非门（三态输出）				符号∇表示三态 S 为使能端 注:使能端 S 如为低电平有效,则 S 引出端加一个小圈表示
D 触发器（带预置和清除）				上升沿触发 S 为异步置数端 R 为异步清除端
JK 触发器（带预置和清除）				下降沿触发 S 为异步置数端 R 为异步清除端

部分习题答案

习题 1

1.1 (1) ①$(11.75)_{10}$　$(219.25)_{10}$　$(29.625)_{10}$　$(42.375)_{10}$

②$(4\ 096.125)_{10}$　$(60.328\ 125)_{10}$　$(43.5)_{10}$　$(15.25)_{10}$

③$(257.062\ 5)_{10}$　$(195.5)_{10}$　$(98.687\ 5)_{10}$　$(158)_{10}$

(2) ①$(111111)_2$　$(77)_8$　$(3F)_{16}$

②$(1001111.01)_2$　$(117.2)_8$　$(4F4)_{16}$

③$(1000111100.01101)_2$　$(1\ 074.32)_8$　$(23C.68)_{16}$

④$(1110011101.00101)_2$　$(1\ 635.12)_8$　$(39D.28)_{16}$

(3) ①$(29.812\ 5)_{10}$　$(35.64)_8$　$(1D.D)_{16}$

②$(20.125)_{10}$　$(24.1)_8$　$(14.2)_{16}$

③$(14.625)_{10}$　$(16.5)_8$　$(EA)_{16}$

④$(183.25)_{10}$　$(267.2)_8$　$(173.4)_{16}$

(4) ①$(100111101.010011)_2$　$(13D.4C)_{16}$　$(317.046\ 875)_{10}$

②$(11110110101.0001)_2$　$(3\ 665.04)_8$　$(1973.062\ 5)_{10}$

③$(1101000011.111)_2$　$(1\ 503.7)_8$　$(343.E)_{16}$

1.2　6和7

1.3 (1) $(100100.0101)_{8421\ BCD}$　$(1010111.1)_{余3}$

(2) $(1110011.001)_{8421\ BCD}$　$(10100110.0101)_{余3}$

(3) $(100010.01110101)_{8421\ BCD}$　$(1010101.10101)_{余3}$

(4) $(111000.100001110101)_{8421\ BCD}$　$(1101011.101110101)_{余3}$

(5) $(1111001.00100101)_{8421\ BCD}$　$(10101100.01011)_{余3}$

1.4 (1) $(0084)_{16}$　(2) $(0054)_{16}$　(3) $(FFCA)_{16}$

(4) $(FE0C)_{16}$　(5) $(FF0C)_{16}$　(5) $(FEC9)_{16}$

1.7 (1) A　(2) B　(3) 0　(4) $\overline{AB}+AB+BC$　(5) $A+C$　(6) $\overline{C}$

(7) $A+B$　(8) $AB+\overline{BC}$　(9) 0　(10) $C+\overline{BC}\,\overline{D}+B\,\overline{C}E$

1.8 (1) $\overline{A}\cdot\overline{\overline{B}C(D+E)}$　(2) $\overline{B}+(\overline{C}+\overline{D})\overline{A}E$　(3) $(\overline{A}+B)(C+D)$

1.9 (1) $A\,\overline{B}+\overline{A}B+BC+\overline{A}C$　(2) $\overline{A}+B\,\overline{C}$

1.10 (1) m_1　(2) $\sum m(4,5,6,7,9,12,14)$

1.11 (1) $A+B$　(2) $A+\overline{A}\cdot\overline{B}+C$　(3) $AC+\overline{AB}+C\,\overline{D}$　(4) $A+\overline{B}C$　(5) $A\,\overline{C}+A\,\overline{B}+\overline{A}\cdot\overline{B}$　(6) $ABC+\overline{A}\cdot\overline{C}+\overline{A}\cdot\overline{B}$　(7) $B\,\overline{C}+AB+BC\,\overline{D}+AC\,\overline{D}+A\,\overline{C}D+\overline{A}\cdot\overline{B}CD$　(8) $\overline{C}D+\overline{B}\cdot\overline{C}+\overline{A}C\,\overline{D}+BC\,\overline{D}+\overline{A}BC$　(9) $D+\overline{A}\cdot\overline{C}+\overline{A}B$　(10) $\overline{A}\cdot\overline{B}+AC+AD$

习题 3

3.4　提示：设灯正常为1，灭时为0，出现故障时输出为1，警告灯亮。由此列真值表，化简后写出最见函数表达式。

3.5　提示:设四个输入变量为 A_1、A_0、B_1、B_0,输出为 F,根据题意 $A \geqslant B$ 时输出 $F=1$ 列真值表;由真值表填卡诺图化简,写出最简或非式;最后画电路。

3.6　解:设 0 ~9 为十个输入键,相应的格雷码有 4 位二进制数为 4 个输出,列真值表后得 4 个输出表达式为:

$F_1=8+9$;$F_2=4+5+6+7+8+9$;$F_3=2+3+4+5$;$F_4=1+2+5+6+9$

3.8　解:(1)设变量为 A、B、C,将 A、B 接地址码输入端,则

$D_0=D_2=C, D_1=D_3=\overline{C}$

(2) $D_0=D_2=D_3=C, D_1=1$

(3)用 8 选 1 数据选择器。A、B、C 接地址码输入,则

$D_0=D_1=D_4=D, D_2=D_3=D_6=1,\ D_5=\overline{D}, D_7=0$

(4) $D_0=\overline{D}, D_1=D_3=D_6=0,\ D_2=D, D_4=D_5=D_7=1$

3.9　(1) $F=\overline{A}\ \overline{B}\ \overline{C}+AB\overline{C}+\overline{A}BC+ABC$

(2)取 A、B 接地址码输入,则 $D_0=0,\ D_3=\overline{C}, D_1=D_2=C$

3.11　$F=AD+AC+BD$

3.13　提示:将 8 位二进制数 11010110 放在 8 选 1 的个输入端上,在 3 个地址输入端上分别接时钟脉冲、2 分频时钟脉冲、4 分频时钟脉冲。

3.14　(a) $F=\overline{X}\ \overline{Y}\ \overline{W}+\overline{X}Y(W+Z)+X\overline{Y}$

(b) $F_1=(\overline{X}\ \overline{Y}W+\overline{X}Y\overline{W}+W\overline{Y}\ \overline{W}+XYW)\cdot UV$

$F_2=(\overline{X}YW+\overline{XYW}+XY)\cdot UV$

3.15　$D_0=1, D_1=C, D_2=0, D_3=1$

3.16　本题是用 3 线 ~8 线译码器作为互补输出的数据分配器。当输入数据 $C=0$ 时,由 A、B 选择输出,输出结果与输入数据相同;当输入数据 $C=1$ 时,由 A、B 选择输出,输出结果与输入数据相反。

3.17　(1)低电平。

(2) $\overline{LT}=1$, $\overline{BI/RBO}$输入为 1。

(3) $\overline{LT}=0$,无要求。

(4)为 0;正常;输出为 0。

参考文献

1. 余孟常 . 数字电子技术基础简明教程. 第二版. 北京:高等教育出版社,1999
2. 周良权,方向乔. 数字电子技术基础. 北京:高等教育出版社,1994
3. 肖雨亭. 数字电子技术. 北京:机械工业出版社,1996
4. 陈小虎. 电工电子技术. 北京:高等教育出版社,2000
5. 苏丽萍. 电子技术基础. 西安:西安电子科技大学出版社,2002
6. 邓庆元. 数字电路与逻辑设计. 北京:电子工业出版社,2001
7. 刘　勇,杜德昌. 数字电路. 北京:电子工业出版社,2003
8. 阎石. 数字电子技术基础. 北京:高等教育出版社,1991
9. 李大友. 数字电路逻辑设计. 北京:清华大学出版社,1998
10. 孙三建. 数字电子技术. 北京:机械工业出版社,1999
11. 闫　石. 数字电子技术基础. 北京:高等教育出版社,1989
12. 赵保经. 中国集成电路大全. CMOS 分册. 北京:国防工业出版社,1985
13. 中华人民共和国国家标准. 电气图用图形符号.